中等职业教育国家规划教材
全国中等职业教育教材审定委员会审定

化工制图

第四版

董振柯　路大勇　主编

化学工业出版社
·北京·

本书按照中等职业技术教育的培养目标，努力体现现代职教理念和专业特点，突出能力培养。本书主要内容包括：制图基本知识、投影作图基础、图样画法、零件图和装配图、化工设备图和化工工艺图等。

本书采用最新《技术制图》、《机械制图》等相关国家标准，内容精练、由浅入深、通俗易懂、图文并茂。

本书配有《化工制图》AR辅助学习系统。本书配有由路大勇、董振柯主编的《化工制图习题集》第四版。

本书主要适用于中等职业技术教育化工类、制药类专业的制图教学，也可作为其他相近专业以及成人教育和职业培训的教材或参考用书。

图书在版编目（CIP）数据

化工制图/董振柯，路大勇主编. —4版. —北京：
化学工业出版社，2019.6（2025.8重印）
中等职业教育国家规划教材　全国中等职业教育
教材审定委员会审定
ISBN 978-7-122-34095-5

Ⅰ.①化…　Ⅱ.①董…②路…　Ⅲ.①化工机械-
机械制图-中等专业学校-教材　Ⅳ.①TQ050.2

中国版本图书馆 CIP 数据核字（2019）第 049607 号

责任编辑：高　钰　　　　　　　　　　　装帧设计：刘丽华
责任校对：张雨彤

出版发行：化学工业出版社（北京市东城区青年湖南街 13 号　邮政编码 100011）
印　　装：三河市航远印刷有限公司
787mm×1092mm　1/16　印张 15¾　字数 380 千字　2025 年 8 月北京第 4 版第 6 次印刷

购书咨询：010-64518888　　　　　　　售后服务：010-64518899
网　　址：http://www.cip.com.cn
凡购买本书，如有缺损质量问题，本社销售中心负责调换。

定　　价：48.00 元

中等职业教育国家规划教材出版说明

　　为了贯彻《中共中央国务院关于深化教育改革全面推进素质教育的决定》精神，落实《面向 21 世纪教育振兴行动计划》中提出的职业教育课程改革和教材建设规划，根据教育部关于《中等职业教育国家规划教材申报、立项及管理意见》（教职成［2001］1 号）的精神，我们组织力量对实现中等职业教育培养目标和保证基本教学规格起保障作用的德育课程、文化基础课程、专业技术基础课程和 80 个重点建设专业主干课程的教材进行了规划和编写，从 2001 年秋季开学起，国家规划教材将陆续提供给各类中等职业学校选用。

　　国家规划教材是根据教育部最新颁布的德育课程、文化基础课程、专业技术基础课程和 80 个重点建设专业主干课程的教学大纲（课程教学基本要求）编写，并经全国中等职业教育教材审定委员会审定。新教材全面贯彻素质教育思想，从社会发展对高素质劳动者和中初级专门人才需要的实际出发，注重对学生的创新精神和实践能力的培养。新教材在理论体系、组织结构和阐述方法等方面均作了一些新的尝试。新教材实行一纲多本，努力为教材选用提供比较和选择，满足不同学制、不同专业和不同办学条件的教学需要。

　　希望各地、各部门积极推广和选用国家规划教材，并在使用过程中，注意总结经验，及时提出修改意见和建议，使之不断完善和提高。

教育部职业教育与成人教育司

移动增强现实（AR）辅助教学系统 APP 使用说明

　　使用本书提供的 APP，直接扫描书中有 AR 标识的插图，与之对应的三维形体即可通过 AR 虚实结合的方式在移动设备中呈现出来，读者可以对呈现的三维模型进行交互的操作。操作步骤及注意事项如下：

　　1. 使用手机或平板电脑（安卓系统）扫描下面的二维码，下载 APP 应用程序。

《化工制图》第四版（中职）

　　2. 安装过程选择信任该程序、允许运行。

　　3. 点击图标运行程序，会出现章节目录，选取相应的章节，系统会调用手机摄像头，进入扫描状态。

　　4. 将摄像头对准本书相应章节有 AR 标识的图 ![AR]，扫描后即呈现三维立体。

　　5. 立体出现后，如有抖动现象，移动手机，使摄像头脱离被识别图，即可消除抖动。

　　6. 读者可对三维立体进行如下交互的操作：旋转（单手指触控）；缩放（双手指触控）；也可以通过右下角的按钮对立体进行主视、俯视、左视三个方向的投影。

　　7. 如有使用问题可咨询刘老师，buaawei@126.com，qq：14531705。

第四版前言

本书在《化工制图》第三版（2010年出版）的基础上修订而成。主要适用于中等职业技术教育化工、制药类专业的制图教学，也可作为其他相近专业以及成人教育和职业培训的教材或参考用书。

本次修订开发引入了基于增强现实（AR）技术的辅助学习系统，读者利用手机或者平板电脑（安卓系统）扫描移动增强现实（AR）辅助教学系统APP使用说明中的二维码下载安装该系统，打开软件选择相应的章节，系统进入相机状态，此时扫描该章节具有AR标识的插图，即可逼真地展示三维立体模型，并可交互进行旋转、放大、缩小。

本次修订更新了国家标准以及计算机绘图软件版本。

本书配有《化工制图习题集》第四版（路大勇、董振柯主编）。

参加本书修订编写工作的有：董振柯、路大勇、刘伟、孙安荣，全书由董振柯、路大勇主编。

化工制图AR辅助学习系统由河北工业大学刘伟老师及其团队开发。

由于水平所限，书中难免存在错漏之处，欢迎读者批评指正。

编者
2019年5月

第一版前言

本书主要适用于各类中等职业教育的化工机械和化工工艺类专业的制图教学（90～150学时），也可作为其他机械专业以及成人教育和职业培训的教材或参考用书。

本书由全国化工中专教学指导委员会组织编写，书中融合了十几所化工学校众多编、审者的教学经验，具有较强的先进性和实用性。在内容的处理上，注意把握中等职业教育的培养目标，努力贯彻面向 21 世纪中等职业教育教材建设的精神。理论性内容以"够用"为度，着力突出能力培养，加强形体分析和结构分析，并在教材的体系结构及某些内容的处理上有所突破和创新。此外，考虑到不同学制、不同专业的不同学时的教学要求，书中部分内容标有"※"作为选学内容。

本书采用了最新的《技术制图》、《机械制图》、《极限与配合》等国家标准及有关行业标准。

由于计算机绘图内容的不稳定和不确定性，未编入本教材，只在第一章中对计算机绘图的基本方法作一简介。对于将"制图"和"计算机绘图"采用贴合或融合教学模式的学校，教学中可另选计算机绘图教材（建议选用化工出版社的《计算机绘图 CAXA 电子图板 V2》或《AutoCAD 基础应用》）与本书配合使用。

本书绝大部分插图采用计算机绘图，可为制作课件、幻灯片或挂图提供素材。

本书配有《化工制图习题集》。

参加本书编写工作的有：河北化工学校董振柯（主编）、兰州化工学校许立太、徐州化工学校林慧珠、沧州工业学校路大勇、太原化工学校吕安吉。全书由董振柯统稿。

本书由吉林化工学校朱凤军主审，他对制图课程的教学思想在教材中的贯彻、落实提出了务实的建议，并对某些内容的处理提出了建设性的意见。参加审稿的还有：湖南省化工学校王绍良、广西化工学校谢文明、上海化学工业学校茹兰、安徽化工学校沈保庆、杭州化工学校宋杏荣、北京市化工学校段志忠。新疆化工学校陈征对本书的编写提出了宝贵的意见。本书的编写自始至终得到全国化工教学指导委员会机械学科组、化工出版社以及编者所在学校的大力支持。此外，编写过程中承蒙清华大学童秉枢教授和机械科学研究院强毅教授的热情指导，在此一并表示感谢。

由于水平所限，教材中难免存在错误与不妥之处，欢迎读者批评指正。

编者
2000 年 10 月

第二版前言

本书是在全国化工教学指导委员会组织下，应广大读者的要求，在第一版的基础上修订而成，主要适用于中等职业教育化工类专业的制图教学，也可作为其他相近专业以及成人教育和职业培训的教材或参考用书。

本书主要内容包括：制图的基本知识（第一章），介绍制图的有关标准和尺规作图、徒手绘图、计算机绘图的基本方法；投影作图基础（第二章～第四章），介绍点、线、面、基本体、组合体的投影作图、尺寸标注，并包含轴测图、截交线、相贯线；机械制图（第五章～第七章），介绍图样画法、标准件和常用件、零件图和装配图；化工制图（第八章、第九章），介绍化工设备图和化工工艺图。

修订版仍保持原教材的基本体系和特色，按照中等职业技术教育的培养目标和特点，努力体现职教特色和专业特色，突出能力培养。同时，根据近几年中等职业教育的教育教学改革需要以及使用本教材的学校教师的意见，对第一版的内容作了适当调整与修订。主要体现在：

① 精简内容，压缩篇幅，降低难度，突出重点，进一步体现职教特色；

② 跟踪最新国家标准，更新相关内容；

③ 全书插图采用计算机二、三维绘图和图像处理技术生成、修饰，为多媒体教学提供了丰富的素材。

本书另配有《化工制图习题集》，并配有多媒体课件。课件中涵盖全部习题，提供习题答案和必要的提示，以及基于虚拟现实技术开发的三维模型库，为教师布置、讲评作业和学生自学提供方便，可免费赠送给老师。

本书由董振柯、路大勇、李乾伟修订，由于水平所限，书中难免存在错漏之处，欢迎读者批评指正。

编者

2004 年 10 月

第三版前言

本书在《化工制图》第二版（2005 年出版）的基础上修订而成。主要适用于中等职业教育化工、制药类专业的制图教学，也可作为其他相近专业以及成人教育和职业培训的教材或参考用书。

本次修订是按照中等职业技术教育的培养目标，努力体现现代职教理念和专业特点，突出能力培养。同时，根据几年来使用本教材的学校教师的意见，对相关内容进行了增删和调整。修订后的主要内容包括：制图基本知识（第一章），介绍制图的有关标准和尺规作图、徒手绘图的基本方法；投影作图基础（第二、三、四章），介绍点、线、面、基本体、组合体的投影作图、尺寸标注，并包含轴测图、截交线、相贯线；机械制图（第五、六、七章），介绍机件的表达方法、标准件和常用件、零件图和装配图等机械常识；化工制图（第八、九章），介绍化工设备图和化工工艺图；计算机绘图（第十章）。

本次修订追踪采用了最新的相关国家标准和行业标准。主要包括：GB/T 14689—2008 技术制图·图纸幅面和格式（替代 GB/T 14689—1993）；GB/T 10609.1—2008 技术制图·标题栏（替代 GB/T 10609.1—1989）；GB/T 14692—2008 技术制图·投影法（替代 GB/T 14692—1993）；GB/T 131—2006 产品几何技术规范（GPS）·技术产品文件中表面结构的表示法（替代 GB/T 131—1993）；GB/T 1031—2009 产品几何技术规范（GPS）·表面结构·轮廓法·表面粗糙度参数及数值（替代 GB/T 1031—1995）；GB/T 1800.1—2009 产品几何技术规范（GPS）·极限与配合·第 1 部分：公差、偏差和配合的基础（替代 GB/T 1800.1—1997、GB/T 1800.2—1998、GB/T 1800.3—1998）；GB/T 1800.2—2009 产品几何技术规范（GPS）·极限与配合·第 2 部分：标准公差等级和孔、轴极限偏差表（替代 GB/T 1800.4—1999）；GB/T 1182—2008 产品几何技术规范（GPS）·几何公差·形状、方向、位置和跳动公差标注（替代 GB/T 1182—1996）；GB/T 67—2008 开槽盘头螺钉（替代 GB/T 67—2000）；JB/T 4712.1—2007 容器支座·第 1 部分：鞍式支座（替代 JB/T 4712—1992）；JB/T 4712.3—2007 容器支座·第 3 部分：耳式支座（替代 JB/T 4725—1992）；JB/T 4709—2007 压力容器焊接规范（替代 JB/T 4709—2000）等。

本书配有《化工制图习题集》及其 Flash 课件。该课件涵盖全部习题，提供习题答案和必要的提示，还利用虚拟现实技术开发了习题集中涉及的全部三维模型库，为教师布置作业、作业讲评以及学生自学提供了很大方便，并将免费提供给采用本书作为教材的院校使用。如有需要，请发电子邮件至 cipedu@163.com 获取，或登陆 www.cipedu.com.cn 免费下载。

参加本书修订编写工作的有：董振柯、路大勇、王宏、刘鹏、郑智宏、胡晓琨、李林、边风根、王秀杰、赵强、王苏东、梁红娥、赵建军、张瑞、罗驰敏等，全书由董振柯、路大勇主编。

由于水平所限，书中难免存在疏漏之处，欢迎读者批评指正。

编者
2010 年 5 月

目录

附录 / 218

参考文献 / 238

绪论

一、图样及其在生产中的作用

根据投影原理、标准或有关规定，表示工程对象，并有必要的技术说明的图，称为图样。

人类在近代生产活动中，如机器、设备、仪器等产品的设计、制造、维修，或者船舶、房屋、桥梁等工程的设计与施工，通常都离不开图样。图样作为表达设计意图和交流技术思想的一种媒介和工具，被称为工程语言。因此，凡从事工程技术的人员，都必须具有绘制和阅读图样的能力。

二、本课程的主要任务和要求

本课程是一门既有理论、又具有很强实践性的技术基础课，它的主要任务是培养学生依据投影原理并根据有关规定绘制和阅读图样，即画图和读图的能力。通过本课程的学习应达到如下要求：

① 掌握正投影法的基础理论和基本方法，培养和发展空间思维能力。

② 能正确地使用绘图工具，掌握尺规作图和徒手画图的技能，了解计算机绘图的基本方法。

③ 学习制图国家标准及与图样的相关知识，具有查阅手册和技术资料的能力。

④ 能够绘制和识读中等复杂程度的零件图、装配图及化工图样，具备一定的实际应用能力。

⑤ 培养认真负责的工作态度和严谨科学的工作作风。

三、本课程的特点和学习方法

本课程是一门空间概念很强的课程。培养空间想象力是学习本课程的主要目的之一，也是学好本课程的关键所在。学习投影理论应注重对基本概念、基本规律的理解，将投影作图与空间分析结合起来，多画、多看、多想，循序渐进地建立和发展投影分析和空间想象能力。

本课程的实践性很强。绘图基本功需要通过绘图实践培养和提高，空间想象力需要通过绘图实践建立和发展，图样的画法规定和制图的各种知识也需要通过绘图实践理解和巩固。

只有通过大量的绘图实践，才能不断提高画图和读图的能力。所以，学习本课程一定要注重绘图实践，及时完成作业。

工程图样是用于指导生产施工的技术文件，因此具有严肃性。图样上的任何错误、疏漏或不规范的表达都可能给生产带来损失。为确保设计思想的表达和对图样信息理解的一致性，国家标准对图样画法作出了严肃的规定。学习本课程应树立标准化意识，掌握并严格遵循国家标准的有关规定。绘制图样时，必须一丝不苟，以对生产高度负责的态度确保所绘图样的正确性和规范性。

制图的基本方法包括手工绘图和计算机绘图。随着计算机技术的发展和普及，计算机绘图完全可以取代手工制图。然而手工绘图的基本方法和技巧既是一种实用技能，又是学习制图知识和进行计算机绘图的必要基础。因此手工绘图以及通过绘图培养认真负责的工作态度和严谨科学的工作作风仍然是本课程的基本要求之一，同时也是学好本课程的重要方法之一。

第一章

制图的基本知识

第一节　国家标准关于制图的基本规定

图样是"工程界的语言"。为了统一这种"语言"，国家技术监督局颁布了一系列有关制图的国家标准，对制图作出了一系列统一的规定。这些规定是每一个工程技术人员必须认真学习、熟练掌握、严格遵守的准则。

本节仅介绍技术制图与机械制图国家标准中有关制图基本规定的主要内容。

一、图纸幅面与格式（GB/T 14689—2008❶）

1. 图纸幅面　基本幅面共有 5 种，从 A0～A4，其尺寸见表 1-1。

表 1-1　图纸幅面 /mm

幅面代号	A0	A1	A2	A3	A4
$B \times L$	841×1189	594×841	420×594	297×420	210×297
c		10			5
a			25		
e		20		10	

必要时，可以使用加长幅面。加长幅面的尺寸可根据其基本幅面的短边成整数倍增加。

2. 图框　图框用粗实线画出，分为不留装订边和留有装订边两种格式，如图 1-1 和图 1-2，有关尺寸见表 1-1。

为了使图样复制和缩微摄影时定位方便，各号图纸均应在图纸各边长的中点处加画出对中符号。对中符号用粗实线绘制，长度从纸边界开始伸入图框内约 5mm，当对中符号伸入标题栏范围时，则伸入标题栏部分省略不画（图 1-1、图 1-2）。

3. 标题栏　每张技术图样都应画出标题栏，其位置按图 1-1、图 1-2 配置。GB/T 10609.1—2008 规定了标题栏的格式，一般由签字区、名称及代号区、更改区和其他区组成，如图 1-3（a）。为简化起见，制图作业中的标题栏可采用图 1-3（b）的格式。

---

❶ 国家标准简称"国标"，用"GB"表示。国标代号"GB/T 14689—2008"表示推荐性国家标准，标准批准顺序号为 14689，2008 年颁布。

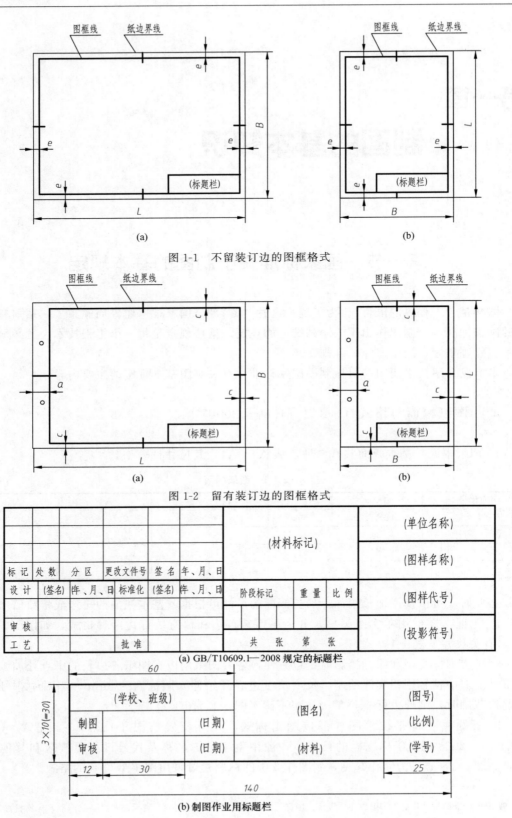

图 1-1　不留装订边的图框格式

图 1-2　留有装订边的图框格式

(a) GB/T10609.1—2008 规定的标题栏

(b) 制图作业用标题栏

图 1-3　标题栏

二、比例（GB/T 14690—1993）

比例是指图中的图形与其实物相应要素的线性尺寸之比。比例符号以"："表示，如 1：1、2：1、1：2 等。绘图时，可根据所表达实物的大小和复杂程度选取不同的比例。

比值为 1 的比例（即 1：1）称为原值比例；比值大于 1 的比例（如 2：1）称为放大比例；比值小于 1 的比例（如 1：2）称为缩小比例。

需要按比例绘制图样时，应由表 1-2 所规定的系列中选取适当的比例。

表 1-2　比例系列

种　类	优先选用的比例			允许选用的比例				
原值比例	1：1							
放大比例	2：1	5：1		2.5：1			4：1	
	1×10^n：1	2×10^n：1	5×10^n：1	2.5×10^n：1			4×10^n：1	
缩小比例	1：2	1：5	1：10	1：1.5	1：2.5	1：3	1：4	1：6
	1：2×10^n	1：5×10^n	1：1×10^n	1：1.5×10^n	1：2.5×10^n	1：3×10^n	1：4×10^n	1：6×10^n

注：n 为正整数。

不论图形放大或缩小，在图样中所注的尺寸，其数值必须按机件的实际大小标注，与比例无关，如图 1-4。

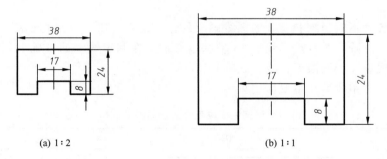

(a) 1：2　　　　　　　　　　(b) 1：1

图 1-4　尺寸数字与图形比例无关

三、字体（GB/T 14691—1993）

（一）基本要求

① 在图样中书写字体时要做到：字体工整，笔画清楚，间隔均匀，排列整齐。

② 字体高度（用 h 表示）的公称尺寸系列为 1.8mm，2.5mm，3.5mm，5mm，7mm，10mm，14mm，20mm。

③ 汉字应写成长仿宋体字，并采用国家正式颁布的《汉字简化方案》中规定的简化字。汉字的高度不小于 3.5mm，其字宽一般为 $h/\sqrt{2}$。

长仿宋体字的书写要领是：横平竖直，注意起落；结构匀称，填满方格。

④ 字母和数字可以写成直体和斜体。斜体字字头向右倾斜，与水平基准线成 75°。

（二）字体示例

1. 长仿宋体汉字示例

字体工整 笔画清楚 间隔均匀 排列整齐

横平竖直 注意起落 结构匀称 填满方格

制图设计审核比例材料机械化工电子建筑螺纹齿轮轴承弹簧零件装配年月日

2. 阿拉伯数字（斜体和直体）示例

0123456789　0123456789

3. 字母（斜体）示例

abcdefghijklmnopqrstuvwxyz　*φ*

ABCDEFGHIGKLMNOPQRSTUVWXYZ

四、图线（GB/T 17450—1998、GB/T 4457.4—2002）

图样是用各种不同粗细和型式的图线画成的。GB/T 17450—1998 规定了连续的实线和不连续的虚线、点画线、双点画线等 15 种基本线型。在基本线型的基础上，经变形或组合可派生出新的线型（如波浪线、双折线等）。

机械制图中常用线型及主要应用见表 1-3。

表 1-3　常用线型及主要应用（摘自 GB/T 4457.4—2002）

名　称	线　型	主要应用
粗实线	————————	可见轮廓线
细实线	————————	尺寸线及尺寸界线；引出线等
波浪线	～～～～～	断裂处的边界线
细虚线	— — — — —	不可见轮廓线
细点画线	— · — · — · —	轴线；对称中心线等
细双点画线	— · · — · · —	假想投影轮廓线；中断线等

图线宽度和图线组别见表 1-4。在机械图样中采用粗细两种线宽，它们之间的比例为 2：1。

表 1-4　图线宽度和图线组别（摘自 GB/T 4457.4—2002）　　　　　/mm

粗线宽度(d)	0.25	0.35	**0.5**	**0.7**	1	1.4	2
细线宽度	0.13	0.18	**0.25**	**0.35**	0.5	0.7	1

注：粗体字为优先采用的图线组别。

同一图样中同类图线的宽度应基本一致。虚线、点画线及双点画线的线段长度和间隔应各自大致相等。两条平行线（包括剖面线）之间的距离不得小于0.7mm。

点画线和双点画线首末两端应超出轮廓线3～5mm，且应是线段而不是点；在绘制圆的对称中心线时，圆心应为线段的交点，如图1-5。

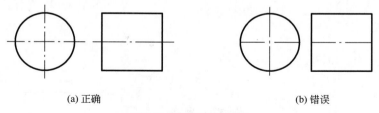

(a) 正确　　　　　　　　　　(b) 错误

图 1-5　点画线的画法

较短点画线和双点画线用细实线代替。

五、尺寸注法（GB/T 4458.4—2003、GB/T 16675.2—2012）

（一）基本规则

（1）机件的真实大小应以图样上所注的尺寸数值为依据，与图形的大小及绘图的准确度无关。

（2）图样中的尺寸以毫米为单位时，不需要标注单位符号（或名称），如采用其他单位，则应注明相应的单位符号。

（3）图样中所注的尺寸为该图样所示机件的最后完工尺寸，否则应另加说明。

（4）机件的每一尺寸，一般只标注一次，并应标注在反映该结构最清晰的图形上。

（二）尺寸的组成及线性尺寸的注法

一个完整的尺寸由尺寸界线、尺寸线及终端和尺寸数字组成，如图1-6。

1. 尺寸界线　尺寸界线用细实线绘制，并应由图形的轮廓线、轴线或对称中心线处引出。也可利用轮廓线、轴线或对称中心线作尺寸界线（图1-6）。

2. 尺寸线　尺寸线用细实线绘制，其终端一般用箭头表示。箭头画法如图1-7。

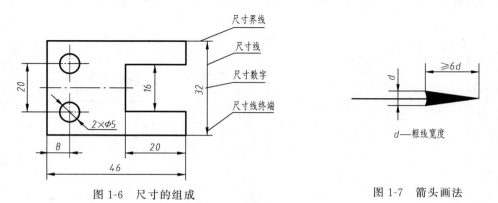

图 1-6　尺寸的组成　　　　　　　　图 1-7　箭头画法

标注线性尺寸时，尺寸线应与所标注的线段平行。

尺寸线必须单独画出，不能用其他图线代替，一般也不得与其他图线重合或画在其延长线上。

3. 尺寸数字　图样中的尺寸数字必须清晰无误且大小一致。尺寸数字不能被任何图线通过。

线性尺寸的尺寸数字一般注写在尺寸线的上方,也允许注写在尺寸线的中断处。

尺寸数字应按图 1-8 (a) 所示方向注写,并尽可能避免在图示 30°范围内注尺寸,当无法避免时,可按图 1-8 (b) 注出。

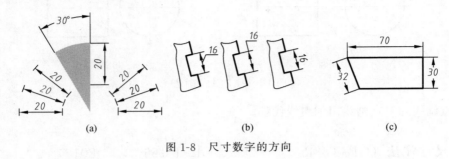

图 1-8　尺寸数字的方向

对于非水平方向的尺寸,其数字也允许一律水平地注写在尺寸线的中断处,如图 1-8 (c)。

(三) 几类特殊尺寸的注法 (表 1-5)

表 1-5　几类特殊尺寸的注法

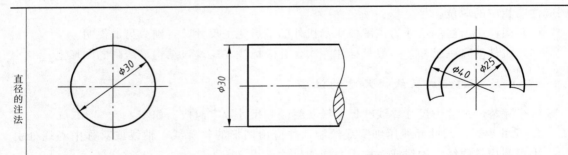

直径的注法

圆或大于半圆的圆弧应标注直径,尺寸数字前加注直径符号"φ"

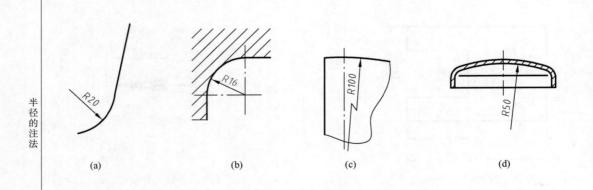

半径的注法

① 半圆或小于半圆的圆弧应标注半径。尺寸线自圆心引出,只画一个箭头指向圆弧。数字前加注半径符号"R"

② 大圆弧的半径可按图(c)形式标注,若不需要标注其圆心位置时,可按图(d)标注

续表

狭小部位的尺寸注法	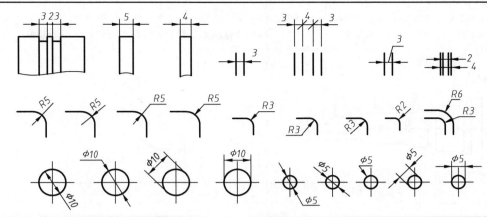
	① 当没有足够位置画箭头和写数字时,可将其中之一或二者都布置在外面 ② 标注一连串小尺寸时,可用圆点(或斜线)代替箭头,但两端箭头必须画出
角度	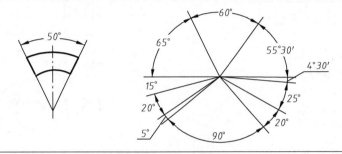
	① 角度的尺寸界线沿径向引出,以角顶为圆心的圆弧作为尺寸线 ② 角度的数字一律水平注写,一般注写在尺寸线的中断处,必要时也可注写在外面、上方或引出标注
球面、厚度、正方形	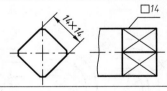
	① 标注球面尺寸时,在"ϕ"或"R"前加注符号"S" ② 标注板状零件厚度时,可在尺寸数字前加注符号"t" ③ 标注断面为正方形结构的尺寸时,可在正方形边长数字前加注符号"□"或以"边长×边长"形式标注

（四）简化注法（表 1-6）

表 1-6　简化注法

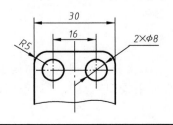 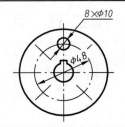 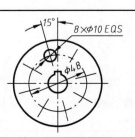

续表

当图形具有对称中心线时,分布在对称中心线两边的相同结构,仅标注其中一边的结构尺寸	在同一图形中,对于尺寸相同的孔、槽等成组要素,可仅在一个要素上注出其尺寸和数量,必要时用"EQS"表示均布
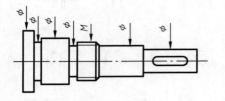	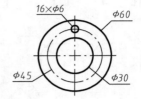
标注尺寸时,可采用带箭头的指引线	标注尺寸时,也可采用不带箭头的指引线
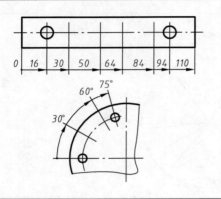	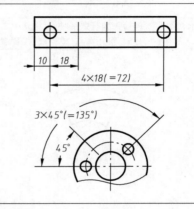
从同一基准出发的尺寸可按上图的形式标注	间隔相等的链式尺寸可按上图简化
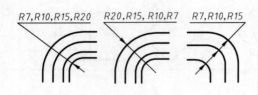	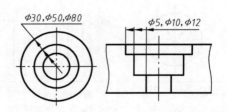
一组同心圆弧或圆心位于一条直线上的多个不同心圆弧的尺寸,可用共用的尺寸线箭头依次表示	一组同心圆或尺寸较多的台阶孔的尺寸,也可用共用的尺寸线和箭头依次表示

第二节 尺 规 作 图

  制图的基本方法可分为手工绘图和计算机绘图,手工绘图又分为尺规作图和徒手作图。尺规作图就是使用绘图工具、仪器准确地绘图。本节介绍常用绘图工具和尺规作图的基本方法。

一、常用绘图工具和仪器

尺规作图时，正确地使用绘图工具是保证图样质量、提高绘图速度的前提。常用的绘图工具及用品有图板、丁字尺、三角尺、圆规、分规和铅笔等。

（一）图板、丁字尺和三角尺（图 1-9）

图板是用来铺放、固定图纸的矩形木板，左边为导边，必须平直。

丁字尺由尺头和尺身组成，尺头内侧和尺身上侧为工作边，互相垂直。

三角尺一副两块，分为 45°和 30°（60°），用于画垂直线和倾斜线。

使用丁字尺和三角尺画线的基本方法见表 1-7。

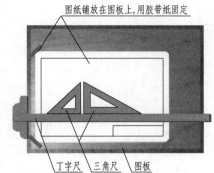

图纸铺放在图板上，用胶带纸固定

丁字尺　三角尺　图板

图 1-9　图板、丁字尺和三角尺

表 1-7　画线的基本方法

分类	图　示	说　明
水平线画法	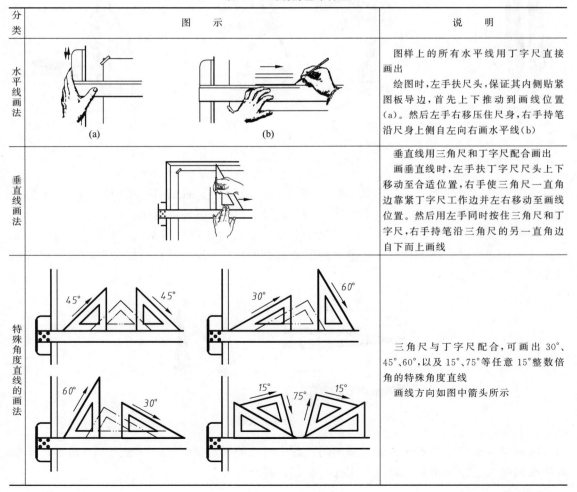	图样上的所有水平线用丁字尺直接画出 绘图时，左手扶尺头，保证其内侧贴紧图板导边，首先上下推动到画线位置（a）。然后左手右移压住尺身，右手持笔沿尺身上侧自左向右画水平线（b）
垂直线画法		垂直线用三角尺和丁字尺配合画出 画垂直线时，左手扶丁字尺尺头上下移动至合适位置，右手使三角尺一直角边靠紧丁字尺工作边并左右移动至画线位置。然后用左手同时按住三角尺和丁字尺，右手持笔沿三角尺的另一直角边自下而上画线
特殊角度直线的画法		三角尺与丁字尺配合，可画出 30°、45°、60°，以及 15°、75°等任意 15°整数倍角的特殊角度直线 画线方向如图中箭头所示

续表

分类	图　示	说　明
平行、垂直线的画法	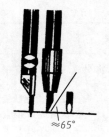	两块三角尺配合使用，可以画任意方向的平行线和垂直线

（二）圆规和分规

圆规用来画圆和圆弧。画图时，铅芯端应与针腿平齐，用力和速度应均匀，针尖与铅芯保持和图面基本垂直，如图1-10。

分规的两脚均为钢针，用来量取尺寸和等分线段，如图1-11。

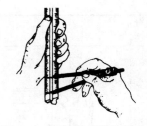

图1-10　圆规及其用法　　　　图1-11　使用分规量取尺寸

（三）铅笔

绘图铅笔有硬软之分，以不同的标号表示，如2H、H、HB、B、2B等。字母H前的数字越大表示越硬，字母B前的数字越大表示越软。HB铅笔硬软适中。

绘制底稿时，建议采用H或者2H铅笔；加深粗线时建议采用B或2B铅笔，写字、加深细线及画箭头时宜用HB铅笔。铅笔的削磨如图1-12，HB及硬铅磨成尖头，加深粗线用的软铅通常磨成方头。

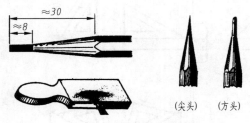

图1-12　铅笔的削磨

圆规铅脚也应根据不同需要选择不同铅芯。画底稿和加深细线时一般用HB铅芯，磨削成斜面或尖头；加深粗实线时应采用较软铅芯，并磨成方头。

二、尺规作图的基本方法和步骤

（一）绘图前的准备工作

每次绘图前都要做好充分的准备，包括如下。

1. 了解所绘图样的内容和要求　认真阅读作业指导书，必要时应草图试画。

2. 选择比例和图幅　根据所绘图样内容确定比例，选取图幅，并决定横放还是竖放。

3. 准备绘图工具和用品　一般准备三只软硬不同的铅笔（HB、H 或 2H、B 或 2B），并按要求提前削好；把圆规用各种铅芯磨好、装好，并留有备用；按所选图幅裁好图纸；准备好橡皮、胶带纸、磨铅砂纸等用品；将图板、丁字尺、三角尺擦净。

4. 固定图纸　将图纸置于图板中间偏左下方处，利用丁字尺按水平方向找正后，用胶带纸将图纸四角粘贴在图板上（参阅图 1-9）。

（二）布置图面

1. 画图框、标题栏和对中符号　按规定的尺寸画出图框、对中符号和标题栏，先一律用细实线画出，留待一并描深。

2. 画基准线，布置各图形位置　根据所画图形的数目和大小，在图纸上的有效空间内匀称地布置每一图形，需注意留有标注尺寸和有关文字所占的空间。通过画出每一图形两个方向上的定位基准线即确定了图面布局。

（三）画底稿

手工绘图必须先画底稿再描深。画底稿时不分图线粗细，一律用硬铅细线轻轻画出，但圆心、交点、切点等定位要清楚准确。每一图形从基准线出发，按尺寸先画主要轮廓，后画细节部分。虚线和密集的图线（如剖面线）可只确定位置和区域，待描深时一次画出。

底稿完成后，应进行检查，改正错误，并擦去多余的图线。

（四）描深

描深图线时，按线型选择不同的铅笔：粗实线用 2B 或 B 软铅，细实线、虚线、点画线用 HB 铅笔。为了提高效率并避免遗漏，最好按一定的顺序描深。

描深图线直接影响图面质量。应保证全图粗实线粗度一致，光滑流畅；交点、切点处不欠不逾；各种细线也应粗度一致，切忌与粗实线粗细不分；虚线、点画线的线素长度要适宜，且全图基本一致；点画线超出轮廓线不要过长，多余部分要擦去。

（五）注写尺寸、文字

用 HB 铅笔画出尺寸界线、尺寸线、箭头，注写尺寸数字及其他文字，填写标题栏。尺寸标注也可在描深图形前完成。

标注尺寸时，为保证图面的整洁性，须注意箭头和数字的大小应合适，且全图一致；尺寸界线出头不宜太长，且全图一致；尺寸线距轮廓线以及并列的尺寸线之间的距离不宜太小（必须大于字体高度），且全图一致。

最后，对全图进行认真检查，发现错误，必须改正。

第三节　几 何 作 图

一、圆周等分和作正多边形

工程制图中，常需要将圆周分成若干等分，画正多边形时通常也通过等分圆周作图。特殊地，圆的三、四、六、八、十二等分可直接利用三角尺或圆规准确地作图，而其他的则利用近似方法或通过计算作图。

（一）圆的三、六、十二等分

圆的三、六、十二等分，它们的各等分点与圆心的连线，以及相应的正多边形的各边，均为15°倍角的特殊角度直线。因而利用丁字尺和三角尺配合，可等分圆周或直接画出圆的内接或外切正多边形。图1-13为作正六边形的示例。

圆的三、六、十二等分，也可用圆规以圆的半径对圆周进行等分，如图1-14。

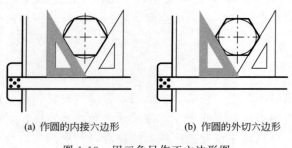

(a) 作圆的内接六边形　　　(b) 作圆的外切六边形

图1-13　用三角尺作正六边形图

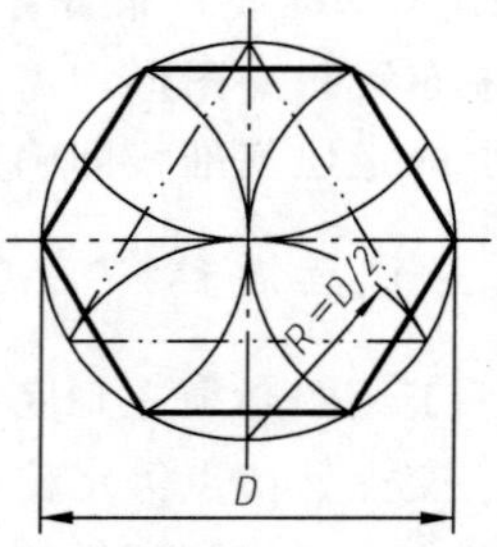

图1-14　用圆规等分圆周

（二）圆的五等分

圆的五等分的近似作图方法如图1-15。

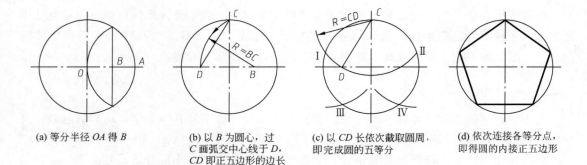

(a) 等分半径 OA 得 B

(b) 以 B 为圆心，过 C 画弧交中心线于 D，CD 即正五边形的边长

(c) 以 CD 长依次截取圆周，即完成圆的五等分

(d) 依次连接各等分点，即得圆的内接正五边形

图1-15　圆的五等分

二、圆弧连接

在绘制机件图形时，常遇到一圆弧光滑地与相邻两线段相切，称为圆弧连接，如图 1-16。

实现圆弧连接，需具备三个条件：连接弧半径、连接中心（即连接弧圆心）和连接点（即连接弧与两端线段的切点）。实际问题中，通常已知连接弧半径，因而圆弧连接可归结求连接圆弧的圆心和连接点。

一圆与一直线或另一圆相切时，根据相切的性质可以求出该圆弧圆心的轨迹和切点，表 1-8 列出了三种情况下圆心轨迹和切点的求法，也就是圆弧连接作图的原理。

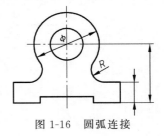

图 1-16　圆弧连接

表 1-8　圆弧连接的作图原理

类型	圆弧与直线相切	圆弧与圆弧外切	圆弧与圆弧内切
图例			
圆心轨迹	连接圆弧的圆心轨迹为一平行于已知直线的直线，两直线间的距离为连接圆弧的半径 R	连接圆弧的圆心轨迹线为已知圆弧的同心圆，该圆的半径为两圆弧半径之和（$R1+R$）	连接圆弧的圆心轨迹线为已知圆弧的同心圆，该圆的半径为两圆弧半径之差（$R1-R$）
切点	由圆心作已知直线的垂线，垂足即为切点	两圆心的连线与已知圆弧的交点即为切点	两圆心连线的延长线与已知圆弧的交点即为切点

以图 1-16 中的圆弧连接为例，其作图基本方法和步骤为：

1. 求连接中心　连接弧同时与两端线段相切，按连接作图原理可分别画出两条连接弧圆心的轨迹线，显然它们的交点就是连接中心，如图 1-17（a）。

2. 求连接点　按连接作图原理可分别求出连接弧与两端线段的切点，即连接点，如图 1-17（b）。

3. 画弧连接　如图 1-17（c）。

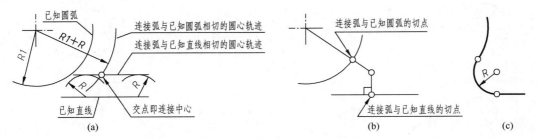

图 1-17　圆弧连接的作图步骤

圆弧连接有多种类型，作图方法大同小异，见表 1-9。

表 1-9　圆弧连接的作图方法

类别		已知条件（被连接线段和连接弧半径）	作 图 步 骤		
			1. 求连接中心	2. 求连接点	3. 画连接弧
连接两已知直线	一般情况	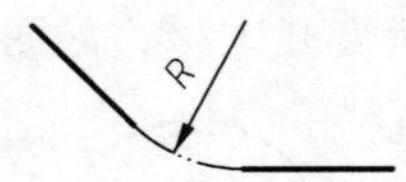	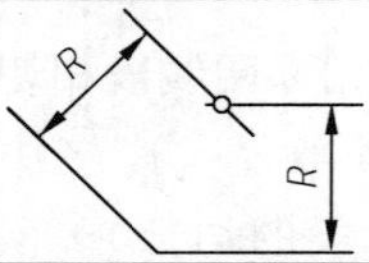	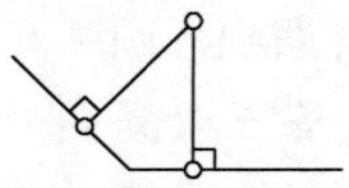	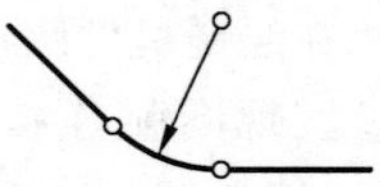
	直角情况下的简化画法	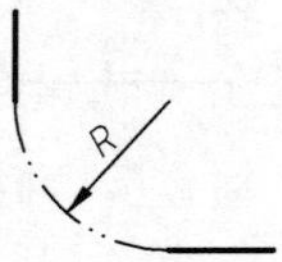	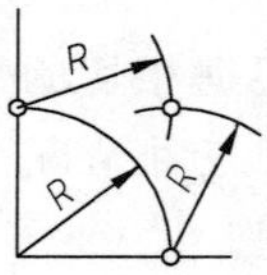		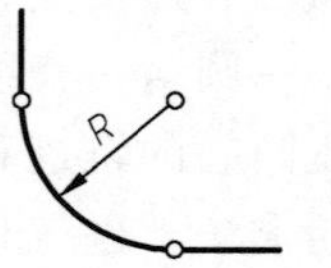
连接直线和圆弧	与圆弧外连接	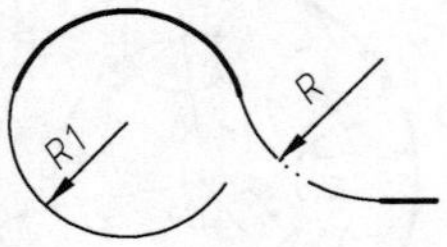	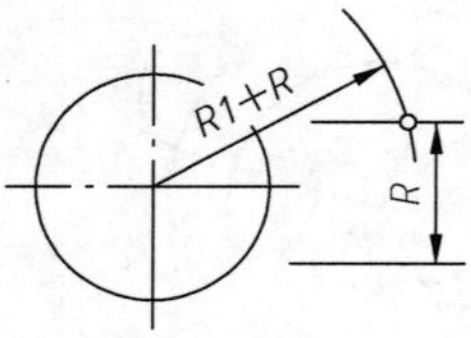	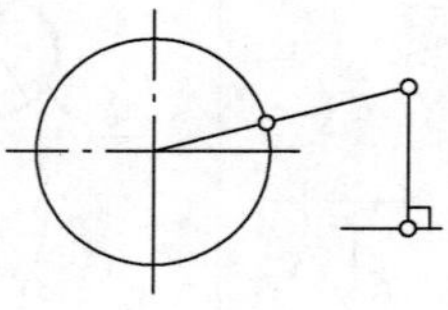	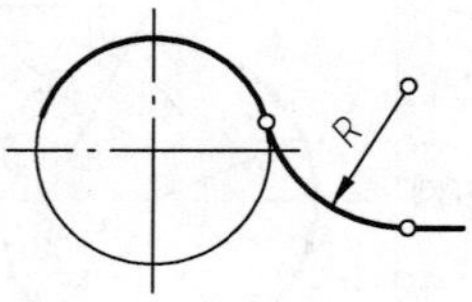
	与圆弧内连接	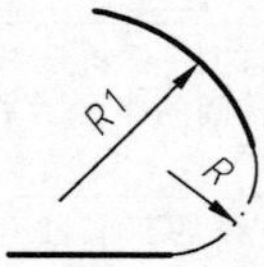	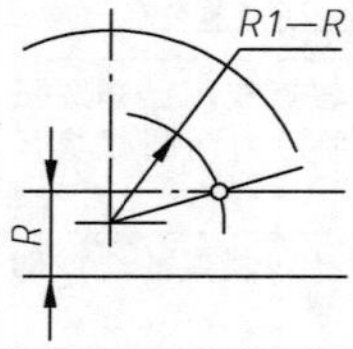	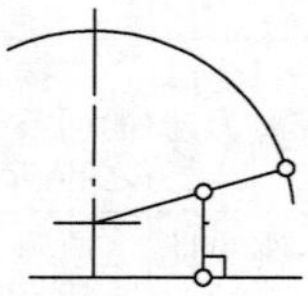	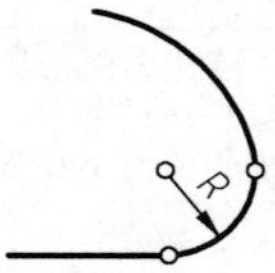
连接两已知圆弧	外连接	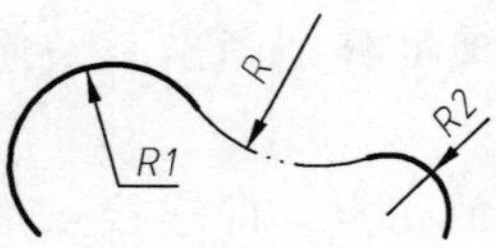	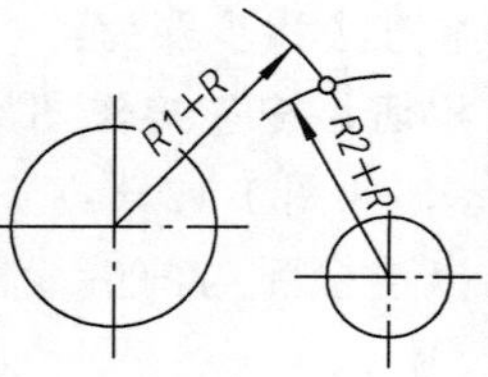	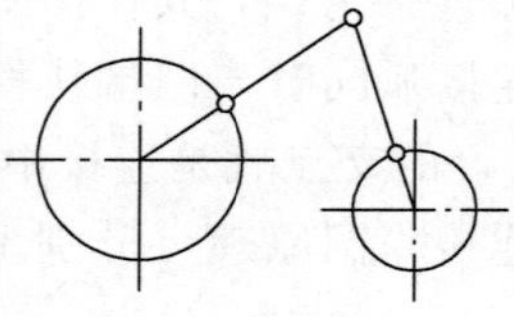	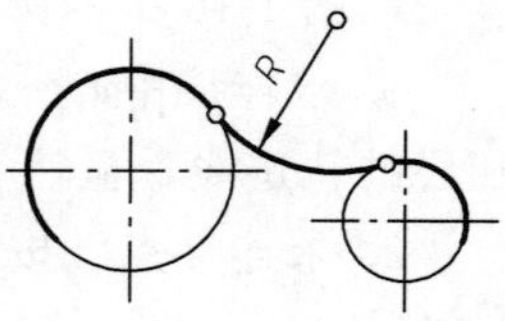
	内连接	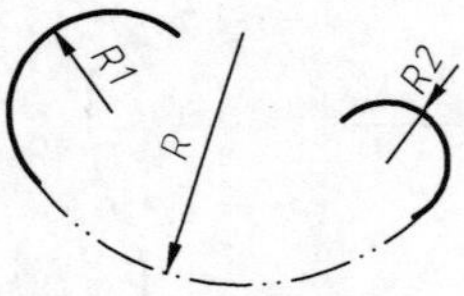	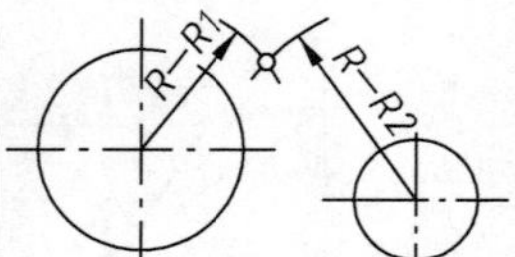	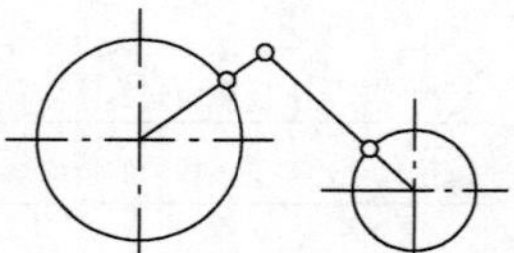	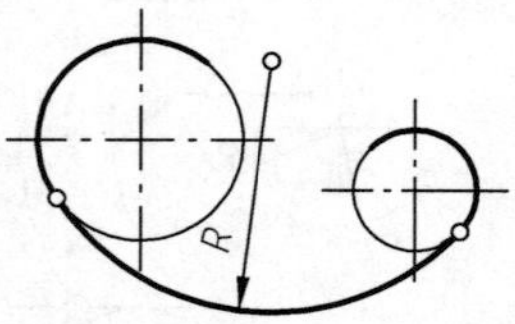
	混合连接	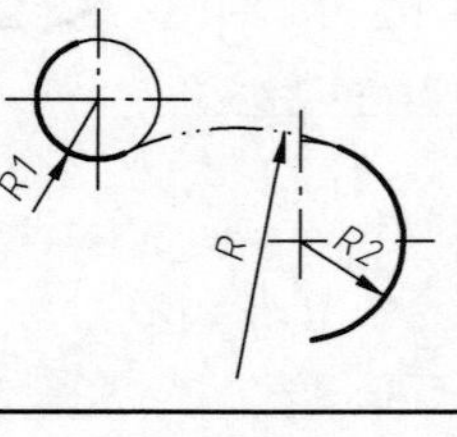	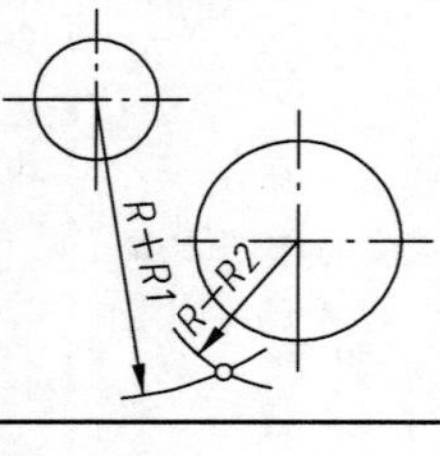	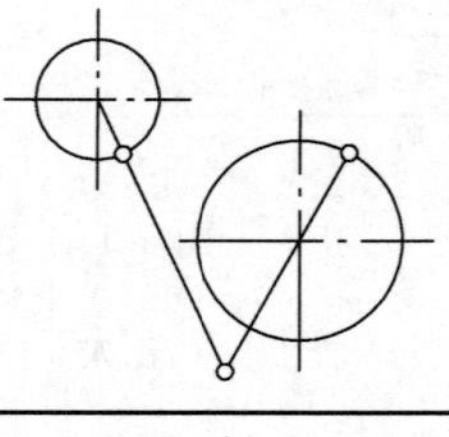	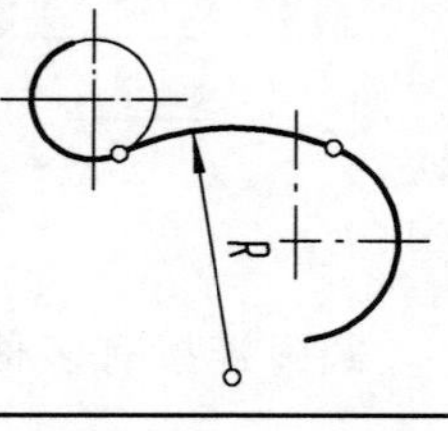

三、椭圆的近似画法

椭圆是一种常见的非圆曲线。已知椭圆长、短轴时，常采用四心法近似作图。

"四心法"即先确定四点，然后以它们为圆心画四段圆弧相切代替椭圆，其作图步骤如图 1-18。

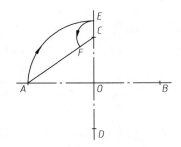 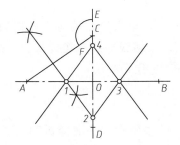 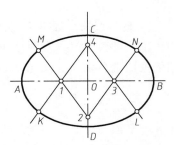

(a) 画出长短轴 AB、CD，连 AC，以 O 为圆心，过 A 画弧交短轴于 E 点。再以 C 为圆心，过 E 画弧交 AC 于 F 点　　(b) 作 AF 的垂直平分线分别交长、短轴于 1、2 点，对称地求出 3、4 点，此四点即为所求的四圆心。再连接并延长 21、23、43、41，以确定四段圆弧的切点　　(c) 分别以 2、4 为圆心过 C、D 画弧 MN、KL；再以 1、3 为圆心，过 A、B 画弧 KM、NL，完成椭圆

图 1-18　四心法画椭圆

四、平面图形的画法

平面图形是由若干条线段封闭连接而成的，这些线段之间的相对位置和连接方式由给定的尺寸或几何关系来确定。画图时首先要对平面图形的尺寸和线段进行分析，以确定作图的方法和顺序。以图 1-19 手柄轮廓图为例，说明平面图形的分析方法和作图方法。

（一）尺寸分析

平面图形中的尺寸，按其作用分为两类。

1. 定形尺寸　确定平面图形中各线段形状大小的尺寸，如直线的长度、圆的直径、圆弧的半径和角度大小等。如图 1-19 中的 $\phi5$、$\phi20$、$R12$、$R50$、$R10$、$R15$、15 等均为定形尺寸。

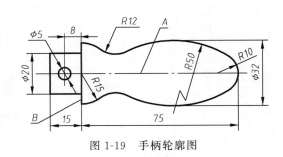

图 1-19　手柄轮廓图

2. 定位尺寸　确定平面图形中线段间的相对位置的尺寸。如图 1-19 中 8 是 $\phi5$ 小圆水平方向的定位尺寸，75 确定了 $R10$ 圆心水平方向的定位尺寸，而 $\phi32$ 提供了 $R50$ 圆心的在垂直方向上的定位尺寸。

标注定位尺寸的起点称为基准。通常以图形的对称线、中心线或某一主要轮廓线为基准，如图 1-19 中 A 为高度方向的基准，B 为长度方向的基准。

（二）线段分析

平面图形中的线段，有的定形、定位尺寸齐全，作图时不依赖于其他线段可独立画出；而有的线段仅有定形尺寸，没有定位尺寸或定位尺寸不全，必须依赖其一端或两端相连接的

线段才能画出。根据定位尺寸完整与否分为三类线段。

1. 已知线段　定位尺寸齐全，可独立画出的线段。如图 1-19，左边的矩形和小圆是已知线段。$R15$ 的圆心位于两条基准线的交点上，$R10$ 的圆心可由 75 定位，且位于水平基准线上，所以是已知线段。

2. 中间线段　定位尺寸不全，须依赖一端与之连接的线段才能定位的线段。图 1-19 中 $R50$ 仅有一个定位尺寸（由 $\phi32$ 确定），画图时必须依赖与 $R10$ 相切才能画出，因此是中间线段。

3. 连接线段　通常无定位尺寸，须依赖两端与之连接的线段才能定位的线段。上一节中讨论的圆弧连接以及两已知圆的公切线即属于连接线段。图 1-19 中的 $R15$ 即是连接线段，须依据两端分别与 $R15$ 和 $R50$ 相切才能画出。

（三）画图步骤

画平面图形时，先对其进行尺寸分析、基准分析和线段分析，从而确定画图步骤。图 1-19 所示手柄轮廓图的作图步骤见图 1-20。

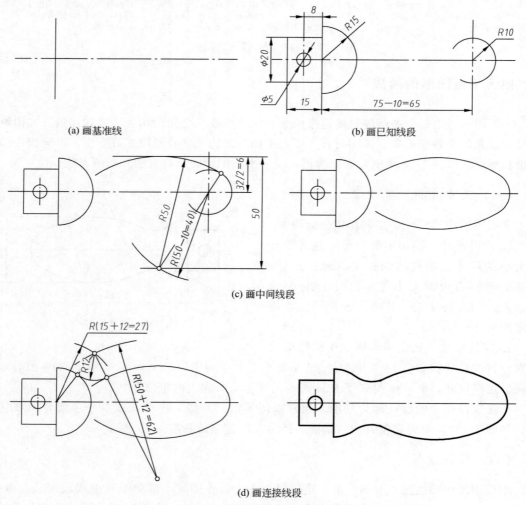

(a) 画基准线　　　　　　(b) 画已知线段

(c) 画中间线段

(d) 画连接线段

图 1-20　手柄轮廓图的画图步骤

第四节　徒 手 作 图

　　徒手作图就是不用尺规，不度量尺寸，依靠目测估计大小和比例而徒手绘制图样。在设计、测绘及技术交流中，经常要徒手绘制草图。许多正式图样需在草图基础上整理而成，尤其是采用计算机绘图时，一般要先画出草图。因此，和尺规作图一样，徒手作图是工程技术人员必须具备的基本技能，并且随着计算机绘图的普及，这一能力显得更加重要。

一、徒手作图的基本要求和要领

　　① 所画的线条基本平直，粗细分明，线型符合国家标准，字体工整，图样内容完整且正确无误。

　　② 图形尺寸和各部分之间的比例关系要大致准确。

　　③ 绘图速度要快。

　　徒手画图时一般选用 HB 或 B 等稍软一些的铅笔。握笔位置宜高些，以利于运笔和观察目标。画线时手要悬空，但以小指轻触纸面，以防手抖。

　　初学时，最好在浅色方格纸上绘制，并尽量使图中直线与格线重合，以便控制方向和比例。图纸不要固定，可以随时将所要画的线段转到自己顺手的位置。

　　徒手作图贵在多练。通过大量实践，就可以逐步摸索适合自己的手法和技巧，不断提高徒手作图的速度和准确性。

二、各种图形的徒手画法

　　1. 直线的画法　　徒手画直线时，先标出直线的两个端点，手腕靠着纸面，掌握好方向和走势后再落笔画线，握笔的手要放松，眼睛要瞄线段的终点。画线时的运笔方向如图1-21。一般来说，向右画水平线和向右上方画斜线较为顺手，对于其他方向的直线，也可旋转图纸使画线方向变得顺手。

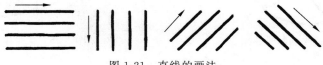

图 1-21　直线的画法

　　画 30°、45°、60°等特殊角度线时，可根据两直角的比例关系，在直角边上确定出两点，连接而成，如图 1-22 所示。

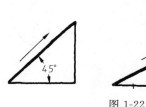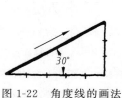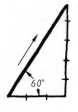

图 1-22　角度线的画法

2. **圆的画法**　画圆时，应先画出中心线，再按半径在中心线上取四点，然后过四点画圆即可，如图 1-23（a）所示。画较大圆时，可在中心线之间加画一对 45°的斜线，并同样截取四点，然后过八点画圆。如图 1-23（b）所示。

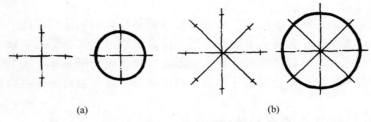

(a)　　　　　　　　　　　　　　　(b)

图 1-23　徒手画圆的方法

3. **正多边形的徒手画法**　徒手画正 n 边形时，先画出中心线，然后过中心按特定角度画出 n 条射线，在每条射线上按正多边形外接圆半径取点，之后连线即可，如图 1-24（a）。也可以画出中心线后，先画外接圆，然后目测等分该圆后连线，如图 1-24（b）。

4. **线段连接的徒手画法**　徒手画圆弧连接时，根据连接半径和相切条件通过目测先大致地定出圆心和切点，然后徒手画弧连接。连接弧较大时，可在中间先目测定出几个点后再光滑连线（图 1-25）。

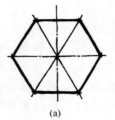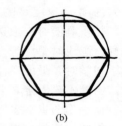

(a)　　　　　　　　　　　(b)

图 1-24　正多边形的徒手画法

徒手画切线时，先较准确地定出切点，然后连线（图 1-26）。

5. **平面图形的徒手画法**　对于一般有直线、圆、圆角和半圆所构成的简单平面图形，可按前面的徒手作图画法作图即可，如图 1-27（a）。但对于较复杂的平面图形，应先分析图形的尺寸关系和线段性质后，再按已知线段、中间线段和连接线段的顺序作图，如图 1-27（b）。

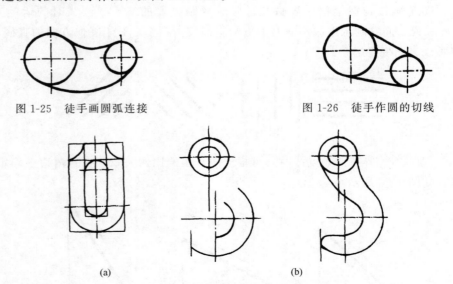

图 1-25　徒手画圆弧连接　　　　　　图 1-26　徒手作圆的切线

(a)　　　　　　　　　　　(b)

图 1-27　平面图形的徒手作图

第二章
投影基础

第一节 正投影法

一、投影的概念

阳光或灯光照射物体时，在地面或墙面上会产生影像，这种投射线（如光线）通过物体向选定的面（如地面或墙面）投射，并在该面上得到图形（影像）的方法，称为投影法。根据投影法所得到的图形称为投影图，简称投影，得到投影的面称为投影面。

二、投影法的分类

投影法分为两类：中心投影法和平行投影法。

（一）中心投影法

如图 2-1 所示，发自投射中心 S 的投射线对△ABC 向投影面 P 投射，得到投影△abc，即△ABC 在投影面 P 上的投影。

这种投射线汇交于一点的投影法，称为中心投影法，所得投影称为中心投影。

（二）平行投影法

假设将图 2-1 的投射中心 S 移到无穷远处，所有投射线就相互平行。这种投射线相互平行的投影法称为平行投影法，如图 2-2。

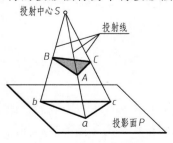

图 2-1 中心投影法

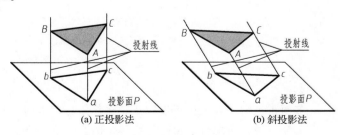

(a) 正投影法　　(b) 斜投影法

图 2-2 平行投影法

根据投射线与投影面的关系，平行投影法又分为正投影法和斜投影法。

1. 正投影法　投射线垂直于投影面的平行投影法称为正投影法，所得投影称为正投影，如图 2-2（a）。

2. 斜投影法　投射线倾斜于投影面的平行投影法称为斜投影法，所得投影称为斜投影，如图 2-2（b）。

三、投影法在工程图样中的应用

（一）透视投影图

透视投影图是采用中心投影法绘制的，它符合人的视觉印象，富有逼真感，但作图较复杂，多用于绘画及土建制图，如图 2-3 所示为房屋的透视图。

图 2-3　房屋透视图

（二）轴测投影图

轴测投影图是采用平行投影法绘制的，图 2-4（a）为采用正投影法绘制的正轴测图，图 2-4（b）为采用斜投影法绘制的斜轴测图。轴测图可在一个图上同时反映物体长、宽、高三个方向的形状，直观性强，但度量性差，在工程上常作为辅助图样使用。

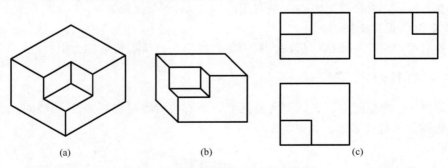

(a)　　　　　　　(b)　　　　　　　(c)

图 2-4　轴测投影图与多面正投影图

（三）多面正投影图

多面正投影图是采用正投影法，将物体分别投射在几个相互垂直的投影面上所得到的，即采用多个正投影图同时表示同一物体。图 2-4（c）所示为物体的三面正投影图。这种投影图能完整、准确地表示物体的真实形状和大小，度量性好且作图简便，在工程图样中被广泛应用。

本课程主要研究多面正投影图，为方便起见，后续章节中未特别指明的"投影"均指"正投影"。

四、正投影的基本性质

① 点的投影实质上就是自该点向投影面所作垂线的垂足，见图 2-5。显然，点的投影仍然是点。

② 直线的投影是直线上点的投影的集合。两点决定一条直线，所以直线段上二端点投影的连线就是该直线段的投影。

直线的投影一般情况下仍为直线，特殊情况下变为一点，如图 2-6。

③ 平面形的投影一般情况下仍为平面图形，特殊情况下变为一条直线，如图 2-7。

图 2-5　点的投影

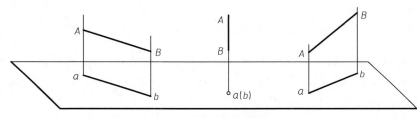

图 2-6　直线的投影

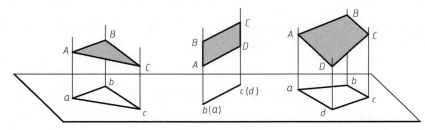

图 2-7　平面的投影

由图 2-6、图 2-7 可以看出，直线和平面❶的投影具有如下特性。

（1）显实性　当直线平行于投影面时，其投影反映直线的实长；当平面平行于投影面时，其投影反映平面的实形。

（2）积聚性　当直线垂直于投影面时，其投影积聚成一个点；当平面垂直于投影面时，其投影积聚成一条直线。

（3）类似性　当直线倾斜于投影面时，其投影为一条缩短了的直线；当平面倾斜于投影面时，其投影为一和原平面形状类似，但缩小了的图形。

五、三面投影体系

空间物体具有长、宽、高三个方向的形状，而物体相对投影面正放时所得的单面正投影

---

❶ 本书所称的"直线"一般是指具有一定长度的直线段；而所称"平面"一般指具有一定形状和大小的平面图形。

图只能反映物体两个方向的形状。如图 2-8 所示，三个不同物体的投影相同，说明物体的一个投影不能完全确定其空间形状。

为了完整地表达物体的形状，常设置两个或三个相互垂直的投影面，将物体分别向这些投影面进行投射，几个投影综合起来，便能将物体三个方向的形状表示清楚。

设置三个相互垂直的投影面，称为三面投影体系，如图 2-9。

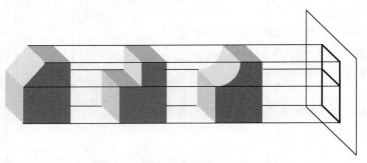

图 2-8　不同的物体具有相同的投影图

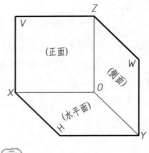

图 2-9　三面投影体系

直立在观察者正对面的投影面称为正立投影面，简称正面，用 V 表示。处于水平位置的投影面称为水平投影面，简称水平面，用 H 表示。右边分别与正面和水平面垂直的投影面称为侧立投影面，简称侧面，用 W 表示。

三个投影面的交线 OX、OY、OZ 称为投影轴，三条投影轴的交点 O 称为原点。OX 轴（简称 X 轴）方向代表长度尺寸和左右位置（正向为左）；OY 轴（简称 Y 轴）方向代表宽度尺寸和前后位置（正向为前）；OZ 轴（简称 Z 轴）方向代表高度尺寸和上下位置（正向为上）。

第二节　点 的 投 影

点、直线和平面是构成形体的几何元素，而点又是基本的几何元素，掌握这些几何元素的投影规律，能为绘制和分析形体的投影图提供依据。

一、点的三面投影

设 A 为三面投影体系中的一点，由 A 点分别向 V、H、W 面投射，得到 A 点的三面投影 a'、a、a''❶，如图 2-10（a）。

自前向后投射，点 A 在 V 面上的投影 a' 称为正面投影或 V 面投影；

自上向下投射，点 A 在 H 面上的投影 a 称为水平投影或 H 面投影；

自左向右投射，点 A 在 W 面上的投影 a'' 称为侧面投影或 W 面投影。

---

❶ 约定空间点用大写拉丁字母如 A、B…（或罗马数字Ⅰ、Ⅱ…）表示；水平投影用相应小写字母如 a、b…（或1、2…）表示；正面投影用相应小写字母加一撇如 a'、b'…（或1′、2′…）表示；侧面投影用相应小写字母加两撇如 a''、b''…（或1″、2″…）表示。

从 A 点出发的三条投射线，构成三个相互垂直的平面，它们分别与三条投影轴交于三点 a_X、a_Y、a_Z。

为了将三面投影画在同一平面上，须移去空间点 A，将三面投影体系展开。展开方法为：V 面保持正立位置，H 面绕 OX 轴向下转 90°，W 面绕 OZ 轴向右转 90°，如图 2-10（b）。展开后的投影图如图 2-10（c），注意展开后 Y 轴分为 Y_H 和 Y_W，a_Y 则分为 a_{YH} 和 a_{YW}。

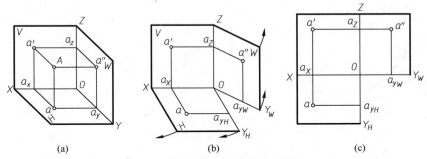

图 2-10　点的三面投影的形成

实际画投影图时，不必画出投影面的边框，也可省略标注 a_X、a_{YH}、a_{YW} 和 a_Z，但须用细实线画出点的三面投影之间的连线，称为投影连线，如图 2-11。

从点的三面投影图的形成过程可以得出点的三面投影规律：

① 点的正面投影和水平投影的连线垂直于 OX 轴，即 $a'a \perp OX$；

② 点的正面投影和侧面投影的连线垂直于 OZ 轴，即 $a'a'' \perp OZ$；

③ 点的水平投影到 OX 轴的距离等于侧面投影到 OZ 轴的距离，即 $aa_X = a''a_Z$。

画点的投影图时，为保证 $aa_X = a''a_Z$，可由原点 O 出发作一条 45°的辅助线，如图 2-11（a）。也可采用图 2-11（b）所示的方法利用圆规作图。

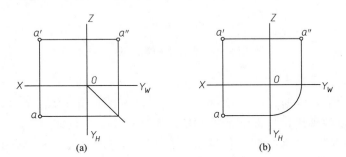

图 2-11　点的三面投影图画法

二、点的坐标

将三面投影体系作为直角坐标系，投影轴、投影面和原点 O 分别作为坐标轴、坐标面和坐标原点，则点 A 的空间位置可用一组直角坐标来表示，记为：

$$A（x，y，z）$$

每一坐标即空间点到相应投影面的距离，如图 2-12（a），其中：

$x = Aa''$，即空间点到 W 面的距离；

$y = Aa'$，即空间点到 V 面的距离；

$z = Aa$，即空间点到 H 面的距离。

点的坐标反映在投影图中如图 2-12（b），点的三面投影和点的三个坐标之间的关系如图 2-12（c）。显然，点的任意一个投影反映点的两个坐标；点的任意一个坐标同时在两个投影上反映出来。

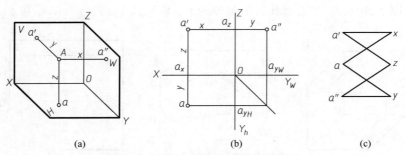

图 2-12　点的坐标与三面投影的关系

【例 1】　已知 A、B、C 三点的两面投影，求作第三投影，见图 2-13（a）。

分析　点的任意两个投影必包含点的三个坐标（其中包含一对相同的坐标），即能够确定点在空间的位置，于是第三投影可求，见图 2-13（b）。

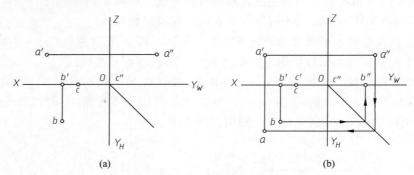

图 2-13　求作点的第三投影

作图 ［图 2-13（a）］：

① 由 a' 和 a'' 求 a，依据 $a'a \perp OX$ 和 $aa_X = a''a_Z$，由 a'' 作 OY_W 的垂线与 45°辅助线相交，自交点作 OY_H 的垂线，与自 a' 所作 OX 的垂线相交，交点即为 a。

② 由 b' 和 b 求 b''，点的正面投影由 X、Z 坐标决定，由于 b' 在 X 轴上，即 B 点的 Z 坐标为零，由 b 可知，B 点的 X、Y 坐标不为零，则 B 点为 H 面上一点，和其水平投影重合，b'' 必在 OY_W 上，依据 $bb_X = b''b_Z$，由 b 作 OY_H 的垂线与 45°辅助线相交，自交点作 OY_W 的垂线，垂足即为 b''。

③ C 点的侧面投影和原点重合，容易想象到 C 点在 X 轴上，而 X 轴是 V 面和 H 面的交线，则空间点 C 和其正面投影 c' 均与水平投影 c 重合。

【例 2】　作点 A（15，10，16）的三面投影图。

作图（图 2-14）：

① 作出投影轴 OX、OY_H、OY_W、OZ 和 45°辅助线，如图 2-14（a）。

② 沿 X 轴自 O 向左量取 15 得 a_X，过 a_X 作 X 轴的垂线，自 a_X 沿 Z 轴方向向上量取 16 得 a'、沿 Y_H 轴方向向前量取 10 得 a，如图 2-14（b）。

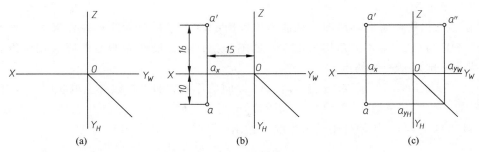

图 2-14 作点的三面投影图

③ 根据点的投影规律，由 a' 和 a 作出 a''，如图 2-14（c）。

三、两点的相对位置

两点的相对位置，指两个点的左右关系（X 轴方向）、前后关系（Y 轴方向）和上下关系（Z 轴方向），可由投影图判断。也可依据两点的坐标关系来判断：X 坐标大者在左；Y 坐标大者在前；Z 坐标大者在上。在图 2-15（a）中，若以点 B 作为基准，则点 A 在点 B 的左面（$x_A > x_B$）、前面（$y_A > y_B$）、下面（$z_A < z_B$），其相对位置的定值关系可由两点的同名坐标差来确定。

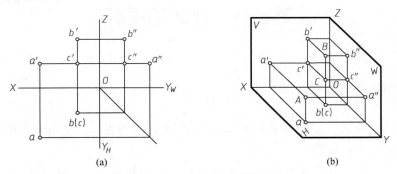

图 2-15 两点的相对位置

当两点同处于某一投影面的投射线上时，它们在该投影面上的投影重合。我们称在某一投影面上投影重合的若干个点为对该投影面的重影点。重影点有两个坐标对应相等，另一个坐标不相等。图 2-15（a）中，B 点和 C 点的水平投影重合，为对 H 面的重影点，两点的 X、Y 坐标对应相等，由于 $z_C < z_B$，则 C 点在 B 点的正下方，其水平投影被 B 点的水平投影遮挡，图中表示成 b（c），括弧内的投影为不可见。

图 2-15（b）为 A、B、C 三点的轴测图。

四、点的轴测图❶

点的轴测图能直观地表示空间点及其三面投影之间的位置关系，以例 2 中的 A 点为例

---

❶ 轴测图知识将在第三章作进一步介绍，为简化起见，本章所作点、直线、平面的轴测图均采用斜等轴测投影。

说明点的轴测图画法。

① 作三面投影体系的轴测图。在适当位置确定 O 点，自 O 水平向左作 X 轴，垂直向上作 Z 轴，OY 与 OX、OZ 夹角均为 135°，如图 2-16（a）。投影面的边框应与相应投影轴平行，其大小应能包括所画的点。

② 沿 X 轴自 O 向左量取 15 得 a_X，自 a_X 向前作 OY 的平行线并量取 10 得 a，自 a 向上作 OZ 的平行线并量取 16 即为 A，如图 2-16（b）。

③ 过 A、a 及 a_X 作相应轴的平行线，作出 a' 及 a''，如图 2-16（c）。

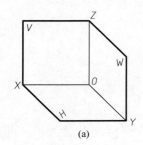 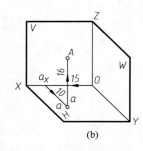 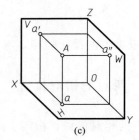

图 2-16　点的轴测图画法

第三节　直线的投影

一、直线的三面投影

求直线的三面投影，实际上是求其两端点的同名投影的连线。所谓同名投影，指几何元素在同一投影面上的投影。

如图 2-17（a），已知直线 AB 两端点 A 和 B 点三面投影，连接 A、B 的同名投影 $a'b'$、ab、$a''b''$，即为直线的三面投影，如图 2-17（b）。图 2-17（c）为 AB 的轴测图，作图时，先分别作出直线两端点 A、B 的轴测图，将两空间点及其同名投影分别连线即可。

在三面投影体系中，与三个投影面都倾斜的直线称为一般位置直线。图 2-17 中的直线 AB 即为一般位置直线。一般位置直线的三面投影都倾斜于投影轴，且都不反映实长，如图 2-17（b）。

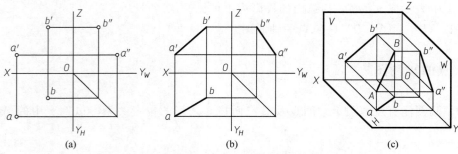

图 2-17　直线的三面投影和轴测图

二、特殊位置直线

特殊位置直线指在三投影面体系中与任一投影面垂直或平行的直线。直线垂直于某一投影面（必与另外二投影面平行），称为投影面垂直线；直线平行于某一投影面，而与另外二投影面倾斜，称为投影面平行线。

1. 投影面平行线　投影面平行线包括平行于 V 面、H 面和 W 面三种情况，分别称为正平线、水平线和侧平线。

表 2-1 列出了三种投影面平行线的图例和投影特性。

表 2-1　三种投影面平行线的图例和投影特性

名称	正平线（//V 面,对 H、W 面倾斜）	水平线（//H 面,对 V、W 面倾斜）	侧平线（//W 面,对 V、H 面倾斜）
轴测图			
投影图			
投影特性	① $a'b'$ 反映实长 ② $ab \perp OY_H$,$a''b'' \perp OY_W$,长度缩短	① cd 反映实长 ② $c'd' \perp OZ$,$c''d'' \perp OZ$,长度缩短	① $e''f''$ 反映实长 ② $e'f' \perp OX$,$ef \perp OX$,长度缩短

由此得出投影面平行线的投影特性：在所平行的投影面上的投影反映实长；另外两个投影同时垂直于某一投影轴，都不反映实长。

2. 投影面垂直线　投影面垂直线包含垂直于 V 面、H 面和 W 面三种情况，分别称为正垂线、铅垂线和侧垂线。

表 2-2 列出了三种投影面垂直线的图例和投影特性。

表 2-2　投影面垂直线的图例和投影特性

名称	正垂线（$\perp V$ 面,//H 面,//W 面）	铅垂线（$\perp H$ 面,//V 面,//W 面）	侧垂线（$\perp W$ 面,//V 面,//H 面）
轴测图			

续表

名称	正垂线（⊥V 面,//H 面,//W 面）	铅垂线（⊥H 面,//V 面,//W 面）	侧垂线（⊥W 面,//V 面,//H 面）
投影图			
投影特性	① $a'(b')$ 积聚成一点 ② $ab//OY_H$、$a''b''//OY_W$,都反映实长	① $c(d)$ 积聚成一点 ② $c'd'//OZ$、$c''d''//OZ$,都反映实长	① $e''(f'')$ 积聚成一点 ② $e'f'//OX$、$ef//OX$,都反映实长

由此得出投影面垂直线的投影性质：在所垂直的投影面上的投影积聚成一点；另外两个投影同时平行于某一投影轴，且均反映实长。

三、直线上的点

直线上的点，其投影必位于直线的同名投影上，并符合点的投影规律。

如图 2-18 （a） 所示，若 K 点在直线 AB 上，则 k 在 ab 上，k' 在 $a'b'$ 上，k'' 在 $a''b''$ 上。反之，若点的三面投影都落在直线的同名投影上，且其三面投影符合一点的投影规律，则点必在直线上。

图 2-18 （b） 中，已知 K 点的一个投影，即可根据点的投影规律，在直线的同名投影上，求得该点的另两面投影，如图 2-18 （c）。

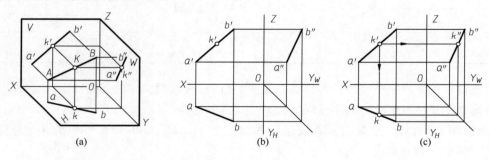

图 2-18　直线上点的投影

第四节　平面的投影

一、平面的三面投影

一任意平面图形可表示一个平面。平面图形的三面投影，由其各条边线（直线或曲线）

的同名投影组成。对平面多边形而言，由于其各边线均为直线，则平面多边形的投影为其各顶点的同名投影的连线，图 2-19（a）所示为△ABC 的三面投影图。

作平面多边形的轴测图时，可先作出其各顶点的轴测图，再将空间点及其同名投影依次分别连线即可。图 2-19（b）所示为△ABC 的轴测图。

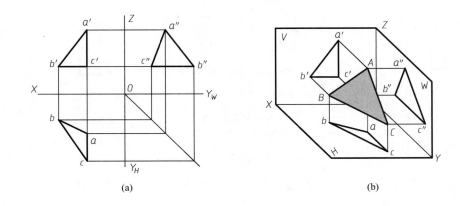

(a)　　　　　　　　　　　　　　　(b)

图 2-19　平面的三面投影

图 2-19 所示的△ABC 平面对 V、H、W 面都倾斜，这样的平面称为一般位置平面。一般位置平面的三个投影均为与原形相类似的图形，都不反映实形。

二、特殊位置平面

特殊位置平面指在三投影面体系中与任一投影面垂直或平行的平面。平面平行于某一投影面（必与另外二投影面垂直），称为投影面平行面；平面垂直于某一投影面，而与另外二投影面倾斜，称为投影面垂直面。

1. 投影面垂直面　投影面垂直面包含垂直于 V 面、H 面和 W 面三种情况，分别称为正垂面、铅垂面和侧垂面。

表 2-3 列出了三种投影面垂直面的图例和投影特性。

表 2-3　投影面垂直面的图例和投影特性

名称	正垂面（⊥V 面，对 H、W 面倾斜）	铅垂面（⊥H 面，对 V、W 面倾斜）	侧垂面（⊥W 面，对 V、H 面倾斜）
轴测图			

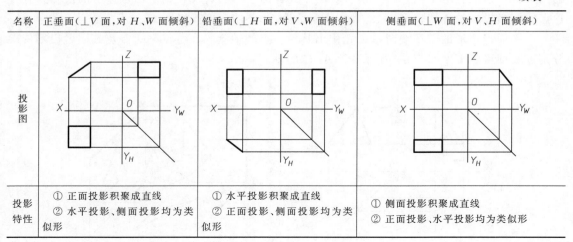

名称	正垂面($\perp V$ 面,对 H、W 面倾斜)	铅垂面($\perp H$ 面,对 V、W 面倾斜)	侧垂面($\perp W$ 面,对 V、H 面倾斜)
投影图			
投影特性	① 正面投影积聚成直线 ② 水平投影、侧面投影均为类似形	① 水平投影积聚成直线 ② 正面投影、侧面投影均为类似形	① 侧面投影积聚成直线 ② 正面投影、水平投影均为类似形

由此得出投影面垂直面的投影性质:在所垂直的投影面上的投影积聚成直线;另外两个投影均为原形的类似形。

2. 投影面平行面 投影面平行面分为正平面、水平面和侧平面,分别与 V、H、W 面平行。表 2-4 列出了三种投影面平行面的图例和投影特性。

表 2-4 投影面平行面的图例和投影特性

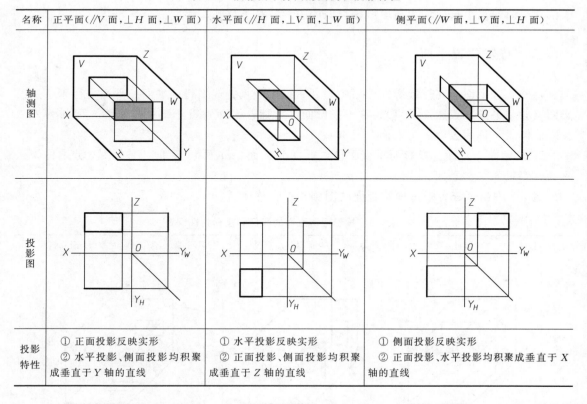

名称	正平面($/\!/V$ 面,$\perp H$ 面,$\perp W$ 面)	水平面($/\!/H$ 面,$\perp V$ 面,$\perp W$ 面)	侧平面($/\!/W$ 面,$\perp V$ 面,$\perp H$ 面)
轴测图			
投影图			
投影特性	① 正面投影反映实形 ② 水平投影、侧面投影均积聚成垂直于 Y 轴的直线	① 水平投影反映实形 ② 正面投影、侧面投影均积聚成垂直于 Z 轴的直线	① 侧面投影反映实形 ② 正面投影、水平投影均积聚成垂直于 X 轴的直线

由此得出投影面平行面的投影性质:在所平行的投影面上的投影反映实形;另外两个投影面上的投影均积聚成直线,且同时垂直于两投影面的公共投影轴。

三、平面上的直线和点

若直线通过平面上的两个点，则直线在平面上。如图 2-20 所示，△ABC 决定了一个平面，则过 AB 上 M 点和 AC 上 N 点所作直线 MN 必在该平面上。

若点在平面内的任一直线上，则该点必在该平面上。要在平面上取点，一般先在平面上过该点作一辅助直线，然后在该直线的投影上求得点的同名投影。

若在特殊位置平面上取直线或点，可直接利用平面投影的积聚性进行作图。

【例 1】 已知△ABC 平面上一点 D 的水平投影 d，求作 d′ 和 d″，见图 2-21（a）。

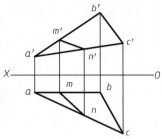

图 2-20 平面上的直线

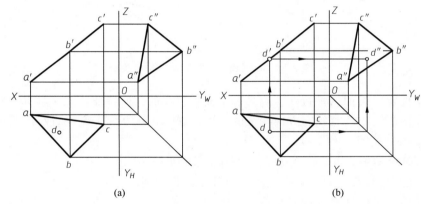

(a)　　　　　　　　(b)

图 2-21 利用积聚性求平面上点的投影

分析 从投影图可知△ABC 为正垂面，其上所有点、线的正面投影均落在平面正面投影的积聚线上，因此可直接根据 d 求得 d′。

作图 见图 2-21（b）：

① 自 d 作 X 轴的垂线与平面的积聚线相交，交点即为 d′。

② 根据 d 和 d′求得 d″即可。

【例 2】 已知△ABC 平面上一点 K 的水平投影 k，求作 k′，见图 2-22（a）。

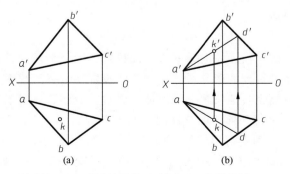

(a)　　　　　　　(b)

图 2-22 利用辅助线法求平面上点的投影

分析 由于△ABC 的两面投影均为类似形，应采用辅助线法作图，为简便起见，可使辅助线过△ABC 的某一个顶点。当然，各种辅助线的作图结果是相同的。

作图 见图 2-22（b）：

① 连接 ak 并延长，交 bc 于 d，在 $b'c'$ 上求得 d'。

② 连接 $a'd'$，自 k 作 OX 轴的垂线，交 $a'd'$ 于 k' 点，则 k' 即为所求。

【例 3】 已知一般位置平面△ABC 的两面投影，试在平面上作正平线 CD 和水平线 CE（图 2-23）。

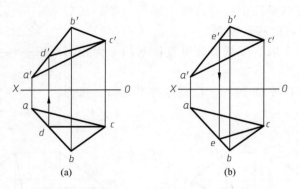

(a)   (b)

图 2-23　在平面上作投影面的平行线

分析 平面上投影面的平行线既应具有平面上直线的几何特征，又应具有相应平行线的投影特征，作图时，应从直线有方向特征的投影画起，再在平面上完成直线的其他投影。

正平线作图 见图 2-23（a）：

① 在 H 面投影中，过 c 作 X 轴的平行线，交 ab 于 d。

② 由 d 在 $a'b'$ 上求得 d'，连接 $c'd'$，直线 CD 即为所求。

水平线作图 见图 2-23（b）：

① 在 V 面投影中，过 c' 作 X 轴的平行线，交 $a'b'$ 于 e'。

② 由 e' 在 ab 上求得 e，连接 ce，直线 CE 即为所求。

第五节　形体的三视图

一、三视图的形成

将一个三维形体，按正投影法向某一投影面投射得到该形体的投影。形体的投影实际上是沿投射方向观察形体所得到的形状，因此形体的投影通常称为视图。

形体的一个视图不能完整地反映三维形体的形状。故将形体置于三面投影体系中，分别向 V、H、W 面投射，可得到形体的三视图，如图 2-24。

从前向后投射，在 V 面上得形体的正面投影，又称作主视图，如图 2-24（c）。

从上向下投射，在 H 面上得形体的水平投影，又称作俯视图，如图 2-24（d）。

从左向右投射，在 W 面上得形体的侧面投影，又称作左视图，如图 2-24（e）。

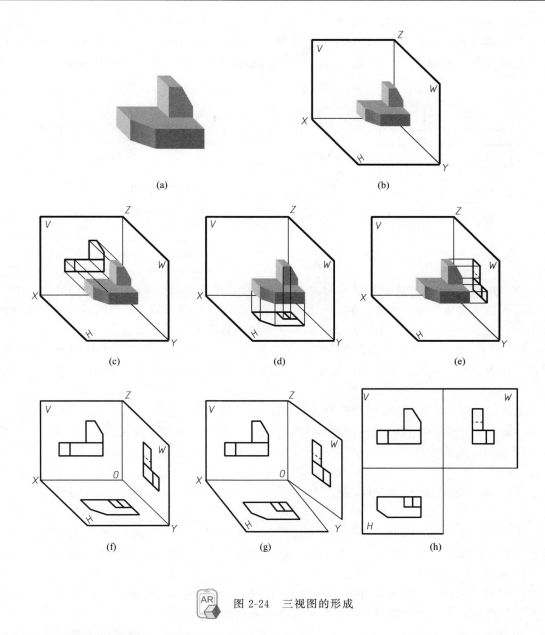

(a)　　　　　　　　　(b)

(c)　　　　　　　　(d)　　　　　　　　(e)

(f)　　　　　　　　(g)　　　　　　　　(h)

图 2-24　三视图的形成

将三面投影体系展开，如图 2-24（f）～（h）。

实际绘制形体的三视图时，不必画出投影面和投影轴，如图 2-25。

二、三视图的投影规律

从三视图的形成过程可知，它们之间存在着严格的内在联系，结合点、直线和平面的投影规律，可得出三视图的投影规律。

1. 位置关系　以主视图为准，俯视图在主视图的正下方，左视图在主视图的正右方。

2. 尺寸关系　如图 2-25 所示，形体的一个视图反映两个方向的尺寸：主视图反映长和高，俯视图反映长和宽，左视图反映宽和高。显然，每两个视图中包含一个相同的尺寸：主视图与俯视图的长度相等且左右对正；主视图与左视图的高度相等且上下对齐；俯视图与左视图的宽度相等。即：主、俯视图长对正，主、左视图高平齐，俯、左视图宽相等。

图 2-25　三视图及其尺寸关系　　　　　　　　　图 2-26　三视图的方位关系

"长对正、高平齐、宽相等"又称"三等"规律，概括地反映了三视图之间的关系。不仅针对形体的总体尺寸，形体上的每一几何元素也符合此规律。绘制三视图时，应从遵循形体上每一点、线、面的"三等"出发，来保证形体三视图的尺寸关系。

3. 方位关系　主视图和俯视图能反映形体各部分之间的左右位置；主视图和左视图能反映形体各部分之间的上下位置；俯视图和左视图能反映形体各部分之间的前后位置，如图 2-26。

画图及读图时，要特别注意俯、左视图的前后对应关系：俯、左视图远离主视图的一侧为形体的前面，靠近主视图的一侧为形体的后面，可简单记为"外前里后"。初学时，往往容易把这种对应关系弄错。

三、画三视图的方法和步骤

实际画形体的三视图时，并不需要真的将形体置于一个三面投影体系中进行投射，只要确定了形体的放置方位，再按相应的投射方向去观察形体，即可获得形体的三视图。

三视图的画图步骤（图 2-27）。

1. 选择主视图　形体要放正，即应使其上尽量多的表面与投影面平行或垂直；并选择主视图的投射方向，使之能较多地反映形体各部分的形状和相对位置。

2. 画基准线　先选定形体长、宽、高三个方向上的作图基准，分别画出它们在三个视图中的投影。通常以形体的对称面、底面或端面为基准，如图 2-27（a）。

3. 画底稿　如图 2-27（b）、（c），一般先画主体，再画细部。这时一定要注意遵循"长对正、高平齐、宽相等"的投影规律，特别是俯、左视图之间的宽度尺寸关系和前、后方位关系要正确。

4. 检查、改错，擦去多余图线，描深图形　如图 2-27（d）。

画三视图时还需注意遵循国家标准关于图线的规定，将可见轮廓线用粗实线绘制，不可见轮廓线用虚线绘制，对称中心线或轴线用细点画线绘制。如果不同的图线重合在一起，应按粗实线、虚线、细点画线的优先顺序绘制。

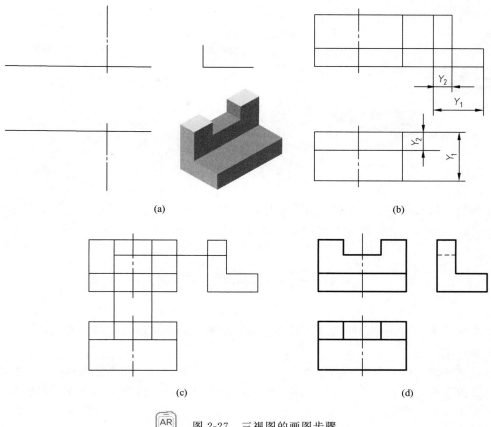

(a)

(b)

(c)

(d)

图 2-27 三视图的画图步骤

第三章

基本体

任何复杂的形体均可看作是由基本形体按一定方式组合而成，本章主要分析常见基本体及其截交线的投影，并介绍轴测图的基本知识。

第一节　平　面　立　体

基本体分为平面立体和曲面立体，完全由平面围成的立体称为平面立体，常见平面立体为棱柱和棱锥。

棱柱和棱锥均由若干个平面多边形表面围成，表面和表面的交线称为棱线，棱柱和棱锥的任一视图为其上各多边形表面的同名投影的集合，也就是各棱线的同名投影的集合。

一、棱柱

常见棱柱为直棱柱，其顶面和底面为全等且对应边相互平行的多边形，各侧面均为矩形，侧棱垂直于顶面和底面，顶面和底面为正多边形的直棱柱称为正棱柱。下面以正六棱柱为例加以分析。

（一）棱柱的三视图

图 3-1 所示为一正六棱柱的轴测图和三视图。从图 3-1（a）中可以看出，六棱柱中心轴线为铅垂线，则顶面和底面的正六边形均为水平面，每一正六边形的边为四条水平线和两条侧垂线，棱柱的前后两个侧面为正平面，其余四个面则为铅垂面，六条侧棱均为与轴线平行的铅垂线。

图 3-1（b）所示为该棱柱的三视图，俯视图的正六边形线框为顶面和底面的重合投影，反映实形，六条边线和六个顶点分别是六个矩形侧面和六条侧棱的积聚投影。主视图中，由于形体前后对称，三个矩形线框为六个侧面的投影，中间的矩形线框为前后两个侧面的重合投影，反映实形，左、右两个矩形线框是其余四个侧面的重合投影，为类似形，四条竖直线为六条侧棱的投影，上下两条水平直线为顶面和底面的积聚投影。左视图中线框及图线的空间含义，读者可自行分析。

画六棱柱三视图时，画出基准线后，先画俯视图正六边形，然后根据"三等"规律画主视图和左视图。

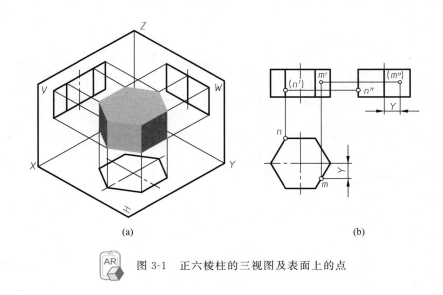

(a)   (b)

图 3-1　正六棱柱的三视图及表面上的点

（二）棱柱表面上的点

棱柱表面均为平面，求其表面上点的投影，可转化为在平面上求点的问题，点的投影的可见性与点所在平面的同名投影一致。当点的某一投影不可见时，通常将表示该投影的符号加括弧。

如图 3-1（b）所示，若已知六棱柱表面上两点 M、N 的正面投影 m'、(n')，要求两点的水平投影和侧面投影。首先应搞清楚点在六棱柱表面上的具体位置，m' 所处的线框为六棱柱右前、右后两侧面的重合投影，由于 m' 可见，则 M 点位于右前方侧面上，该侧面为铅垂面。根据 $m'm \perp OX$，可在右前方侧面的水平积聚线上求得 M 点的水平投影 m，由 m'、m 可作出 m''，由于右前方侧面的侧面投影不可见，则 m'' 也不可见。

由 (n') 可知，N 点位于六棱柱的左后方侧棱上，该侧棱为铅垂线，可根据点的投影规律，直接在该侧棱的相应投影上求得 n 和 n''。

二、棱锥

棱锥的底面为多边形，各侧面为具有公共顶点的三角形。当棱锥底面为正多边形，各侧面为全等的等腰三角形时，称为正棱锥，下面以正三棱锥为例加以分析。

（一）棱锥的三视图

图 3-2 所示为一正三棱锥的轴测图和三视图。从图 3-2（a）中可以看出，正三棱锥的中心轴线为铅垂线，则底面 △ABC 为水平面，AC、BC 为水平线，AB 为侧垂线；三个侧面均为等腰三角形，△SAC 和 △SBC 为一般位置平面，△SAB 为侧垂面，三条侧棱中 SC 为侧平线，SA 和 SB 为一般位置直线。

图 3-2（b）所示为该棱锥的三视图，由于底面正三角形为水平面，故其水平投影反映实形（不可见），正面投影和侧面投影均积聚为垂直于 Z 轴的直线，为了求得三个侧面的投影，可先作出顶点 S 的三面投影，与底面三角形的三个顶点的同名投影分别连线即可。

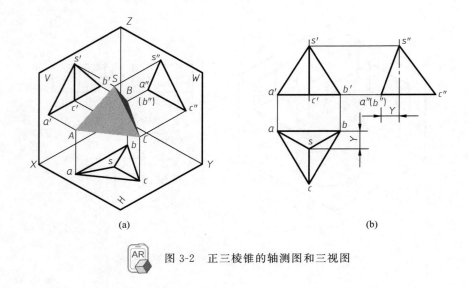

(a)   (b)

图 3-2   正三棱锥的轴测图和三视图

（二）棱锥表面上的点

棱锥表面均为平面，其表面上点的投影作图方法和可见性判断与棱柱类同。

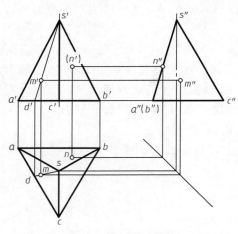

图 3-3   棱锥表面上的点

对于棱锥特殊位置表面上点的投影可以利用平面投影的积聚性作出，对于棱锥一般位置表面上点的投影，则需运用作辅助线的方法来作图求解。

如图 3-3 所示，已知正三棱锥表面上点 M、N 的正面投影 m'、(n')，求其水平投影和侧面投影。

点 M 位于三棱锥前面的 SAC 表面上，由于 SAC 是一般位置平面，所以需要用辅助线法求作 M 点其他投影。本图的作图方法为：连接 $s'm'$，并延长使其与 $a'c'$ 交于 d'；在 ac 上求出 d，并连接 sd；过 m' 作垂直线与 sd 交于 m，即得 M 点的水平投影，再由 m、m' 可求出 M 点的侧面投影 m''。

点 N 的正面投影为不可见，即位于三棱锥后面的 SAB 表面上。SAB 平面是侧垂面，其侧面投影积聚为一条直线，因此 N 的侧面投影 n'' 可利用积聚性直接作出。最后由 n'、n'' 可求出 N 点的水平投影 n。

作图时，注意保证俯视图和左视图之间的尺寸关系。为此可过二视图之间对应投影的延长线的交点作出一条 45°线辅助作图。

第二节   回　转　体

包含有曲面的形体称为曲面立体，回转体是最为常见的曲面立体。

回转体由回转面和平面或完全由回转面围成，回转面由一条母线（直线或曲线）绕轴线（直线）回转而成，母线上任一点的运动轨迹均为圆，母线的任一位置称为回转面的素线。常见的回转体有圆柱、圆锥和球等。

一、圆柱

圆柱是由圆柱面和两个端面（圆形平面）围成。圆柱面可以看成是由一条直母线绕与它平行的轴线回转而成。圆柱面上任意一条平行于轴线的直线即为圆柱面的素线。

（一）圆柱的三视图

如图 3-4（a）所示，圆柱轴线为铅垂线，圆柱面上所有素线都是铅垂线，因而圆柱面的水平投影积聚为圆，正面和侧面投影为矩形。圆柱的上下两端面为水平面，其水平投影反映圆的实形，正面和侧面投影积聚为直线。

圆柱的俯视图为圆，它既反映上端面（可见）及下端面（不可见）的实形，又是圆柱面的积聚性投影，圆柱面上任何点、线的水平投影都落在圆周上。主视图为一矩形线框，上下两条直线为上下端面圆的积聚投影，左右两条直线为圆柱面正面投影的轮廓线，它们分别是圆柱面上最左、最右素线 AB、CD 的正面投影。主视图中，以最左、最右素线为界，前半圆柱面可见，后半圆柱面不可见。这两条轮廓素线的侧面投影与轴线的侧面投影重合，因为它们不是圆柱面侧面投影的轮廓线，故其侧面投影不应画出。圆柱的左视图也是一矩形线框，但左视图中圆柱面的轮廓线是圆柱面上最前、最后素线 EF、GH 的侧面投影。

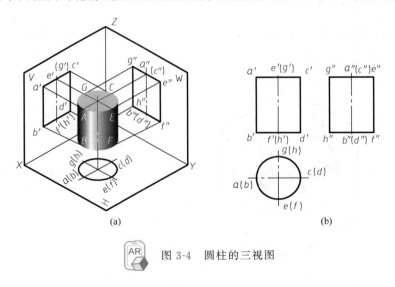

图 3-4 圆柱的三视图

图 3-4（b）所示为圆柱的三视图。画圆柱的三视图时，应先画出中心线、轴线和轴向定位基准线（如下端面），其次画投影为圆的视图，然后再画其余两个视图。

（二）圆柱表面上的点

如图 3-5（a）所示，已知圆柱面上点 M 的侧面投影（m″）和点 N 的正面投影 n′，求其另两面投影。由（m″）的位置，可知 M 点位于前半圆柱面的右半部分，根据圆柱面水平

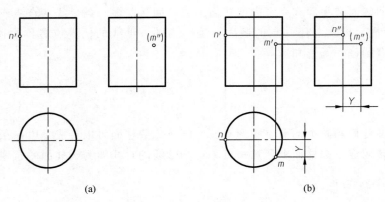

图 3-5　圆柱表面上的点

　　投影的积聚性可求得 m，由 m 和 m'' 可求得 m'，由于 M 点位于前半圆柱面上，故 m' 可见。

　　由 n' 可知 N 点位于圆柱面的最左素线上，可在最左素线的同名投影上求得 n 和 n''，由于最左素线的侧面投影可见，故 n'' 可见。

二、圆锥

　　圆锥由圆锥面和底面（圆形平面）围成。圆锥面可以看成是由一条直母线绕与它相交的轴线回转而成。圆锥面上，连接锥顶点和底圆圆周上任一点的直线为圆锥面的素线。

（一）圆锥的三视图

　　如图 3-6（a）所示的圆锥，轴线为铅垂线，底面为水平面，其水平投影反映实形（不可见），另两面投影积聚为直线。

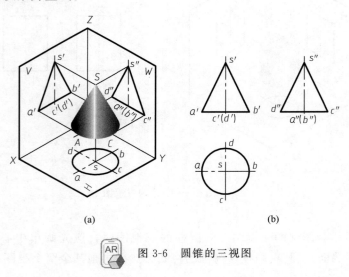

图 3-6　圆锥的三视图

　　图 3-6（b）所示为圆锥的三视图，圆锥面的三个投影都没有积聚性，其水平投影与底圆的水平投影重合，圆锥面正面投影的轮廓线为最左、最右素线 SA、SB 的正面投影，圆锥面的正面投影落在三角形线框内，以 $s'a'$、$s'b'$ 为界，前半圆锥面可见，后半圆锥面不可

见，两素线的侧面投影与轴线的侧面投影重合，不应画出。圆锥的左视图请读者自行分析。

画圆锥的三视图时，先画出中心线、轴线和轴向基准线（底面），然后画投影为圆的视图，再根据圆锥的高度画出锥顶点的投影，进而画出其他两个非圆视图。

（二）圆锥表面上的点

如图 3-7 所示，已知圆锥面上 M 点的正面投影 m'，求其另两面投影。由于圆锥面的投影没有积聚性，且 M 点不处在最外轮廓素线上，须利用辅助线求点的投影。

1. 辅助素线法　如图 3-7 (a) 所示，过锥顶和 M 点所作辅助线 SI 是圆锥面上的一条素线（直线）。作出该辅助素线的投影，即在图 3-7 (b) 中连接 $s'm'$ 并延长，与底面圆周交于 l'，再求出 sl 和 $s''l''$，根据直线上点的作图方法，可在 sl 和 $s''l''$ 上求得 m 和 m''。需注意，用辅助素线法作辅助线必须过锥顶。

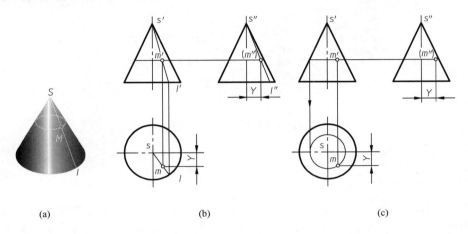

图 3-7　圆锥表面上的点

由 m' 可知 M 点位于右半圆锥，则 m'' 不可见，由于圆锥面的水平投影可见，则 m 可见。

2. 辅助圆法　如图 3-7 (a) 所示，在圆锥面上作出过 M 点的水平辅助圆，即在图 3-7 (c) 中过 m' 作垂直于轴线的直线，即辅助圆的正面投影。辅助圆的水平投影反映实形，该圆的半径可由其正面投影决定。根据点的投影规律，可在该圆上求得 m，由 m' 和 m 可求得 m''。

若所求点位于圆锥的最外轮廓素线或底面上时，不必作辅助线，可直接在该素线或底面的投影上求点。

三、球

圆球面可以看成是以一圆作母线，绕其任一直径回转而成。

（一）球的三视图

如图 3-8 (a) 所示，球的三个视图都是与球直径相等的圆，但它们是分别从三个方向投射时所得的投影，不是球面上同一圆的三个投影。正面投影的圆是球面上平行于 V 面的轮廓圆的投影，该圆为前后半球的分界圆，以它为界，前半球的正面投影可见，后半球的正面投影不可见；水平投影的圆是球面上平行于 H 面的轮廓圆的投影，该圆为上下半球的分界圆；侧面投影的圆是球面上平行于 W 面的轮廓圆的投影，该圆为左右半球的分界圆。三个轮廓圆的另两面投影，均与相应中心线重合，图中不应画出。

球的三视图如图 3-8（b），画图时先画出各视图的中心线，然后以相同半径画圆即可。

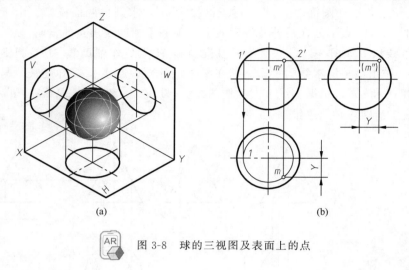

图 3-8　球的三视图及表面上的点

（二）球表面上的点

如图 3-8（b）所示，已知球面上 M 点的正面投影 m′，求其另两面投影。由于球面的投影没有积聚性，且球面上也不存在直线，应采用辅助圆法，即在球面上过 M 点作平行于投影面的辅助圆（水平圆、正平圆或侧平圆）。

如图 3-8（a）所示，过 M 点作水平辅助圆，即在图 3-8（b）中过 m′ 作垂直于 OZ 轴的直线 1′2′，它是水平辅助圆的积聚投影，以其长度为直径可作出辅助圆的水平投影。由 m′ 可知，M 点位于前半球的右上部分，根据点的投影规律，由 m′ 在辅助圆的右前部位可求得 m，由 m′ 和 m 可求得 m″。由于 M 点位于上半球，则 m 可见，由于 M 点位于右半球，则 m″ 不可见。另外两种辅助圆的作图方法，读者可自行分析。

若所求点位于平行于任一投影面的轮廓圆上，不必作辅助圆，可直接在该轮廓圆的投影上求点。

第三节　截　交　线

如图 3-9 所示，立体被截平面截切后的剩余部分称为截断体，截切所产生的截断面轮廓，即截平面与立体表面的交线称为截交线。

截平面完全截切基本体所产生的截交线具有下列性质。

① 封闭性　截交线为一个封闭的平面图形。

② 共有性　截交线是截平面与基本体表面的共有线。

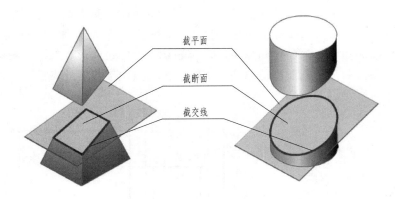

图 3-9 截交线

一、平面立体的截交线

平面立体的截交线必为平面多边形，其边数等于被截切表面的数量，多边形的顶点位于被截切的棱线上。

【例1】 分析图 3-10（a）所示斜切正三棱锥的截交线，画出其三视图。

分析 从图 3-10（a）中可以看出，正垂面截切了三棱锥的三个侧面，截断面为三角形，其正面投影积聚成一条直线，可在完整正三棱锥的主视图上，直接画出截断面的正面投影。

作图 见图 3-10（b）。

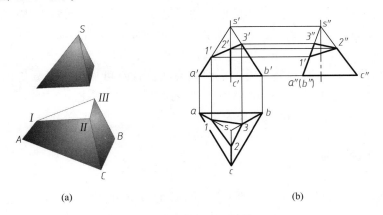

(a)	(b)

图 3-10 斜切正三棱锥

首先求顶点的投影，截断面三角形的三个顶点既位于截断面上，同时又位于三条侧棱上，从主视图中三条侧棱与截断面积聚投影的交点处，可得到顶点的正面投影 $1'$、$2'$、$3'$，利用直线上点的作图方法，在相应侧棱上可求得各顶点的水平投影和侧面投影。

依次连接三个顶点的同名投影，即获得截断面的水平投影和侧面投影（均可见）。注意三棱锥的三条侧棱上部被切除，因此应从底面画至相应的顶点处为止。

【例2】 画出图 3-11（a）所示开槽正六棱柱的三视图。

分析 如图 3-11（a）所示，正六棱柱被两个侧平面和一个水平面切出一直槽，这三个平面均为不完全截切。槽底为水平面截切六棱柱的六个侧面（两个正平面和四个铅垂面）形成的八边形，其水平投影反映实形，正面和侧面投影积聚为水平直线。槽的两个侧面均为侧平面截切六棱柱顶面和两个侧面得到的矩形，其侧面投影反映实形，另外二投影积聚为垂直方向的直线。槽底面和两个侧面交得两条正垂线，其端点位于六棱柱表面上，本例作图的关键在正确求出这几个端点的投影。

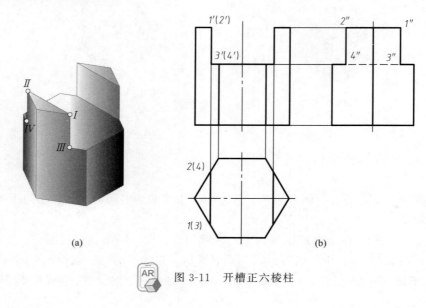

图 3-11　开槽正六棱柱

作图　见图 3-11（b）。

① 画出完整六棱柱的三视图，然后根据槽的宽度的深度可直接画出其正面和水平投影。

② 根据主、俯视图求出各顶点的侧面投影。由于形体左右对称，可只求左侧Ⅰ、Ⅱ、Ⅲ、Ⅳ点的投影。

③ 根据求出的点，在对有关直线、平面的空间位置及可见性进行分析的基础上，连接整理各视图的轮廓线。注意左视图中槽底面的投影位于3″、4″之间的部分不可见，六棱柱前、后两侧面的侧面投影画至槽底面处为止。

二、圆柱的截交线

根据截平面与圆柱轴线相对位置的不同，圆柱的截交线有三种情况，见表3-1。

表 3-1　圆柱的截交线

截平面位置	平行于轴线	垂直于轴线	倾斜于轴线
截交线形状	矩形	圆	椭圆
轴测图			

续表

截平面位置	平行于轴线	垂直于轴线	倾斜于轴线
投影图			

【例 3】　分析开槽圆柱［图 3-12（a）］的截交线，画其三视图。

分析　圆柱被两个侧平面和一个水平面切出一直槽，槽的两个侧面为形状相同的矩形，底面轮廓由两段圆弧和两条直线组成，该直线为槽底面与侧面的交线（正垂线）。

作图　见图 3-12（b）。

① 画出完整圆柱的三视图。

② 画出槽的正面和水平投影。主视图中，槽的两侧面和底面均积聚成直线，根据槽的宽度和深度可首先画出槽的正面投影。俯视图中，槽的两侧面积聚成二直线，其两端点位于圆周上，槽底面的水平投影反映实形，两段圆弧重合在圆周上，两条直线分别重合在两侧面的积聚投影上。

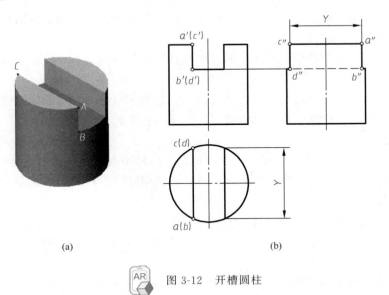

图 3-12　开槽圆柱

③ 画出槽的侧面投影。槽侧面的侧面投影反映实形，其中圆柱面上所切得的四条素线（图中只标出了左侧的 AB 和 CD 的侧面投影），可根据其正面投影和水平投影作出，槽底面的侧面投影积聚成直线。

④ 整理轮廓线并判别可见性。左视图中，槽底面的投影位于 b″ 和 d″ 以外的部分可见，其余不可见，圆柱面的最前、最后素线画到槽底面处为止，圆柱顶面的侧面投影仅在 a″、c″

之间画出。

【例4】 分析斜切圆柱的截交线，完成其三视图（图3-13）。

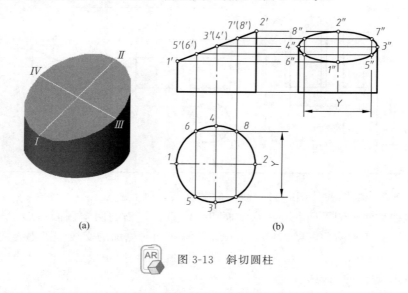

(a)　　　　　　　　　　(b)

图 3-13　斜切圆柱

分析　如图3-13（a）所示，圆柱被正垂面所截，截交线为椭圆，根据截交线的共有性，其正面投影积聚成一条直线，水平投影与圆周重合，根据截交线的正面投影和水平投影，可作出其侧面投影。

当截交线的投影为非圆曲线时，作图的基本方法是求点连线。从截交线的共有性出发，首先求出若干个既属于截平面，又位于回转体表面上的点的投影，然后过求出的点光滑连线即可。一般步骤如下。

（1）求特殊点　主要是指截平面与回转面最外轮廓素线的交点，它往往是截交线上具有特殊意义的点。

（2）求一般位置点　即用相应的方法在特殊点之间求出适当数量的截交线上的点。

（3）光滑连线　应注意分析可见性以及原轮廓线发生的变化。

作图　见图3-13（b）。

① 画出完整圆柱的三视图，在主视图中首先画出斜切正垂面的积聚投影。而俯视图中，由于圆柱面具有积聚性，因此斜切正垂面的投影必与圆柱面的积聚投影重合。下面通过求点连线作截交线的侧面投影。

② 从椭圆正面投影的积聚线上取特殊点：长轴端点 1′、2′和短轴端点 3′（4′），Ⅰ、Ⅱ点分别为圆柱最左、最右素线上的点，Ⅲ、Ⅳ点分别为圆柱最前、最后素线上的点。在相应素线上求出各点的另两面投影。

③ 从椭圆正面投影的积聚线上取适当数量的一般位置点：5′（6′）、7′（8′），先利用圆柱面水平投影的积聚性，作出各点的水平投影，再根据点的投影规律作出各点的侧面投影。

④ 依次光滑连接各点的侧面投影即得椭圆的侧面投影（可见）。注意侧面投影中圆柱面的最前、最后素线应分别画到3″、4″处。

【例5】 分析空心圆柱的截交线，完成其三视图（图3-14）。

如图3-14（a）所示，空心圆柱被一正垂面和水平面截切，其三视图如图3-14（b）。圆

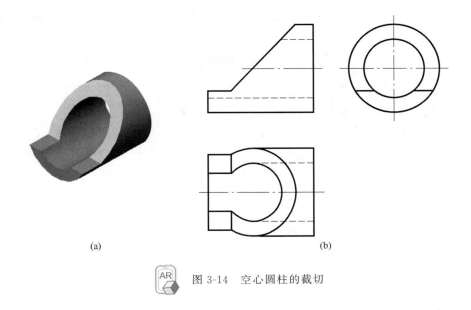

图 3-14 空心圆柱的截切

(a)   (b)

孔的截交线分析和作图方法与外圆柱面的截交线相同，具体分析和作图步骤请自行分析。

三、球的截交线

球被任意位置的截平面截切，其截交线均为圆，直径的大小取决于截平面距球心的距离。当截平面平行于某投影面时，截交线在该投影面上的投影反映圆的实形，在另外两个投影面上的投影积聚成直线；当截平面为投影面的垂直面时，圆在该投影面上的投影积聚成直线，在另外两个投影面上的投影均为椭圆，其长轴等于圆的直径，短轴与长轴相互垂直平分，见表 3-2。

表 3-2 球的截交线

截平面位置	投影面平行面		投影面垂直面
截交线形状	圆		
轴测图			
投影图			

【例 6】 分析开槽半球的截交线，完成三视图（图 3-15）。

分析 如图 3-15（a）所示，半球被三个截平面截切，左右对称的两个侧平面切球面各得一段圆弧，水平面切球面得两段圆弧，三个截断面产生了两条交线，均为正垂线。

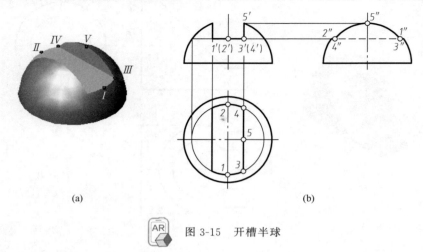

(a)   (b)

图 3-15 开槽半球

作图 见图 3-15（b）。

① 画出半球的三视图。由于槽的二侧面和底面在主视图上均具有积聚性，因此首先画出槽的正面投影。

② 画槽的水平投影。槽底面的水平投影反映实形，前后两段圆弧的画法如图中所示。两侧面的水平投影积聚成直线。

③ 画槽的侧面投影。槽两侧面的侧面投影重合且反映实形，上部圆弧的画法如图中所示，槽底面的侧面投影积聚成直线。

④ 整理轮廓线并判别可见性。左视图中半球的轮廓圆画到 $1''$、$2''$ 处，槽底面的积聚线位于 $3''$ 和 $4''$ 之间部分不可见。

四、圆锥的截交线

圆锥的截交线有五种情况，见表 3-3。

表 3-3 圆锥的截交线

截平面位置	过锥顶	垂直于轴线	倾斜于轴线，且 $\theta > \alpha$	倾斜于轴线，且 $\theta = \alpha$	平行或倾斜于轴线，且 $\theta < \alpha$
截交线形状	三角形	圆	椭圆	抛物线和直线	双曲线和直线
轴测图					
投影图					

【例7】 已知图 3-16（a）所示形体的主视图，求其俯、左视图。

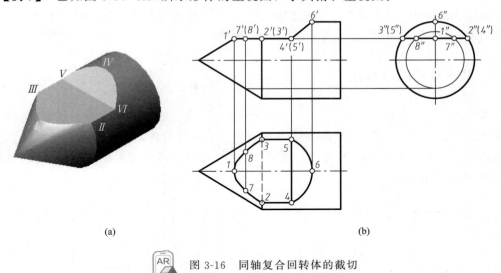

(a) (b)

图 3-16 同轴复合回转体的截切

分析 这是一个求作同轴复合回转体截交线的问题。画同轴复合回转体的截交线时，首先要分析该形体由哪些回转体组成，再分析截平面与每个被截切回转体轴线的相对位置，然后画出各部分的截交线，并正确画出相邻回转体分界线（或分界面）截切后的投影。图 3-15（a）所示形体由同轴的圆锥和圆柱叠加而成，被一水平面和一正垂面截切。水平面切圆锥面所得截交线为双曲线，切圆柱面得两条直线；正垂面切圆柱面得一部分椭圆。两截断面的交线为正垂线。

作图 见图 3-16（b）。

① 画出完整形体的俯、左视图。

② 画出两截断面的侧面投影。水平截断面的侧面投影积聚成直线，椭圆部分的侧面投影重合在圆周上，都可以直接画出。

③ 画出两截断面的水平投影。先作出双曲线顶点 I 和右端点 II、III（位于分界圆上）的水平投影，再利用辅助圆法求出其上一般位置点 VII、VIII 的水平投影。作出椭圆上的点 IV、V、VI 的水平投影，光滑连接 2、7、1、8、3 得双曲线，与两条圆柱素线 24、35 及交线 45 组成一个封闭的平面图形。光滑连接 4、6、5 得部分椭圆的水平投影。

④ 整理轮廓线并判别可见性。俯视图中，圆柱和圆锥分界圆的投影位于 2、3 之间的可见部分被截切掉，其下侧的不可见轮廓应重新画出。

第四节 基本体的尺寸注法

形体的视图只表明其形状，形体的真实大小需通过图中的尺寸来确定。标注形体尺寸除必须符合国家标准的规定外，还应做到以下几点。

① 尺寸齐全，无遗漏。

② 不重复标注尺寸，能由其他尺寸决定的尺寸，如截交线的形状尺寸不应再注出。

③ 由于三视图间存在着特定的尺寸关系，同一尺寸往往存在于两个不同视图上，应尽量将其标注在反映相应形状或位置特征的视图上，并尽量布置在两相关视图之间。此外，尺寸的排列要清晰。

一、基本体的尺寸标注

平面立体一般应标注长、宽、高三个方向的定形尺寸，如图 3-17（a）～（d），正方形的尺寸可采用"$a \times a$"或"$\square a$"的形式标注，对正棱柱和正棱锥，除标注高度尺寸外，一般应注出其底面正多边形外接圆的直径，如图 3-17（e）、（f），也可根据需要注成其他形式，如图 3-17（g）、（h）。

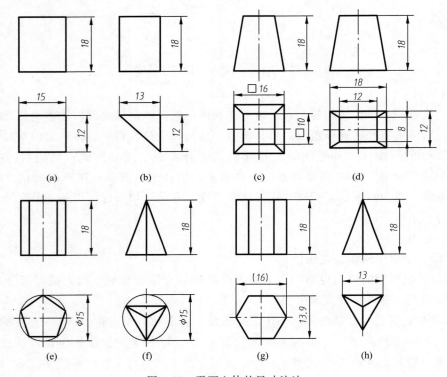

图 3-17　平面立体的尺寸注法

圆柱和圆锥应注出底圆直径和高度尺寸，圆台还应加注顶圆直径。直径尺寸数字前加"ϕ"，一般注在非圆视图中，如图 3-18（a）、（b）、（c）。球的直径尺寸数字前加"$S\phi$"，如

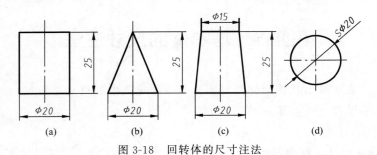

图 3-18　回转体的尺寸注法

图 3-18（d）。

二、带有切口或穿孔立体的尺寸注法

标注带切口立体的尺寸时，除注出完整基本体的尺寸外，还应注出确定截平面位置的定位尺寸，当基本体与截平面的相对位位置确定后，截交线的形状也随之确定，故不必再标注截交线的形状尺寸。常见切口立体的尺寸注法如图 3-19（a）~（f）。

标注穿孔立体的尺寸时，除注出完整基本体的尺寸外，还应注出确定穿孔形状的定形尺寸及确定穿孔位置的定位尺寸，不必标注截交线的形状尺寸。常见穿孔立体的尺寸注法如图 3-19（g）、（h）。

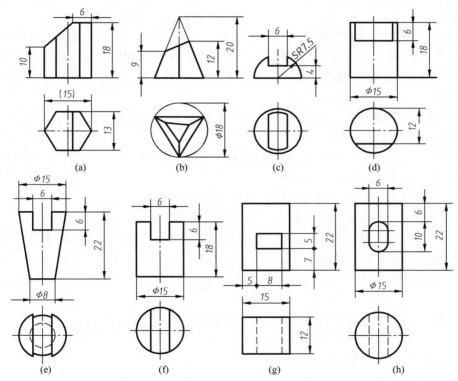

图 3-19　带切口或穿孔立体的尺寸注法

第五节　轴测投影

一、轴测投影的基本知识

1. 轴测图的形成　轴测投影（或称轴测图）是将物体连同其直角坐标系沿不平行于任一坐标平面的方向，用平行投影法将其投射在单一投影面上所得到的图形。

图 3-20 所示为正投影图和轴测图的形成方法。若以垂直于 H（XOY 坐标面）面的 S

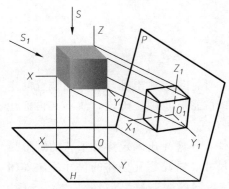

图 3-20　正投影图和轴测投影的形成

为投射方向，将长方体向 H 面投射，在 H 面上得到的投影图为正投影图。若以不平行于任一坐标平面的 S_1 为投射方向，将长方体连同直角坐标系向 P 平面投射，所得到的投影图为轴测图。

形成轴测投影的平面称为轴测投影面，直角坐标轴（OX、OY、OZ）的轴测投影称为轴测轴，用 O_1X_1、O_1Y_1、O_1Z_1 表示；轴测轴之间的夹角称为轴间角；轴测轴上的单位长度与相应坐标轴上的单位长度的比值称为轴向伸缩系数；OX、OY、OZ 轴上的轴向伸缩系数分别用 p_1、q_1、r_1 表示，简化伸缩系数分别用 p、q、r 表示。

2. 轴测图的种类　投射方向垂直于轴测投影面的轴测投影称为正轴测图，投射方向倾斜于轴测投影面的轴测投影称为斜轴测图。三个轴向伸缩系数相同的轴测投影为等测，两个轴向伸缩系数相同的轴测投影为二测。本节主要介绍正等测图的画法，并对斜二测图画法与应用作一简介。

3. 轴测投影的基本特性　轴测投影是用平行投影法绘制的一种投影图，因此具有平行投影的基本特性。

① 空间平行于某一坐标轴的直线（轴向线段），其轴测投影平行于相应的轴测轴，其伸缩系数与相应坐标轴的轴向伸缩系数相同。

② 空间相互平行的直线，其轴测投影仍相互平行。

③ 若点在直线上，则点的轴测投影仍在直线的轴测投影上。

上述特性为轴测图提供了基本作图方法——沿轴测量。凡轴向线段，画轴测图可按其尺寸乘以相应的伸缩系数直接沿轴测量。而对于空间不平行于坐标轴的直线，即非轴向线段，可按两端点的直角坐标分别沿轴测量，作出两端点的轴测投影，然后连线即得直线的轴测投影。

此外，对于相互平行的非轴向线段，利用平行不变性可提高作图效率。

二、平面立体的正等测图

（一）正等测图的轴测轴

正等测图的轴间角均为 $120°$，轴测轴设置如图 3-21。根据计算，正等测图的轴向伸缩系数 $p_1=q_1=r_1=0.82$，为作图方便起见，通常取简化伸缩系数 $p=q=r=1$，这样绘制的轴测图，三个轴向尺寸均为实际投影尺寸的 1.22 倍（1/0.82），但形状和直观性都不发生变化。

（二）平面立体正等测图的画法

1. 坐标法　坐标法是画平面立体正等测图的基本方法，作图时，首先根据立体的形状特点，确定坐标原点的

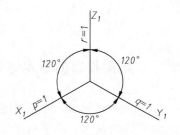

图 3-21　正等测图的轴测轴

恰当位置（不影响轴测图的形状，但可使作图简便），再按立体上各顶点的坐标作出它们的轴测投影，连接相应顶点的轴测投影即为立体的轴测图。

【例 1】 作正六棱柱正等测图。

由于正六棱柱前后、左右均对称，故将坐标原点定在其顶面中心，作图步骤如图 3-22。

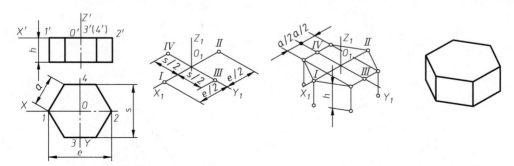

(a) 在视图中定出坐标原点和坐标轴

(b) 画轴测轴，在 X_1 轴上根据 e 作出 I、II 点，在 Y_1 轴上根据 s 作出 III、IV 点

(c) 过 III、IV 点作 X_1 轴的平行线，根据 a 作出其余四个顶点，根据 h 作出底面各顶点

(d) 连接各可见顶点，描深，即完成全图

图 3-22 正六棱柱的正等测图画法

本例中，先画出了六棱柱上顶面，再以它为基准量取高度画下底面。这种方法又称为基面法，在绘制柱状形体轴测图时常常采用这种方法。

【例 2】 作截顶三棱锥正等测图。

根据截顶三棱锥的形状特点，将坐标原点定在底面三角形的顶点 A 处，作图步骤如图 3-23。

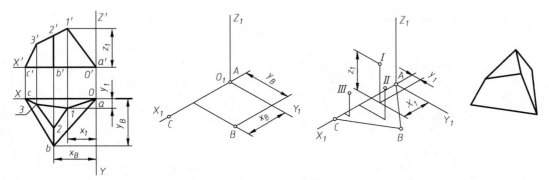

(a) 在视图中定出坐标原点和坐标轴

(b) 画轴测轴，在 X_1 轴上作出 A、C，根据 B 点的 X、Y 坐标作出 B 点

(c) 根据 I 点的 X、Y、Z 坐标作出 I 点，相同方法作出 II、III 点

(d) 连接各可见顶点，描深，即完成全图

图 3-23 截顶三棱锥的正等测图画法

2. 切割法 许多形体可看作是在长方体的基础上挖切而成，画轴测图时可先画出一个长方体，再根据实际形体的切割情况从其上进行挖切，就能作出形体的轴测图。

【例 3】 求作图 3-24（a）所示形体正等测图。

该形体可看作四棱柱被三个截平面切割而成，可按切割画法画出其轴测图，作图步骤如图 3-24（b）～（e）。

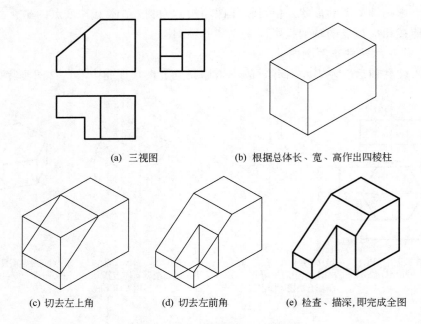

(a) 三视图　　　　　　　(b) 根据总体长、宽、高作出四棱柱

(c) 切去左上角　　　　(d) 切去左前角　　　　(e) 检查、描深,即完成全图

图 3-24　用切割画法画正等测图

3. **叠加法**　对由几个几何体叠加而成的形体,可先作出主体部分的轴测图,再按其相对位置逐个画出其他部分,从而完成整体的轴测图。

【例 4】　作图 3-25（a）所示形体正等测图。

该形体由底板（四棱柱）、立板（四棱柱）、和肋板（三棱柱）叠加面成,可按叠加画法画出其轴测图,作图步骤如图 3-25。

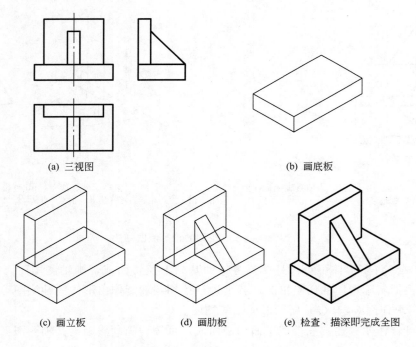

(a) 三视图　　　　　　　　　　　(b) 画底板

(c) 画立板　　　　　(d) 画肋板　　　　(e) 检查、描深即完成全图

图 3-25　用叠加画法画正等测图

三、回转体的正等测图画法

（一）圆的正等测图画法

如图 3-26 所示，平行于任一坐标面的圆，其正等测图都是椭圆，椭圆短轴的方向与垂直于该椭圆平面的另一轴测轴的方向一致，图中 d 为圆的直径。画三种位置的椭圆时，除长、短轴的方向不同外，其他画法相同。

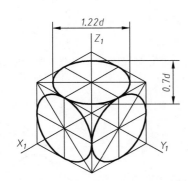

图 3-26　平行于坐标面的圆的正等测图

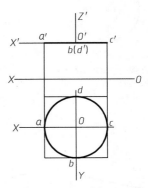

图 3-27　水平圆的投影图

图 3-27 所示为一水平圆的两面投影，所画细实线为圆的外切正方形，该圆的正等测图近似画法如图 3-28。

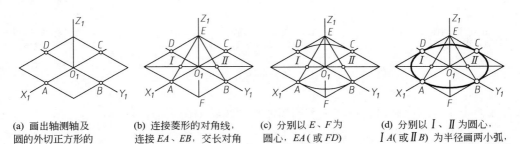

(a) 画出轴测轴及圆的外切正方形的轴测图——菱形

(b) 连接菱形的对角线，连接 EA、EB，交长对角线于 I、II 点

(c) 分别以 E、F 为圆心，EA（或 FD）为半径画两大弧

(d) 分别以 I、II 为圆心，IA（或 IIB）为半径画两小弧，在 A、B、C、D 处与大弧连接

图 3-28　水平圆的正等测图近似画法

（二）回转体的正等测图画法

画回转体的正等测图时，应首先画出其平行于坐标面的圆的正等测图——椭圆，进而画出整个回转体的正等测图。

图 3-29 所示为圆柱的正等测图的画法，图 3-30 所示为圆台的正等测图画法。

【例 5】　作图 3-31（a）所示形体的正等测图。

图 3-31（a）所示形体中包含圆角（1/4 柱面）及半圆柱面结构。画 1/4 圆弧的轴测图时，先在圆弧两侧的直线上求得切点的轴测投影（到顶点的距离等于圆弧半径），轴测图中自两切点分别作两侧直线的垂线，再以垂线的交点为圆心，以交点到切点的距离为半径画弧即可。画 1/2 圆弧的轴测图时，可按圆的正等测图画法作图（取椭圆的一半），也可将 1/2

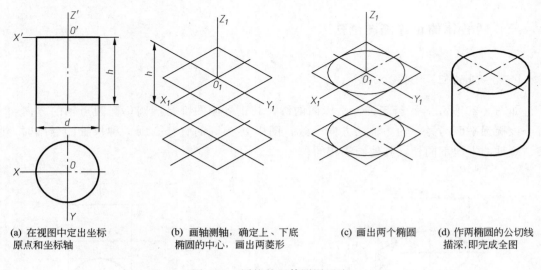

(a) 在视图中定出坐标原点和坐标轴

(b) 画轴测轴，确定上、下底椭圆的中心，画出两菱形

(c) 画出两个椭圆

(d) 作两椭圆的公切线描深，即完成全图

图 3-29 圆柱的正等测图画法

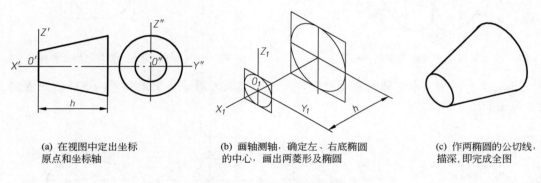

(a) 在视图中定出坐标原点和坐标轴

(b) 画轴测轴，确定左、右底椭圆的中心，画出两菱形及椭圆

(c) 作两椭圆的公切线，描深，即完成全图

图 3-30 圆台的正等测图画法

圆弧分成两个 1/4 圆弧画出。形体正等测图的作图步骤如图 3-31 （b）～（e）。

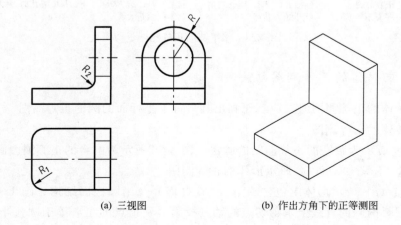

(a) 三视图

(b) 作出方角下的正等测图

图 3-31

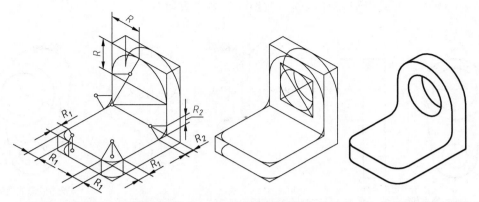

(c) 作出各 1/4 圆弧及 1/2 圆弧的轴测图，同一柱面处相邻的圆弧，可采用沿厚度方向平移圆心和切点的方法作图

(d) 作出圆孔的轴测图，由于立板的厚度小于椭圆的短轴，孔右端椭圆的一部分可见

(e) 作出底板及立板相应部位圆弧的公切线,描深,即完成全图

图 3-31　带圆角、半圆柱面和圆孔形体的正等测图画法

【例 6】　作 3-32（a）所示带切口圆柱的正等测图。

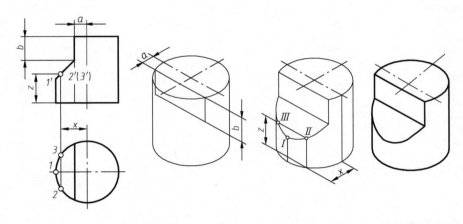

(a) 视图　　(b) 作完整圆柱及矩形切口的轴测图　　(c) 作部分椭圆的轴测图　　(d) 描深,即完成全图

图 3-32　带切口圆柱的正等测图画法

　　先画出完整圆柱，再切割完成轴测图。对于斜切圆柱产生的截交线（部分椭圆），可利用坐标法求一系列点后连线得到。作图步骤如图 3-32（b）～（d）。

四、斜二测图

　　斜二测图的轴间角和轴测轴设置如图 3-33。斜二测图的轴向伸缩系数 $p=r=1$；$q=0.5$。空间平行于 XOZ 坐标面的平面图形，在斜二测图中将反映实形，当形体沿某一方向有较复杂的轮廓，如有较多的圆或圆弧时，可使形体上的这些圆或圆弧在空间处于正平面位置，这些圆或圆弧在斜二测图中反映实形，给画轴测图带来很大的方便。

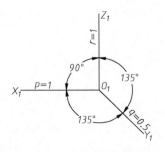

图 3-33　斜二测图的轴测轴

如图 3-34（a）所示，该形体的斜二测图的作图步骤如图 3-34（a）～（d）。

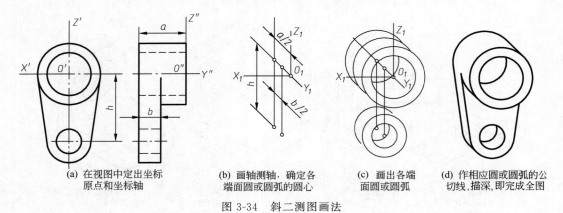

(a) 在视图中定出坐标
原点和坐标轴

(b) 画轴测轴，确定各
端面圆或圆弧的圆心

(c) 画出各端
面圆或圆弧

(d) 作相应圆或圆弧的公
切线，描深，即完成全图

图 3-34　斜二测图画法

第四章

组合体

由两个或两个以上的基本形体，经过组合而得到的物体，称为组合体。本章着重研究组合体的绘图方法、读图方法与尺寸注法。

第一节 组合体的形体分析

一、形体分析法

任何复杂的机件，仔细分析都可看成是由若干基本形体经过组合而成的。如图 4-1 所示的轴承座，可看成是由空心圆柱、支承板、肋板和底板四部分组成的。画图时，可将组合体分解成若干个基本形体，然后按其相对位置和组合形式逐个地画出各基本形体的投影，最后综合起来就得到整个组合体的三视图。这样就把一个复杂的问题分解成几个简单的问题来解决。

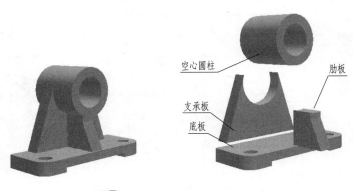

图 4-1 轴承座形体分析

这种将物体分解成若干个基本形体或简单形体，并搞清它们之间组合关系的方法，称为形体分析法。

形体分析法提供了一个研究组合体，尤其是较复杂组合体的分析思路，不但是画组合体视图，而且也是读图和尺寸标注的基本方法。

对组合体进行形体分析，不但要分析该组合体由哪几部分组成，还要搞清楚各部分之间的组合关系，包括组合方式、各部分之间的相对位置以及相邻两形体间的表面连接方式。

二、形体的表面连接关系

研究组合体的组合关系，一定要搞清相邻两形体间的连接形式，以便于分析并正确画出连接处两形体分界线的投影，做到不多线，不漏线，这往往是用形体分析法画组合体三视图的关键所在。形体之间的表面连接关系可分为平齐、不平齐、相切和相交等。

1. 平齐和不平齐　当两形体的表面平齐时，两形体之间不应该画线，如图4-2；当两形体的表面不平齐时，两形体之间应有线隔开，如图4-3。

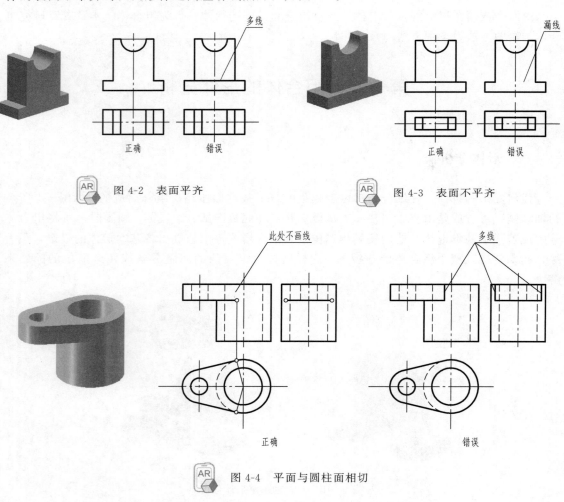

图4-2　表面平齐　　　　　　　　　　图4-3　表面不平齐

图4-4　平面与圆柱面相切

2. 相切　两形体的表面相切时，在相切处二表面光滑过渡，不存在分界轮廓线。

图4-4为平面与圆柱面相切的情况。该形体由耳板和空心圆柱组成，耳板前后两平面和圆柱面相切，在水平投影中，它们的投影均具有积聚性。因此反映出了相切的特征。画图时，应首先画出这一投影，确定切点水平投影位置之后，再根据"三等"规律来定切点的另两投影。注意在正面和侧面投影中，相切处不画分界线，但耳板的下表面必须画到相切处。

图 4-5 为圆柱面与球面相切，同样注意相切处不要多画线。

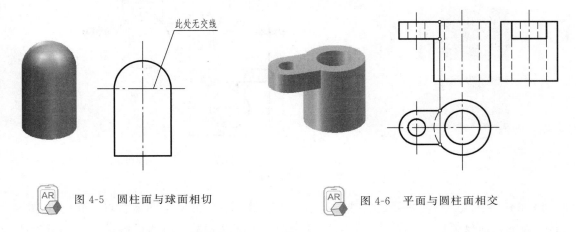

图 4-5　圆柱面与球面相切　　　　　图 4-6　平面与圆柱面相交

3. 相交　两形体的表面相交时，相交处必产生交线。

图 4-6 所示为平面与圆柱面相交的情况。该形体与图 4-4 所示的形体类似，但耳板的前后两平面与圆柱面不是相切，而是相交。画图时，同样要先画出相交的圆柱面与平面同时具有积聚性的水平投影，以确定交线的水平投影，再根据"三等"规律画其他视图相应部分。

第二节　相　贯　线

两形体相交，又称为相贯。两形体相贯时，形体表面产生的交线称为相贯线。在实际零件上经常会遇到两圆柱体正交相贯，如图 4-7 所示。不难看出，其相贯线是一条封闭的空间曲线，它是两个圆柱面的共有线。

本节主要讨论两圆柱体正交相贯时相贯线的分析和作图方法。

一、相贯线的画法

两圆柱的相贯线是两个圆柱面的共有线，相贯线上的所有点都是两个圆柱面的共有点。这就提供了求作相贯线的基本思路，就是通过求两圆柱面上一系列共有点，然后将这些点光滑地连接起来，即得相贯线。

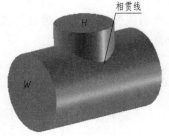

图 4-7　相贯线

如图 4-7，大圆柱的轴线垂直于 W 面，则该圆柱面的侧面投影积聚为圆；小圆柱的轴线垂直于 H 面，该圆柱面的水平投影积聚为圆。这样，就可充分利用积聚性来分析并求作其相贯线的投影了。

图 4-8（a）显示了相贯线的三面投影，因为该相贯线是大、小两个圆柱面的共有线，而在侧面和水平投影中，两个圆柱面都分别积聚为两个圆，所以相贯线的水平投影必重合在小圆柱的水平投影圆上，侧面投影必重合在大圆柱的侧面投影的一段圆弧上。因此相贯线的三面投影中，只有正面投影需要求作。其具体作图步骤如下［参见图 4-8（b）］。

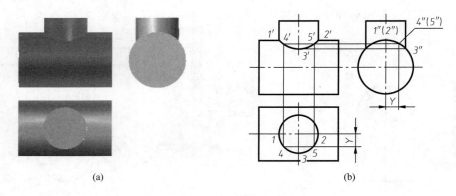

图 4-8   两圆柱正交

1. 求作特殊点   该相贯线的特殊点是最前点、最后点、最左点和最右点。其中最前点与最后点的正面投影重合，所以只需求出最前点、最左点和最右点的投影点 $1'$、$2'$ 和 $3'$ 即可。由积聚性我们很容易就可找到该三点的水平投影 1、2、3 和侧面投影 $1''$、$2''$ 和 $3''$。再根据三视图的"三等"规律就可求出需要的投影点 $1'$、$2'$ 和 $3'$ 了。

2. 求作一般点   求出特殊点后，通常还需要再求适当数量的一般位置的点，以较准确地确定相贯线的形状。在相贯线侧面投影的最高和最低点之间确定点 $4''$（$5''$），根据"宽相等"可在俯视图中求出其水平投影 4 和 5，然后再由三视图的"三等"规律求出其正面投影 $4'$、$5'$。必要时，可用同样方法多求几点。

3. 连线   在主视图中，将求出的各点光滑连接成曲线，即得相贯线的正面投影。

二、相贯线的近似画法

从图 4-8（b）可以看出，所求出的相贯线的投影比较接近圆弧。为简化作图，允许近似地以圆弧代替相贯线的投影。即先作出相贯线上三个特殊点的正面投影，然后过三点作圆弧，如图 4-9（a）。

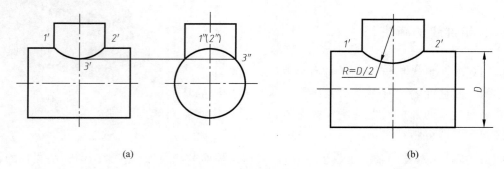

图 4-9   相贯线的近似画法

事实上，此圆弧的半径正是大圆柱的半径。所以作图时，可直接利用大圆柱的半径过 $1'$、$2'$ 二交点画出圆弧，如图 4-9（b）。

采用这种近似画法可使作图大大简化，但须注意当二圆柱的直径相等或非常接近时，不能采用这种方法。

三、相贯线的特殊情况

两回转体相贯时其相贯线一般为空间曲线，但在特殊情况下，也可能是平面曲线或是直线。

1. 等径相贯 两个等径圆柱正交，相贯线变为平面曲线——椭圆，如图 4-10。此时，相贯线的正面投影积聚为直线。

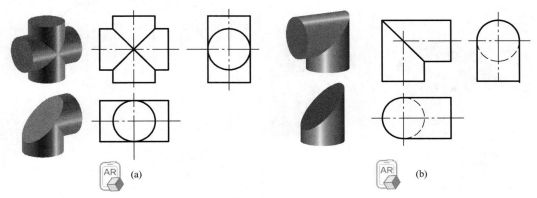

图 4-10 二等径圆柱正交

2. 共轴相贯 当两个相交的回转体具有公共轴线时，称为共轴相贯，其相贯线为圆，该圆所在平面与公共轴线垂直，如图 4-11。这种情况下，相贯线的正面投影积聚为一直线。显然，任何回转体与圆球相贯，该回转体轴线通过圆球球心，即属于共轴相贯。

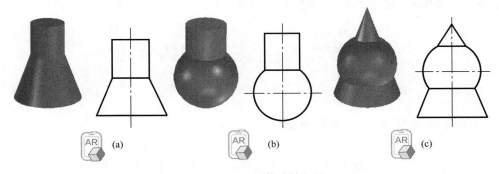

图 4-11 两回转体共轴相贯

【例 1】 分析如图 4-12（a）所示形体的相贯线，完成其三视图。

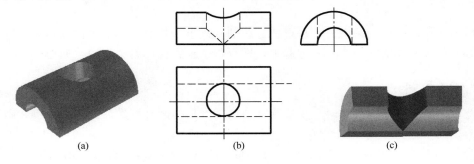

 图 4-12 相贯线示例（一）

除两个外圆柱面相交产生相贯线外，两个圆孔相交以及外圆柱面和圆孔相交也都产生相贯线，其相贯线画法与前述相同。本例中轴线铅垂的圆孔与轴线水平圆筒的外表面和内表面同时相贯，圆孔与圆筒外表面的相贯线可见，而圆孔与圆孔的相贯线不可见，如图4-12（b）。注意二圆孔直径相等，属相贯线的特殊情况［参见图4-12（c）］。

【例2】 分析如图4-13（a）所示形体的相贯线，完成其三视图。

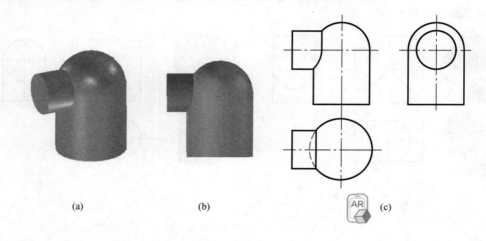

(a)   (b)   (c)

图4-13 相贯线示例（二）

本例为多形体复合相贯示例。水平小圆柱下半部分与大圆柱相贯；上半部分与圆球面相贯，且属于特殊情况，相贯线的 V 面投影为直线，如图4-13（b）、（c）。

第三节 组合体三视图的画法

一、组合体类型及其三视图画法

组合体按组合形式，可分为叠加型、挖切型以及既有叠加、又有挖切的综合型。下面分别以它们为例来了解一下画组合体三视图的基本方法。

（一）叠加型

画叠加型的组合体三视图时，在形体分析的基础上，按照形体的主次和相对位置，逐个地画出每一部分形体的三视图，叠加起来，即得整个组合体的各个视图，如图4-14。

（二）挖切型

画挖切型的组合体三视图时，先按挖切前的基本形体来画，然后逐一地分析并画出被挖切部分的三视图。

如图4-15所示，可看成是长方体经切割而形成的。画图时，可先画出完整长方体的三视图，然后逐个画出被挖切部分的投影，如图所示。

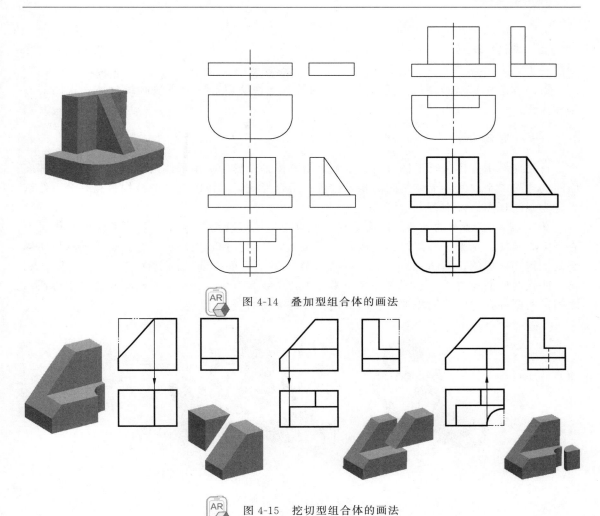

图 4-14 叠加型组合体的画法

图 4-15 挖切型组合体的画法

（三）综合型

多数组合体的组合形式既有叠加又有挖切，属综合型，即基本形体经挖切后再叠加而成。画图时，一般先按叠加型组合体的分析方法画出各基本形体的投影，然后再按挖切型的画法对各基本形体进行挖切，如图 4-16。

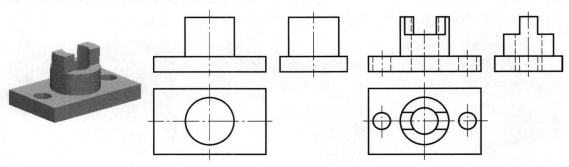

图 4-16 综合型组合体的画法

二、综合举例

下面以图 4-17（a）所示支架为例，更为详细地说明用形体分析法画组合体三视图的方法和步骤。

（一）形体分析

首先应对组合体进行形体分析，了解该组合体是由哪些基本形体所组成，搞清两相邻表面间的连接关系以及各形体之间的相对位置、组合形式，对该组合体的结构特点有个总体认识，为画三视图做好准备。

图 4-17（a）所示的支架属既有叠加、又有挖切的综合型组合体。总的来说可看作是由直立空心圆柱、水平空心圆柱、底板和肋板四个部分的叠加，而每一部分又是在基本形体的基础上挖切而成的，如图 4-17（b）。表面连接关系上，底板前后两侧面与直立空心圆柱相切；肋板两侧面与直立空心圆柱外表面相交，其交线为直线；水平空心圆柱与直立空心圆柱之间、两圆柱孔之间分别相贯，它们的相贯线是空间曲线。

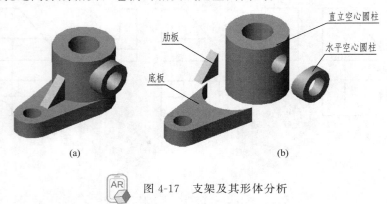

（a）　　　　　　　　　　　　　　（b）

图 4-17　支架及其形体分析

（二）选择主视图

在三视图中，主视图是最主要的一个视图，因此应选取最能反映组合体形状和位置特征的视图作为主视图。同时应使形体的主要平面（或轴线）平行或垂直于投影面，即形体要放正，以便使主要的或多数的面、线投影具有显实性或积聚性。此外，选择主视图还要兼顾使其他两个视图尽量避免虚线及便于图面布局。图 4-18 为支架主视图选择的几种方案，比较

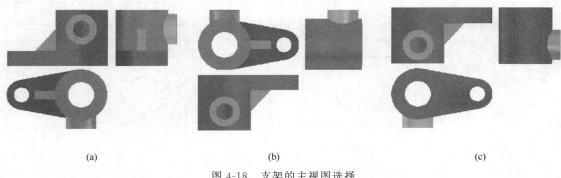

（a）　　　　　　　　　　　（b）　　　　　　　　　　　（c）

图 4-18　支架的主视图选择

之下，图 4-18（a）所方案较好。

（三）确定比例，选定图幅

根据物体的大小和复杂程度，选择适当的比例和图幅。应注意所选图幅应比绘制视图所需的面积要大一些，以便标注尺寸和画标题栏等。

（四）画基准线，布置视图

首先确定物体在长、宽、高三个方向上的作图基准，然后，分别画出它们在三个视图上的投影，这时，视图在图面上的位置也就随之确定了。一般地，在某一方向上形体对称时，以对称面为基准，不对称时选一较大的底面或回转体轴线为基准，如图 4-19（a）。

布图时，应将视图匀称地布置在幅面上，视图间的空当应保证能注全所需的尺寸。

（五）绘制底稿

运用形体分析法，按照组合形式和相对位置，逐一地画出组合体各部分的投影，并正确处理相邻两形体间的表面连接关系，如图 4-19（b）～（e）。

画底稿时，应注意以下几点。

① 为了保证视图间的"三等"关系并提高绘图速度，一般应在形体分析的基础上一个形体一个形体地画，而不是画完一个视图再画另一个视图。画每一组成部分时也最好三个视图配合着画，即主、俯视图上"长对正"的线和主、左视图上"高平齐"的线同时画出，而形体的宽度尺寸同时在俯视图和左视图上量出。

② 画图的先后顺序，应先画大的、主要的部分，后画小的、次要的部分。画某一部分时，先定位，再定形；先画基本轮廓，后画细部结构和表面交线；并应从反映该部分形状特征明显的视图入手，不一定都先画主视图。如图 4-19 所示支架中，直立圆筒和底板应从俯视图画起，水平圆筒和三角肋板应从主视图画起。

③ 要特别注意相邻形体间的表面连接关系。两形体间无论是叠加还是挖切，在它们的结合处，各自的原有轮廓大多要发生变化，如被挖切掉或叠加后被"吃"掉，有时还有新的交线产生。对于两形体间的表面交线，必须深入分析并正确画出。总之要做到不漏画、不多画、不画错。这是画组合体三视图的重点和难点所在，也往往是初学者容易出错的地方。如图 4-19 所示支架中，底板与直立空心圆柱相切，主视图上在底板的高度范围内，圆筒的最左素线被"吃"掉；而底板的上表面在主视图和左视图中所积聚成的直线应画到切点处，但与圆柱面之间没有分界线。又如水平圆筒与直立圆筒内外圆柱面相贯，左视图上内外圆柱面的最前素线被挖走和"吃"掉；并且应画出内外相贯线。再如肋板的前、后、上三个表面与直立圆筒相交，在主视图上应画出前后表面与圆柱面产生的交线取代圆柱面原有轮廓，在左视图上应画出上表面（正垂面）与圆柱面交线的投影（为椭圆弧，可过三点画圆弧近似代替）。

（六）检查描深

完成底稿后，必须经过仔细检查，修改错误并擦去多余图线，然后按规定的线型描深，如图 4-19（f）。

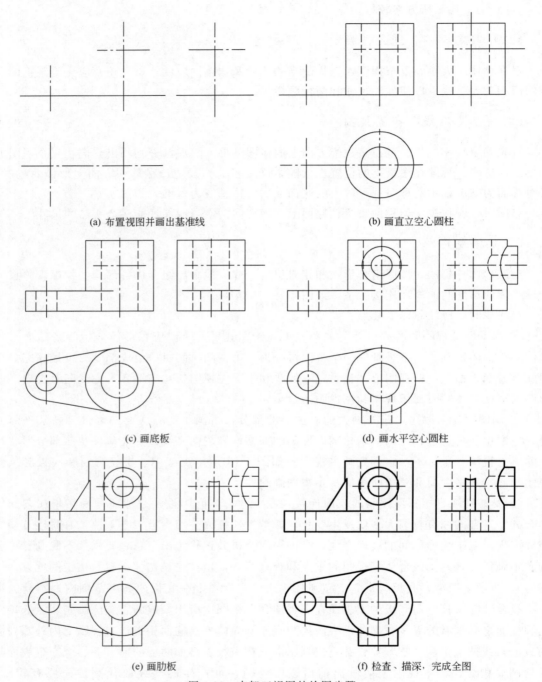

(a) 布置视图并画出基准线　　　　(b) 画直立空心圆柱

(c) 画底板　　　　(d) 画水平空心圆柱

(e) 画肋板　　　　(f) 检查、描深，完成全图

图 4-19　支架三视图的绘图步骤

第四节　组合体的尺寸标注

三视图只能表达形体的结构和形状，而其真实大小和各组成部分的相对位置，则要通过图样上的尺寸标注来表达。标注组合体三视图尺寸的基本要求如下。

（1）正确 标注尺寸必须符合国家标准关于尺寸注法的基本规定。

（2）完整 应把组成形体各部分的大小及相对位置的尺寸，不遗漏、不重复地标注在视图上。

（3）清晰 尺寸布置整齐清晰，便于读图。

一、组合体的尺寸种类

1. 定形尺寸 确定组合体各组成部分形状大小的尺寸。

如图 4-20（a），确定直立空心圆柱的大小，应标注外径 $\phi 72$，孔径 $\phi 40$ 和高度 80 三个尺寸。底板、肋板和水平空心圆柱的定形尺寸如图 4-20（b）。

2. 定位尺寸 确定组合体各组成部分之间相对位置的尺寸。

如图 4-20（d），直立空心圆柱与底板、肋板之间在左右方向的定位尺寸应标注 80 和 56，水平空心圆柱与直立空心圆柱应标注在上下方向的定位尺寸 28 等。

3. 总体尺寸 确定组合体外形总长、总宽、总高的尺寸。

一般情况下，总体尺寸应直接注出，但当组合体的端部为回转面结构时，通常注出回转面的圆心或轴线的定位尺寸，而总体尺寸由此定位尺寸和相关的直径（或半径）间接计算得到。图 4-20（d）中，支架的总高直接注出（即直立空心圆柱的高度），而总长和总宽没有直接注出。

二、尺寸基准

在视图中标注定位尺寸时，需要选取尺寸基准。所谓尺寸基准，就是标注定位尺寸的起点。由于组合体有长、宽、高三个方向的尺寸，每一个方向至少要有一个尺寸基准，以便从基准出发确定各部分形体间的定位尺寸。关于基准的确定，一般与作图时的基准一致，即选择组合体的对称平面、较大的底面、端面以及回转体的轴线等作为尺寸基准。

如图 4-20（c），支架的尺寸基准是：以通过直立空心圆柱轴线的侧平面为长度方向的基准；以前后对称面为宽度方向的基准；以底板、直立空心圆柱的底面为高度方向的基准。

各方向上的主要定位尺寸应从该方向上的尺寸基准出发标注。但并非所有定位尺寸都必须以同一基准进行标注。为了使标注更清晰，可以另选其他基准。如图 4-20（d），水平空心圆柱在高度方向是以直立空心圆柱的顶面为基准标注的，这时通常将底面称为主要基准，而将直立空心圆柱的顶面称为辅助基准。

三、组合体尺寸标注的清晰性

为了保证所标注的尺寸清晰，除严格按照国家标准的规定外，还需注意以下几点：

① 各形体的定形尺寸和定位尺寸，要尽量集中标注在表达该形体特征最明显的视图上。如图 4-20（d）中，底板的多数尺寸集中在了俯视图上，而水平空心圆柱的尺寸多数注在了左视图上。

② 回转体的直径尺寸，特别是多个同圆心的直径尺寸，一般应注在非圆视图上。但半

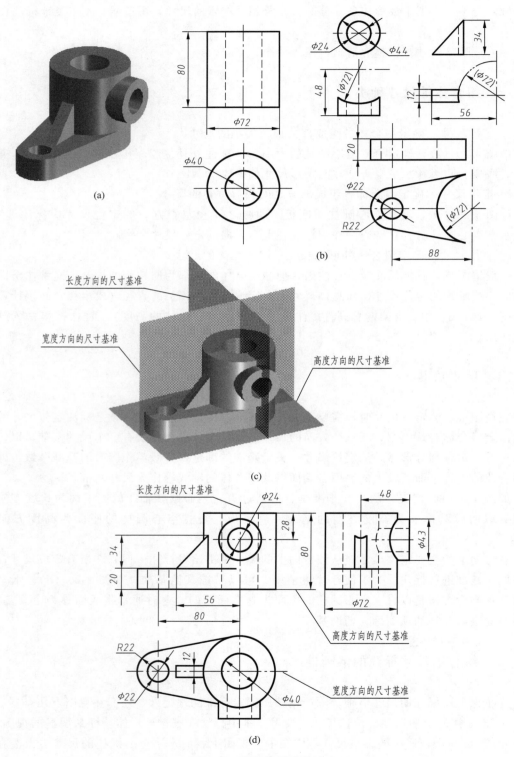

图 4-20 支架的尺寸分析

径尺寸必须标注在投影为圆弧的视图上。

③ 应将多数尺寸布置在视图外面，个别较小的尺寸宜注在视图内部。与两视图有关的尺寸，最好注在两视图之间。

④ 尽量避免在虚线上标注尺寸。

四、组合体尺寸的标注方法和步骤

组合体尺寸标注的基本方法也是形体分析法。标注尺寸时，首先运用形体分析法确定每一形体应注出的定形尺寸，再选择尺寸基准并确定该形体应注出的定位尺寸。既先定形，后定位。然后逐一地将每一形体的定形、定位尺寸清晰地标注在视图上。最后进行检查、补漏、改错及调整。具体方法和步骤参见表4-1轴承座尺寸标注示例。

表 4-1　轴承座尺寸标注示例

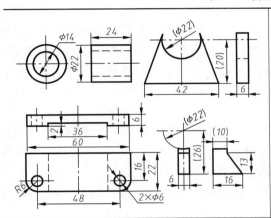

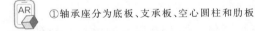

① 轴承座分为底板、支承板、空心圆柱和肋板四个部分,确定出这四个部分的定形尺寸

② 选择尺寸基准:长度方向以左右对称面为基准,高度方向以底面为基准,宽度方向以背面为基准

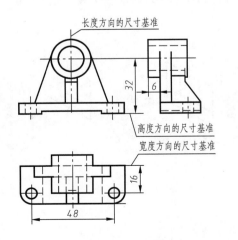

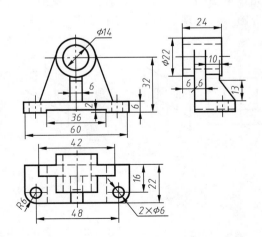

③ 从基准出发,确定这四个部分的定位尺寸

④ 确定总体尺寸,但此例的总长、总宽、总高尺寸均与定形尺寸或定位尺寸重合。最后全面进行核对、调整并改正错误,保证所注的尺寸正确、完整,力求清晰

第五节　组合体视图的识读

画图和读图是本课程的两个主要任务。画图是运用投影规律，将空间形体用视图表达出来；而读图则是根据视图想象出形体的空间形状。

一、读图的基本要领

（一）要透彻理解投影规律并在读图中运用

读图是画图的逆过程。读图实际上是对前面学习的正投影、三视图、点线面、基本体、组合体的投影概念和规律的综合运用。

要熟悉三视图的形成及其相互关系（参见图 2-24）：主视图是从前向后投射得到的投影，反映左右关系（长度）和上下关系（高度）；俯视图是从上向下投射得到的投影，反映左右关系（长度）和前后关系（宽度），下边是前，上边是后；左视图是从左向右投射得到的投影，反映上下关系（高度）和前后关系（宽度），右边是前，左边是后。三视图之间的关系为"长对正、高平齐、宽相等"。

要熟悉正投影的"显实性"、"积聚性"、"类似性"，熟悉各种位置直线和平面的投影特征，熟练地从视图判断形体上平面和直线的空间情况。

要熟悉各种基本体的视图特征，由视图判断基本体要做到"一目了然"。

要熟悉形体的切割、相切、相贯等的视图特征，正确认识形体的组合关系。

（二）要善于把几个视图联系起来分析

正投影图是多面投影图，一个投影只能表示三维形体的两个方向上的形状和相对位置。因此，单独的一个不加任何标注的视图，是不能表达清楚空间形体的。如图 4-21，同一个主视图，可以理解为形状不同的许多形体。

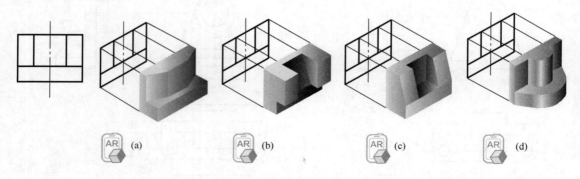

图 4-21　一个视图不能确切表示物体的形状

又如图 4-22（a）和（b）中的主、左视图完全相同，但它们却是不同形状形体的投影。因此，看图时必须要把几个视图联系起来进行分析，才能正确地想象出该形体的形状。

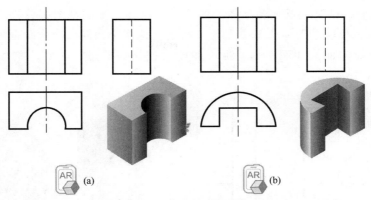

图 4-22 几个视图联系起来进行分析

（三）要善于找出特征视图

特征视图就是指反映形状特征最充分的视图。读图时，只要抓住特征视图，并从特征视图入手，再配合其他视图，就能较快地将物体的形状想象出来。如图 4-22，从图中可以看出俯视图是反映形状特征最充分的视图。

图 4-22 中形体的俯视图反映形状特征，而主、左视图的高度方向均为平行线，把这类形体称为柱状（或板状）形体。想象这类形体的形状时，有一个简单的方法，就是在其特征视图的基础上假想拉出一定的厚度，称为"外拉法"。

组合体每一组成部分的特征，并非总是集中在一个视图上，读图时要分别抓住反映该部分形状特征的视图想象其形状。如图 4-23，组合体是由四个形体叠合而成，主视图反映形体 I、IV 的特征，俯视图反映形体 III 的特征，左视图反映形体 II 的特征。

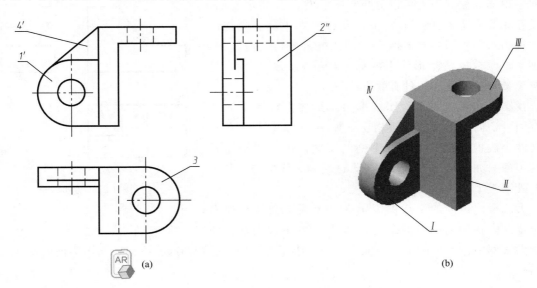

图 4-23 形状特征的分析

对于组合体来说，形体特征又分为形状特征和位置特征。分析组成组合体的每一部分的形状时，要以反映该部分形状特征最明显的特征视图为主。而分析组合体各部分之间的相对位置和组合关系时，则要从反映各形体间的位置特征最明显的视图来分析。如图 4-24，主视图中线框 1′和 2′反映了形体 Ⅰ 和 Ⅱ 的形状特征。这两个在同一个大线框中包围的小线框表示的结构，可能向前叠加而凸起、也可能向后挖切而凹进。显然，左视图反映其位置特征。

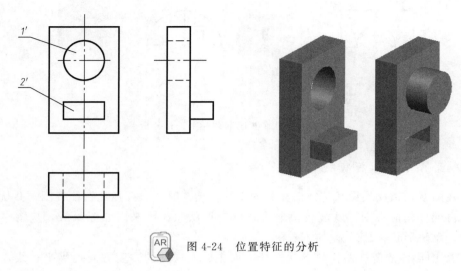

图 4-24　位置特征的分析

（四）要善于从线框入手分析形体上的面的特征和相对位置

视图中的一个封闭线框一般表示形体上的一个面（平面或曲面）。

如图 4-25，俯视图上有 4 个封闭线框，代表高低位置不同的 4 个面。以俯视图为基础，对照主视图和左视图，可以分析出 Ⅰ、Ⅲ、Ⅳ 是水平面，Ⅱ 是正垂面，Ⅲ 在上，Ⅰ 在下，Ⅱ、Ⅳ 在中间。同样地对主视图和左视图各有的两个封闭线框可进行类似分析。这种基于线框搞清楚形体上的面的特征和相对位置，是分析想象形体形状的一种有效方法。

视图中相邻的两个封闭线框表示形体上位置不同的两个面。这两个面可能直接相交（如图 4-25 中 Ⅰ 和 Ⅱ），这时两个线框的公共边是两个面的交线；也可能是错开的两个面（如图 4-25 中 Ⅲ 和 Ⅳ），这时两个线框的公共边是另外第三个面的积聚性投影。

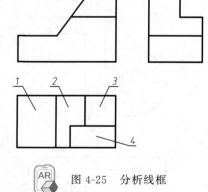

图 4-25　分析线框

大线框内包围的小线框表示在一个面上向外叠加而凸出或向内挖切而凹下的结构。如图 4-24 主视图，在同一个大线框中包围了两个小线框，其中的小矩形为向前叠加凸起长方体，而圆为向后挖切凹进的孔。

二、组合体的读图方法

读组合体视图的方法有形体分析法和线面分析法，而形体分析法是最常用的和主要的方法。

（一）形体分析法

运用形体分析法读图，就是从视图上将组合体分解为几个部分，分别分析每一部分的形状，再根据它们的相对位置和组合关系加以综合，最终想象出组合体的整体形状。以图4-26（a）所示三视图为例，具体说明形体分析法读图的方法和步骤。

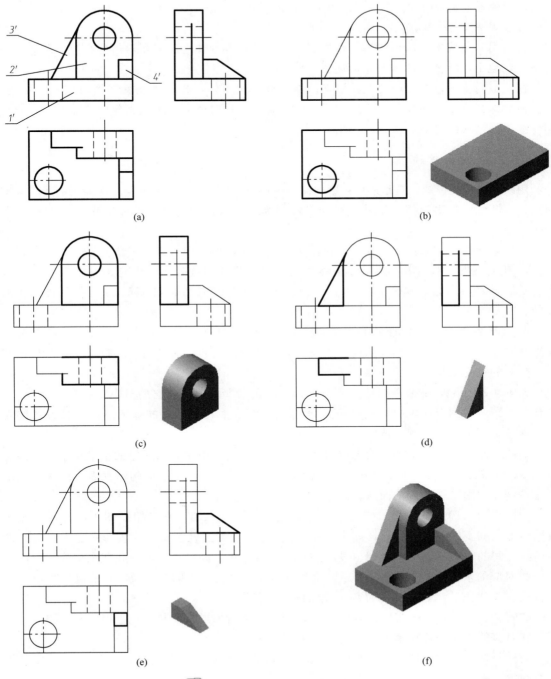

图 4-26　形体分析法读图示例

1. 粗看视图，分离形体　首先粗略浏览组合体的三个视图，大致了解形体的基本特点，将组合体分解为几个部分。

如图 4-26 (a)，从主视图上大致将组合体分成由Ⅰ、Ⅱ、Ⅲ、Ⅳ部分组成。

2. 对投影，想形状　对于分解开来的每一部分，抓住能反映该部分形状特征的特征视图，一般按照先主后次、先大后小、先易后难的顺序，逐一地根据"三等"对应关系，分别找出它在其他两视图上所对应的投影，并想象出它们的形状。如图 4-26 (b)、(c)、(d)、(e)。

3. 分析相对位置和组合关系，综合想象整体形状

分析出各组成部分的形状后，再根据三视图分析各形体之间的相对位置和组合形式，最后综合想象出该物体的整体形状，如图 4-26 (f)。

在一般情况下，对于组合关系清晰的组合体，用形体分析法读图就能解决问题。然而，有些组合体视图中一些局部的复杂的投影较难看懂，这时就需要用线面分析法通过深入分析某些线或面来攻破难点。

(二) 线面分析法

用线面分析法读图，就是运用投影规律，通过分析形体上的线、面等几何要素的形状和空间位置，最终想象出形体的形状。对于以挖切为主形成的组合体，读图时主要采用线面分析法。

下面以压块为例来说明用线面分析法读挖切体视图的一般方法，如图 4-27。

1. 粗看视图，分析基本形体　虽然压块的三个视图图线较多，但它们基本上都是长方形。所以可以认为它的基本形体是长方体。即压块是在长方体的基础上经多个面挖切而成的。

2. 分析各表面及交线的空间位置　从压块视图上的每一个线框入手，按"三等"关系找出其对应的另外两个投影，从而分析每一表面的空间位置。必要时，还可进一步分析面与面的交线的空间位置。

如图 4-27 (b)，从俯视图的梯形框 1 看起，在主视图中找到它的对应投影应是斜线 $1'$，结合左视图，找到对应投影为线框 $1''$。因此，Ⅰ面是垂直于正面的梯形平面。长方体的左上角就是由这个平面切割而成的。

如图 4-27 (c)，从主视图的七边形 $2'$ 看起，在俯视图中找它的对应的水平投影只可能是斜线 2，在左视图上的对投影为线框 $2''$。因此，Ⅱ面是垂直于水平面的铅垂面。压块的左端就是由这样的两个平面切割而成。

如图 4-27 (d)，从主视图的长方形 $3'$ 看起。结合左视图，它在俯视图中的对应投影不可能是虚线和实线围成的梯形，如果这样，c 点在主视图上就没有对应投影；也不可能是两条虚线之间的矩形，因为左视图上没有和它们"长对正、高平齐"的斜线或类似形。所以长方形 $3''$ 对应的水平投影只能是虚线 3。由此可知Ⅲ面平行于正面投影面，它的侧面投影积聚为直线 $3''$。线段 $a'b'$ 是Ⅱ面和Ⅲ面的交线的正面投影。

如图 4-27 (e)，从俯视图由虚线和实线围成的直角梯形 4 看起，在主视图和左视图中找出与它对应的投影，均积聚为水平直线，可知Ⅳ面是水平面。

同样分析可知，主视图中的线框 $5'$ 为正平面的正面投影，而左视图中的线框 $6''$ 则是侧平面的侧面投影。

3. 综合想象形体形状　在搞清了压块各表面的空间位置后，也就搞清了压块是如何在

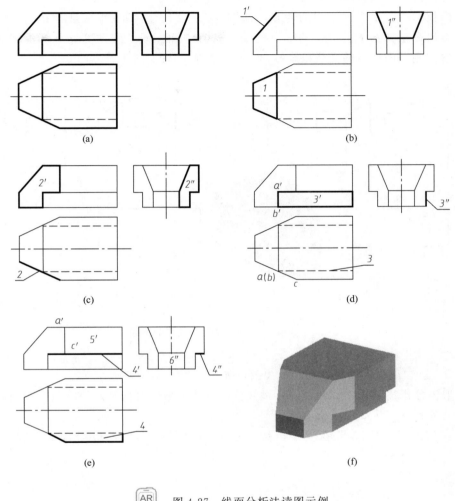

图 4-27 线面分析法读图示例

长方体的基础上切割出来的。在长方体的基础上用正垂面切去左上角；再用两个铅垂面切去左端的前、后两角；又在下方用正平面和水平面挖去前、后两块。从而可综合想象出压块的整体形状，如图 4-27（f）。

三、补漏线、补第三视图

补漏线和补视图将读图与画图结合起来，是培养和检验读图能力的一种有效方法，一般可分两步进行：第一步应根据已知视图运用形体分析法或线面分析法基本分析出形体的形状；第二步根据想象的形状并依据"三等"关系进行作图，同时进一步完善形体的形象。

【例 1】 读 4-28（a）所示组合体的三视图，补画视图中所缺漏的图线。

该组合体是叠加与挖切相结合的组合体。通过分析可知，主视图上Ⅰ、Ⅱ、Ⅲ三个线框表示三个形体，都是在主视图上反映形状特征的柱状形体。Ⅰ在后，Ⅱ在前，两部分叠加而成，它们的上表面为同一圆柱面，左、右及下表面不平齐。Ⅲ则是在Ⅰ、Ⅱ两部分的中间从前向后挖切的一个上方下圆的通孔，如图 4-28（b）。对照各组成部分在三视图中的投影，不难看出在左视图中Ⅰ、Ⅱ两部分的结合处有缺漏图线，这两部分顶部的圆柱面与两个不同位置的侧平面产生的交线也未画出。将漏线补上后如图 4-28（c）。

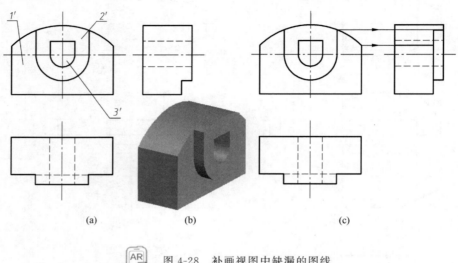

(a)　　　　　　　(b)　　　　　　　(c)

图 4-28　补画视图中缺漏的图线

【例 2】　已知组合体的主视图和俯视图，如图 4-29（a），补画左视图。

运用形体分析法分析主、俯视图，可知该组合体大致由底板和两块立板叠加而成，底板和二立板又各有挖切，如图 4-29（b）。

补画左视图时也应按照形体分析法，逐一画出每一部分，最后检查，描深，如图 4-29（c）。

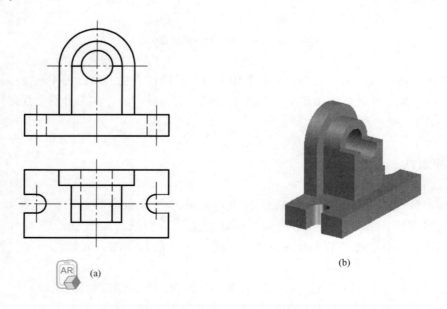

(a)　　　　　　　　　　　　　　　(b)

图 4-29

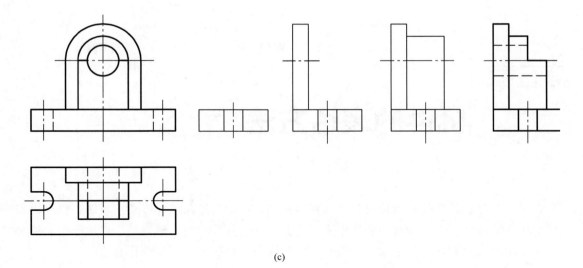

(c)

图 4-29 由已知两视图补画第三视图

第五章

机件的表达方法

在生产实际中，机件的结构形状是多种多样的，如果只用前面介绍的三视图，就难以将它们的内、外形状完整、清晰的表达出来。为此，国家标准《技术制图》、《机械制图》规定了机件的多种表达方法，包括视图、剖视图、断面图、局部放大图和简化画法等。

第一节 视 图

视图用于表达机件的外部结构形状，根据国家标准《技术制图 图样画法 视图》（GB/T 17451—1998）的规定，视图有基本视图、向视图、局部视图和斜视图。

一、基本视图

机件向基本投影面投射所得的视图称为基本视图。

图 5-1（a）所示为形成三视图的三个投影面（V、H、W 面）。在原有三个投影面的基础上各增加一个与之平行的投影面，构成一个正六面体。以正六面体的六个面作为基本投影面，将机件置于六面体中，分别向六个基本投影面投射，得到六个基本视图：除主、俯、左视图外，还有后视图（自后向前投射）、仰视图（自下向上投射）和右视图（自右向左投射）如图 5-1（b）。

基本投影面的展开方法如图 5-2 所示，展开后的六个基本视图，其配置关系如图 5-3。六个基本视图仍遵循"三等"规律，即主、俯、仰视图长对正，主、左、右、后视图高平齐，俯、左、仰、右视图宽相等。对于方位关系，应注意俯、左、仰、右视图都反映形体的前后关系，远离主视图的一侧为形体的前面，靠近主视图的一侧为形体的后面；后视图反映左右关系，但其左边为形体的右面，右边为形体的左面。

当基本视图按图 5-3 的形式配置时，称为按投影关系配置，一律不注视图的名称。

二、向视图

向视图是指可自由配置的基本视图。

在实际绘图过程中，有时难以将六个基本视图按图 5-3 的形式配置，此时可采用向视图的形

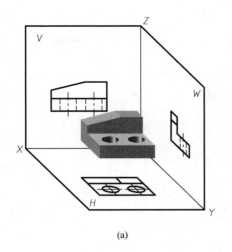

(a)

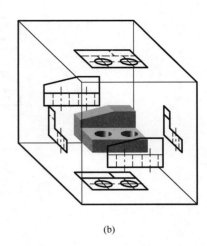

(b)

图 5-1 基本投影面

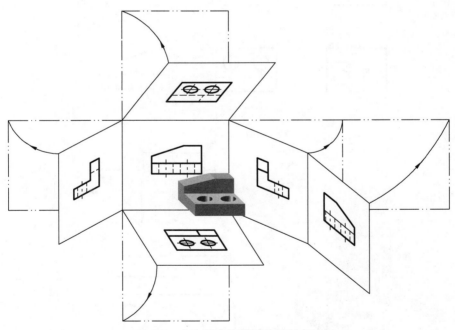

图 5-2 六个基本投影面的展开方法

式配置。如图 5-4 所示，机件的右视图、仰视图和后视图没有按投影关系配置而成为向视图。

向视图必须标注。通常在其上方用大写的拉丁字母标注视图的名称，在相应视图附近用箭头指明投射方向，并标注相同的字母，如图 5-4。

三、局部视图

将机件的某一部分向基本投影面投射所得的视图称为局部视图。

如图 5-5 所示的机件，主、俯视图没有把圆筒上左侧凸台和右侧拱形槽的形状表达清

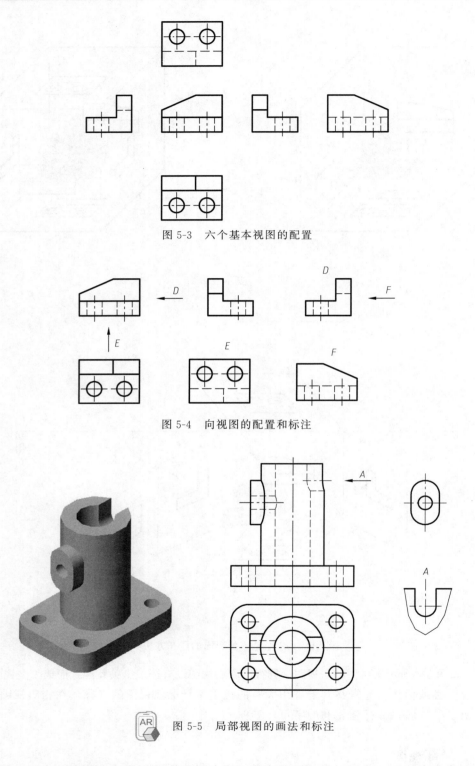

图 5-3　六个基本视图的配置

图 5-4　向视图的配置和标注

图 5-5　局部视图的画法和标注

楚，若为此画出左视图和右视图，则大部分表达内容是重复的，因此，可只将凸台及开槽处的局部结构分别向基本投影面投射，即得两个局部视图。

局部视图的断裂边界应以波浪线（或双折线）表示，当所表示的局部视图的外形轮廓成封闭时，则不必画出其断裂边界线，如图 5-5。

　　局部视图应按照向视图的配置形式配置并标注，如图 5-5 中的局部视图 A。当局部视图按基本视图的配置形式配置，中间又没有其他图形隔开时，可省略标注，如图 5-5 中表示左侧凸台的局部视图。

四、斜视图

　　机件向不平行于基本投影面的平面投射所得的视图称为斜视图。

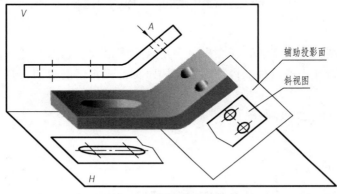

图 5-6　斜视图的形成

　　如图 5-6 所示，机件右侧的倾斜结构在各基本投影面上都不能反映实形，为此，增设一个与倾斜部分平行的正垂面作为辅助投影面，将倾斜结构向辅助投影面投射，即可得到反映该部分实形的视图，即斜视图。

　　图 5-7（a）所示为该机件的一组视图，在主视图基础上，采用斜视图清楚地表达出了其倾斜部分的实形，同时，采用局部视图代替俯视图，避免了倾斜结构在视图上的复杂投影。

　　斜视图断裂边界的画法与局部视图相同。斜视图通常按向视图的配置形式配置并标注，如图 5-7（a）。必要时，允许将斜视图旋转配置（将图形转正），但须标上旋转符号（画法如图 5-8）。且视图名称的大写拉丁字母应靠近旋转符号的箭头端，箭头所指方向应与实际旋转方向一致，如图 5-7（b）。也允许将旋转角度标注在字母之后。

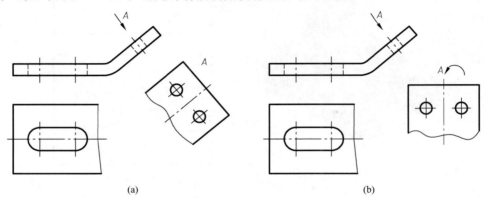

(a)　　　　　　　　　　　　　(b)

图 5-7　斜视图的画法和标注

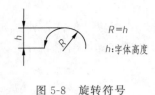

图 5-8　旋转符号

第二节　剖　视　图

当机件的内部结构较复杂时，视图中就会出现很多虚线，这给画图、读图及标注尺寸增加了困难。为了清晰地表达机件的内部形状，国家标准规定了剖视图的画法。

一、剖视图的概念和画法

（一）剖视图的概念

假想用剖切面剖开机件，将处在观察者和剖切面之间的部分移去，而将其余部分向投影面投射所得的图形称为剖视图，简称剖视。

如图 5-9（a）所示机件，若采用图 5-9（b）所示的视图表达方案，则其上的孔、槽结构在主视图中均为虚线。

如果采用剖视的方法，即用过机件前后对称面的剖切面剖开机件，将其前半部分移去，并将后半部分向 V 面投射如图 5-10（a）。这样，不可见的孔和槽变为了可见的，视图上的虚线在剖视图中变为了实线，如图 5-10（b）。

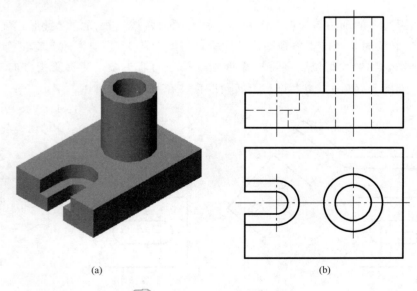

（a）　　　　　　　　　　　　　　（b）

图 5-9　机件的视图表达

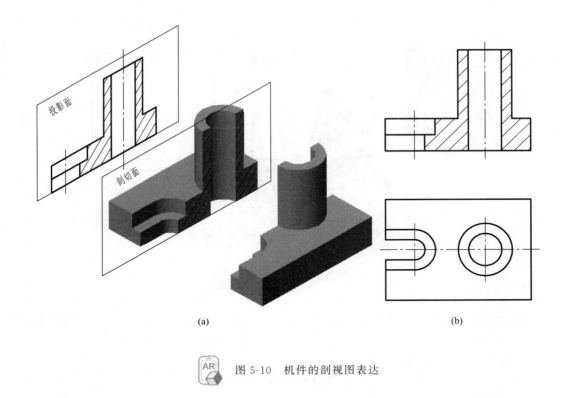

(a)   (b)

图 5-10 机件的剖视图表达

（二）剖面区域的表示法

假想用剖切面剖开机件，剖切面与机件的接触部分称为剖面区域。不需在剖面区域中表示材料的类别时，可采用通用剖面线表示。

通用剖面线用一组等间隔的平行细实线绘制，一般与主要轮廓或剖面区域的对称线成45°角。同一机件的各个剖面区域，其剖面线画法应一致。

若需在剖面区域中表示材料的类别时，应采用特定的剖面符号表示。机械图样中，金属材料采用通用剖面线，非金属材料一般采用正负45°交叉的网状线表示。

（三）画剖视图要注意的问题

① 剖视图剖开机件是假想的。当机件的一个视图画成剖视图后，其他视图不受影响，如图 5-10（b）的俯视图。

② 选择剖切面的位置时，应通过相应内部结构的轴线或对称平面，以完整地反映它的实形。剖切面可以是平面，也可以是曲面（圆柱面），还可以是多个面的组合。但应用最多的是采用与基本投影面平行的平面作为剖切面。

③ 作图时须分清机件的移去部分和剩余部分，仅画剩余部分；还须分清机件被剖切部位的实体部分和空心部分，剖面线仅在实体部分，即剖面区域画出。

④ 剖视图是机件被剖切后剩余部分的完整投影，所以，凡是剖切面后的可见轮廓线应全部画出，不得遗漏，如图 5-11。而剖切面后的不可见轮廓，若已在其他视图中表示清楚时，图中的虚线应省略不画。还需注意的是，剖面区域内部不会有粗实线存在。

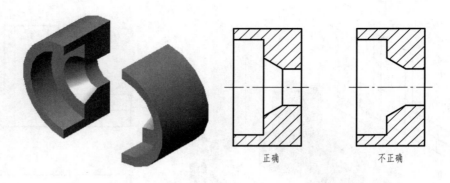

正确　　　　　　不正确

　图 5-11　剖切面后的可见轮廓

（四）剖视图的标注

一般应在剖视图的上方用大写的拉丁字母标出剖视图的名称"×—×"。在相应视图上用剖切符号（粗短画，长度约为 $6d$，d 为粗实线宽度）表示剖切位置，用箭头表示投射方向，并标注相同的字母，如图 5-12。

当剖视图按投影关系配置，中间又没有其他图形隔开时，可省略箭头。

当单一剖切平面通过机件的对称面或基本对称面，且剖视图按投影关系配置，中间又没有其他视图隔开时，不必标注。因此，图 5-12 中的标注可以省略，如图 5-10。

二、剖切面

根据机件的结构特点，可选择以下剖切面剖开机件：单一剖切面、几个平行的剖切平面和几个相交的剖切面（交线垂直于某一投影面）。

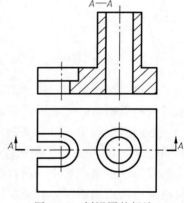

图 5-12　剖视图的标注

（一）单一剖切面

单一剖切面一般是单一剖切平面，也可以是单一柱面。单一剖切平面又分为平行于基本投影面和不平行两种情况。图 5-10 即属于平行于基本投影面的单一剖切平面。

图 5-13 所示的机件，采用了正垂面剖切，得到 A—A 剖视图，该剖视图既能将凸台上圆孔的内部结构表达清楚，又能反映顶部方法兰的实形。

当机件有倾斜的内部结构要表达时，宜采用不平行于任何基本投影面的单一剖切平面。这时的剖视图必须完整标注。

与斜视图相同，采用不平行于任何基本投影面的单一剖切平面剖切得到的剖视图应尽量配置在投射方向上，如图 5-13 中的 A—A，也可将其平移或旋转，如图 5-13 中的 A—A ⌒。

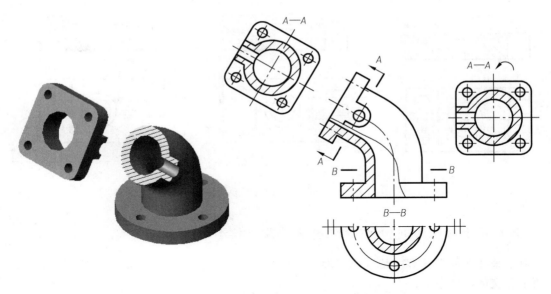

图 5-13　不平行于任何基本投影面的单一剖切平面

（二）几个平行的剖切平面

当机件的内部结构处在几个相互平行的平面上时，可采用几个平行的剖切平面，如图 5-14。

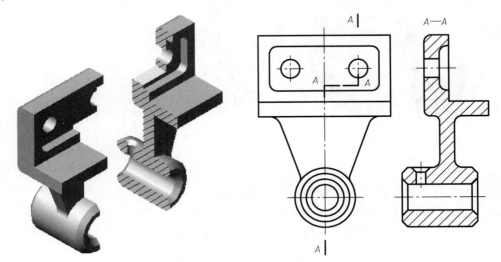

图 5-14　几个平行的剖切面（一）

采用几个平行的剖切平面时，必须标注剖视图名称和剖切位置，若剖视图按投影关系配置，中间又没有其他图形隔开时，允许省略箭头，如图 5-14。

对于几个平行的剖切平面的转折，应注意：在剖视图中不应画出转折平面的投影；不应在图形的轮廓线处转折；转折平面应与剖切平面垂直；应避免不完整的要素；如图 5-15。

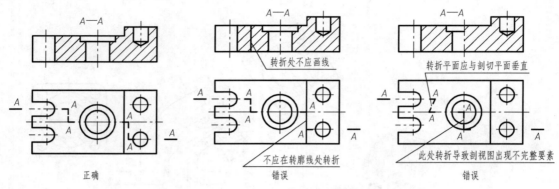

图 5-15　几个平行的剖切面（二）

（三）几个相交的剖切面（交线垂直于某一投影面）

对于整体或局部具有回转轴线的形体，可采用几个相交的剖切面剖切，如图 5-16 采用了两个相交的剖切平面。

用两个或更多个相交的剖切平面获得的剖视图应旋转到一个投影平面上。采用这种方法画剖视图时，先假想按剖切位置剖开机件，然后将被剖切平面剖开的结构及其有关部分绕轴线旋转到与选定的投影面平行再进行投射，即"先剖、后转、再投射"。

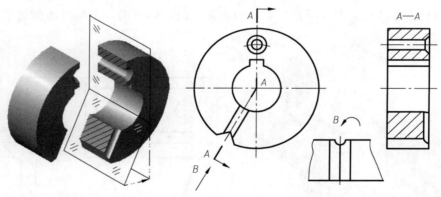

图 5-16　两个相交的剖切面

图 5-17 为几个相交的剖切面的进一步应用示例。

标注几个相交的剖切面的剖切位置时，在剖切面的起、迄、相交和转折处均应画出剖切符号并标注字母。相交或转折处的位置狭小时，字母可省略。

三、剖视图的种类

按剖切面剖开机件的范围的不同，剖视图分为全剖视图、半剖视图和局部剖视图。

（一）全剖视图

用剖切面完全地剖开机件所得的剖视图称为全剖视图。

前面各例中的剖视图，均为全剖视图。全剖视图主要用于表达机件整体的内部形状。当

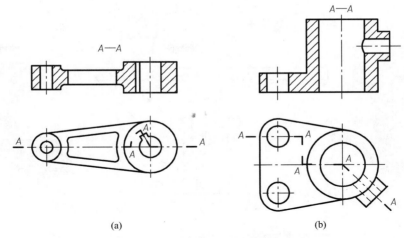

图 5-17　几个相交的剖切面

机件的外部形状简单，内部形状相对复杂，或者其外部形状已通过其他视图表达清楚时，可采用全剖视图。

（二）半剖视图

当机件具有对称平面，向垂直于对称平面的投影面上投射所得的图形，可以对称中心线为界，一半画成剖视图，另一半画成视图，这种组合的图形称为半剖视图。半剖视图适用于内、外形状均需表达的对称机件或基本对称机件。

如图 5-18（a）所示，由于机件左右对称，主视图可画成半剖视图，即以左右对称线为界，一半画成剖视图，另一半画成视图。这样就能用一个图形同时将这一方向上机件的内、外形状表达清楚，既减少了视图数量，又使得图形相对集中，便于画图和读图。采用半剖视图的表达方案如图 5-18（b），由于机件前后也对称，俯视图以前后对称线为界也画成了半剖视图。

半剖视图中，视图与剖视图的分界线应是细点画线而不应画成粗实线。由于图形对称，机件的内部结构已在半个剖视图中表达清楚，因此，另一半视图中，表达内部结构的虚线应省略不画。

半剖视图的标注方法与全剖视图相同。在图 5-18（b）中，由于剖得主视图的剖切平面与机件的前后对称面重合，故可省略标注。而剖得俯视图的剖切平面不是机件的对称面，故需标出剖切符号和字母，但可省略箭头。

（三）局部剖视图

用剖切面局部地剖开机件所得的剖视图称为局部剖视图。

局部剖视图也是一种内外形状兼顾的剖视图，但它不受机件是否对称的限制，其剖切位置和剖切范围可根据表达需要确定，是一种比较灵活且应用广泛的表达方法，如图 5-19。

局部剖视图用波浪线（或双折线）分界，波浪线表示机件实体断裂面的投影，不能超出图形；不能穿越剖切平面和观察者之间的通孔、通槽；并不得和图形上其他图线重合，如图 5-20。当被剖切的局部结构为回转体时，允许将该结构的轴线作为局部剖视与视图的分界线，如图 5-21 的主视图。

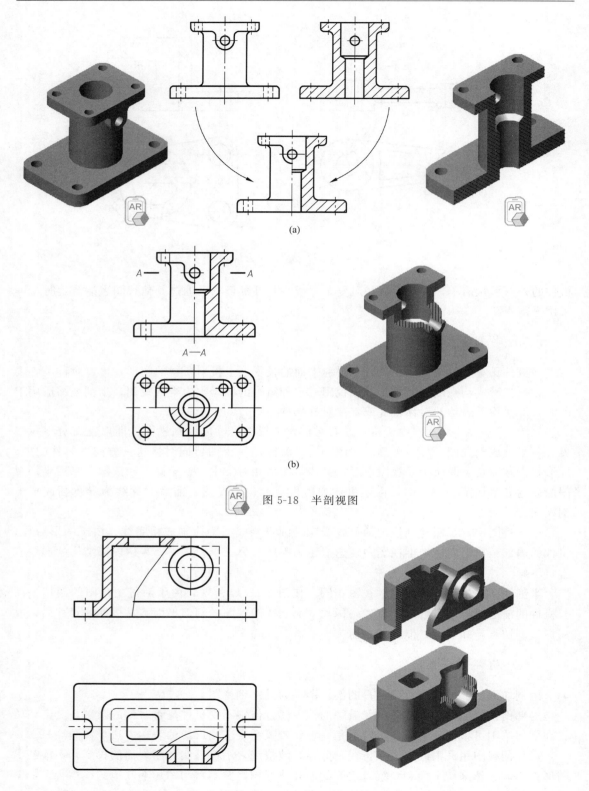

(a)

(b)

图 5-18　半剖视图

图 5-19　局部剖视图

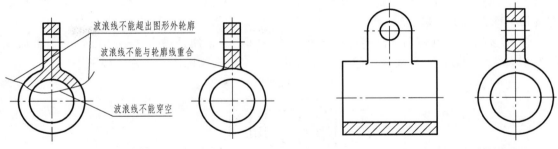

图 5-20 波浪线错误画法   图 5-21 以轴线代替波浪线

采用单一剖切平面的局部剖视图，剖切位置明显时通常省略标注。

四、画剖视图的其他规定

① 对于机件的肋、轮辐及薄壁等，如按纵向剖切，这些结构的剖面区域内不画剖面线，而用粗实线将它和相邻部分分开，如图 5-22 的主视图。但当这些结构被横向剖切时，仍应按正常画法绘制，如图 5-22 的 $A—A$ 剖视图。

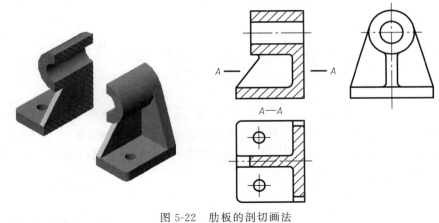

图 5-22 肋板的剖切画法

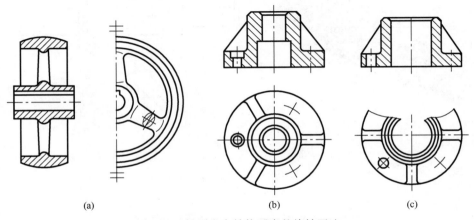

(a)   (b)   (c)

图 5-23 规则发布结构要素的旋转画法

② 带有规则发布结构要素（如肋、轮辐、孔等）的回转零件，可将这些结构要素旋转到剖切平面上画出，如图 5-23。

③ 必要时，在剖视图的剖面中可再作一次局部剖。采用这种方法表达时，两个剖面区域的剖面线应同方向、同间隔，但要相互错开，并用引出线标注其名称，如图 5-24。

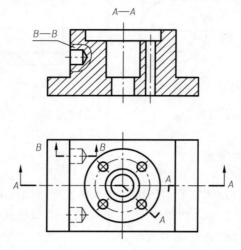

图 5-24　在剖视图中再作一次局部剖

第三节　断　面　图

假想用剖切面将机件的某处切断，仅画出该剖切面与机件接触部分的图形称为断面图。

断面图图形简洁，重点突出，常用来表达轴上的键槽、销孔等结构，还可用来表达机件的肋、轮辐以及型材、杆件的断面形状。如图 5-25 所示，采用断面图简洁、清楚地表达了轴上键槽处的断面形状。

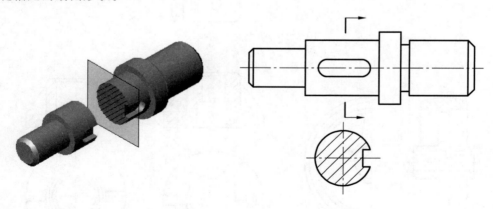

 图 5-25　断面图的概念

按绘制位置的不同，断面图分为移出断面图和重合断面图。

一、移出断面图

画在视图轮廓之外的断面图称为移出断面图。

移出断面图的轮廓线用粗实线绘制，通常配置在剖切线的延长线上，如图 5-25 以及图 5-26（b）、（c）；也可配置在其他适当的位置，如图 5-26（a）、（d）。当断面图形对称时，可画在视图的中断处，如图 5-27。

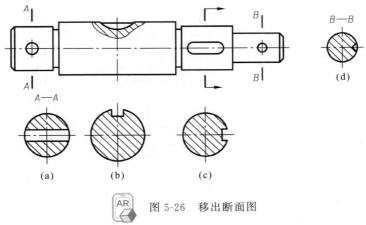

图 5-26　移出断面图

移出断面图的一般标注方法和剖视图相同，如图 5-26（d）。但当移出断面图配置在剖切线的延长线上时，可省略字母，如图 5-25 及图 5-26（b）、（c）。当移出断面图形对于剖切线对称或按投影关系配置时可省略箭头，如图 5-26（a）、（d）。对称的移出断面画在剖切线的延长线上时，只需用细点画线画出剖切线表示剖切位置，如图 5-26（b）。配置在视图中断处的对称移出断面不必标注，如图 5-27。

画移出断面图时要注意以下几个问题。

① 当剖切平面通过回转面形成的孔或凹坑的轴线时，则这些结构按剖视图要求绘制，如图 5-26（a）、（d），图中应将孔（或坑）口画成封闭。

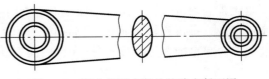

图 5-27　画在视图中断处的移出断面图

② 当剖切平面通过非圆孔，会导致出现完全分离的两个断面时，这些结构应按剖视图要求绘制，如图 5-28。

③ 由两个或多个相交的剖切平面剖切得出的移出断面，中间一般应断开，如图 5-29。

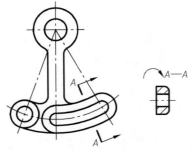

图 5-28　按剖视图绘制的断面图

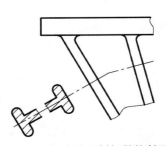

图 5-29　两相交平面剖切得的断面图

二、重合断面图

重合断面图画在视图轮廓线内，轮廓线用细实线绘制，如图 5-30。

当视图中的轮廓线与重合断面的图形重叠时，视图中的轮廓线仍应连续画出，不可间断，如图 5-30（a）。

配置在剖切符号上的不对称重合断面应标注剖切符号和箭头，如图 5-30（a）。对称重合断面不必标注，如图 5-30（b）、（c）。

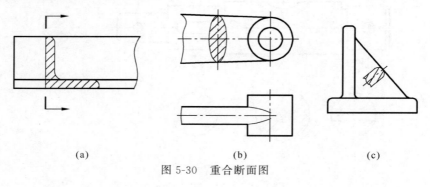

        （a）   （b）   （c）

图 5-30　重合断面图

第四节　其他表达方法

一、局部放大图

将机件的部分结构，用大于原图形所采用的比例画出的图形称为局部放大图。局部放大可画成视图，也可画成剖视图、断面图，它与被放大部分的表示方式无关，如图 5-31。局部放大图应尽量配置在被放大部位附近。

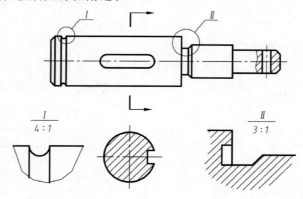

图 5-31　局部放大图（一）

画局部放大图时，用细实线圈出被放大部位。当同一机件上有几个被放大的部分时，应用罗马数字依次地标明被放大的部位，并在局部放大图上方标注出相应的罗马数字和所采用的比例，如图 5-31。局部放大图的比例，是指该图形中机件要素的线性尺寸与实际机件相应要素的线性尺寸之比，而与原图形所采用的比例无关。

　　必要时可用几个图形来表达同一被放大部分的结构，如图 5-32。由于机件上只有一个被放大部分，故在局部放大图的上方只需注明所采用的比例。

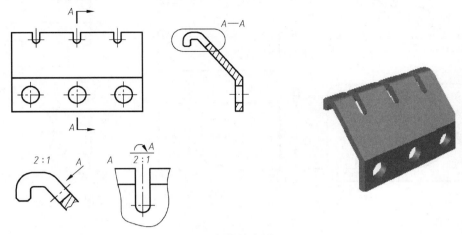

图 5-32　局部放大图（二）

二、简化画法

　　为方便读图和绘图，GB/T 16675.1—2012 规定了视图、剖视图、断面图及局部放大图中的简化画法，现摘要列于表 5-1 中。

表 5-1　简化画法（摘自 GB/T 16675.1—2012）

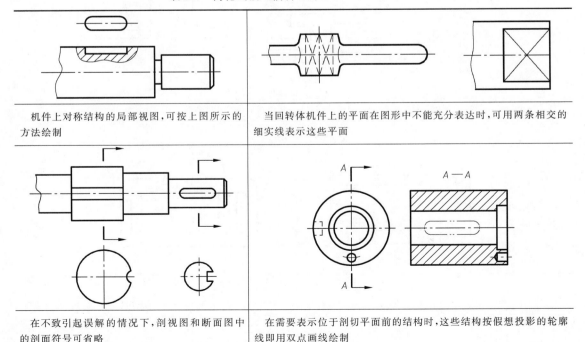

机件上对称结构的局部视图，可按上图所示的方法绘制	当回转体机件上的平面在图形中不能充分表达时，可用两条相交的细实线表示这些平面
在不致引起误解的情况下，剖视图和断面图中的剖面符号可省略	在需要表示位于剖切平面前的结构时，这些结构按假想投影的轮廓线即用双点画线绘制

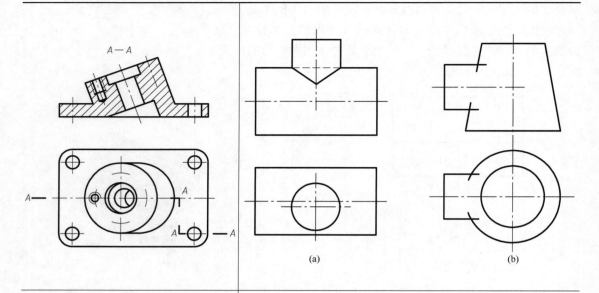

与投影面倾斜角度小于或等于 30°的圆或圆弧,手工绘图时其投影可用圆或圆弧代替	在不致引起误解时,图形中的相贯线可以简化,如用圆弧或直线代替非圆曲线的投影,如图(a);也可采用模糊画法表示相贯线,如图(b)

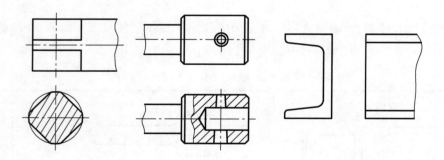

当机件上较小的结构及斜度等已在一个图形中表达清楚时,其他图形可简化或省略

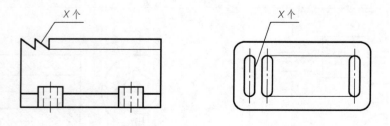

当机件具有若干相同的结构(齿、槽等),并按一定规律分布时,只需画出几个完整的结构,其余用细实线连接,在图中则必须注明该结构的总数

续表

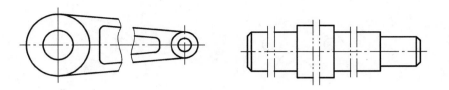

较长的机件(轴、杆、型材、连杆等)沿长度方向的形状一致或按一定规律变化时,可断开后缩短绘制

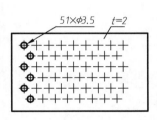

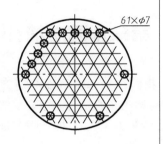

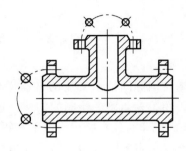

若干直径相同且成规律分布的孔(圆孔、螺孔、沉孔等),可以仅画出一个或少量几个,其余只需用细点划线表示其中心位置

圆柱法兰和类似零件上均匀分布的孔,可按上图所示的方法表示其分布情况

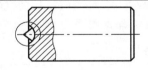

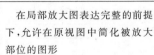

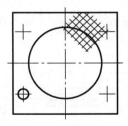

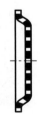

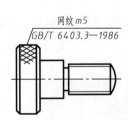

在局部放大图表达完整的前提下,允许在原视图中简化被放大部位的图形

网状物、编制物或机件上的滚花部分,一般可在轮廓线附近用细实线局部示意画出,也可省略不画,在零件图上或技术要求中应注明这些结构的具体要求

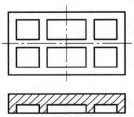

全部铸造圆角R3

锐边倒圆R0.5

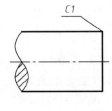

在不致引起误解时,零件图中的小圆角、锐边小倒圆或45°小倒角允许省略不画,但须注明尺寸或在技术要求中加以说明

续表

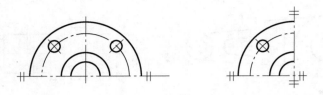

对称机件的视图可只画一半或1/4,并在对称线的两端各画两条与其垂直的平行细实线

第五节   第三角画法简介

随着国际间技术交流的日益增长,我们在工作中可能会遇到某些国家（如美国、日本等）采用第三角画法绘制的图样。这里对第三角画法作一简单介绍。

如图 5-33（a）所示,水平和铅垂两投影面 V、H 将空间分成四个分角,按顺序分别称为第一分角、第二分角、第三分角和第四分角。

将机件放在第一分角中,按"观察者—机件—投影面"的相对位置关系作正投影所得到的图形,这种方法称为第一角投影法或第一角画法。

若将机件放在第三分角中,如图 5-33（b）所示,这时,机件位于 V 面之后,位于 H 面之下。假想投影面是透明的,按"观察者—投影面—机件"的相对位置关系分别向 V 面和 H 面投射,得到主视图和俯视图。这种方法称为第三角投影法或第三角画法。

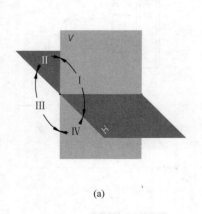

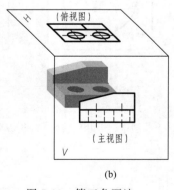

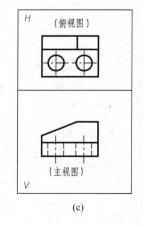

(a)   (b)   (c)

图 5-33   第三角画法

将 H 面绕 X 轴向上旋转 90°展开后如图 5-33（c）。这时,俯视图位于主视图之上。视图位置关系的变更正是第三角画法和第一角画法的区别所在。

图 5-34 说明了采用第三角画法时,六个基本视图的形成过程。视图的位置关系如图 5-35。当六个视图按图示位置关系配置时,不需标注视图名称。

为避免混淆,国家标准规定了第一角画法和第三角画法的识别符号,称为投影符号,如图 5-36。采用第一角画法所绘制的图样,通常不需专门说明。采用第三角画法绘制的图样,

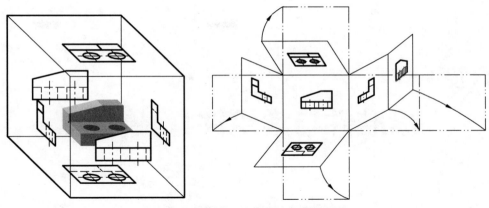

图 5-34   第三角画法中基本视图的形成

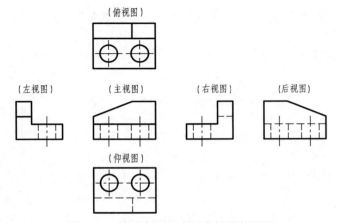

图 5-35   第三角画法中基本视图的配置

必须在图样标题栏中画出第三角投影的识别符号。

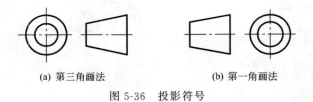

(a) 第三角画法   (b) 第一角画法

图 5-36   投影符号

第六章

标准件与常用件

各种机器或设备中，除一般零件外，经常还会用到如螺栓、螺钉、螺母、键、销和轴承等，这些零件的结构和尺寸均已标准化，称为标准件。还有一些常用件，如齿轮、弹簧等，它们的部分结构和参数标准化。零件的标准化有利于大批量生产、降低生产成本，提高设计和生产效率。

本章主要介绍标准件和常用件的基本知识、规定画法和有关标准的查表方法。

第一节　螺　　纹

螺纹是在圆柱（或圆锥）表面上沿着螺旋线形成的具有相同断面形状的连续凸起和沟槽。本节主要讨论在圆柱面上形成的螺纹。加工在圆柱外表面上的螺纹称为外螺纹，加工在圆柱内表面上的螺纹称为内螺纹。内外螺纹成对旋合使用，可以起到连接或传动的功用。

加工螺纹的方法有许多种。图 6-1 为在车床上加工内、外螺纹的方法，夹在三爪卡上的工件作匀速旋转运动，车刀沿工件轴向作等速直线运动，其合成运动的轨迹是螺旋线，刀尖在工件表面上切出的螺旋线沟槽就是螺纹。

图 6-1　在车床上加工螺纹

一、螺纹的基本要素

螺纹的结构和尺寸是由牙型、直径、旋向、线数、螺距和导程等要素决定的。

1. 牙型　在通过螺纹轴线的断面上，螺纹牙齿的轮廓形状称为牙型。牙型上向外凸起的尖端称为牙顶，向里凹进的槽底称为牙底（图 6-2）。常见的螺纹牙型有三角形、矩形、梯形和锯齿形等。

2. 直径　螺纹的直径有大径、中径和小径。

大径指与外螺纹的牙顶或内螺纹的牙底相重合的假想圆柱面直径（图 6-2 中 d、D）。

小径指与外螺纹的牙底或内螺纹的牙顶相重合的假想圆柱面直径（图 6-2 中 d_1、D_1）。

中径指在大径和小径之间的假想圆柱面直径，该圆柱的母线通过牙型上沟槽和凸起宽度相等的地方（图 6-2 中 d_2、D_2）。

螺纹的公称直径一般指螺纹大径的公称尺寸。

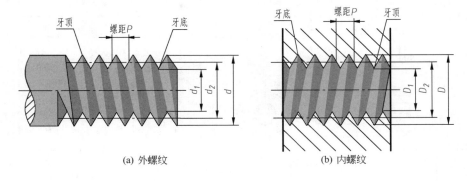

图 6-2 螺纹的各部分名称

3. 线数 螺纹线数有单线和多线之分。沿一条螺旋线形成的螺纹为单线螺纹；沿两条或两条以上且在轴向等距分布的螺旋线所形成的螺纹为多线螺纹；如图 6-3（a）、（b）。

4. 螺距与导程 同一条螺旋线上相邻两牙在中径线上对应两点间的轴向距离称为导程（S）；相邻两牙在中径线上对应两点间的轴向距离称为螺距（P）。导程（S）和螺距（P）关系是：对单线螺纹，$S=P$；对多线螺纹（线数为 n），$S=nP$；如图 6-3。

5. 旋向 螺纹的旋向分左旋和右旋。顺时针旋转时旋入的螺纹为右旋，逆时针旋转时旋入的螺纹为左旋。将外螺纹轴线垂直放置，右旋螺纹的可见螺旋线具有左低右高的特征，而左旋螺纹则有左高右低的特征，如图 6-4。

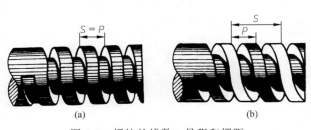

图 6-3 螺纹的线数、导程和螺距

图 6-4 螺纹的旋向

只有当外螺纹和内螺纹的上述五个结构要素完全相同时，内外螺纹才能旋合在一起。

二、螺纹的规定画法

由于螺纹的形状较复杂，其真实投影不易画出。国家标准 GB/T 4459.1－1995 对螺纹的画法作了简化规定，见表 6-1。

表 6-1　螺纹的规定画法

分类		图　例	说　明
基本规定		①牙顶圆的投影用粗实线表示 ②牙底圆的投影用细实线表示,在垂直于螺纹轴线的投影面的视图中,表示牙底圆的细实线只画约 3/4 圈 ③螺纹终止线用粗实线表示 ④在剖视图或断面图中,剖面线一律画到粗实线	
单个螺纹	外螺纹	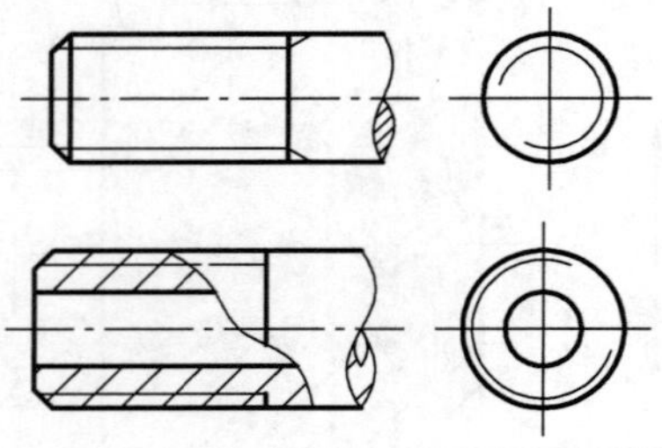	①外螺纹大径画粗实线,小径画细实线 ②小径通常按大径的 0.85 倍绘制 ③牙底线在倒角(或倒圆)部分也应画出;在垂直于螺纹轴线的投影面的视图中画出牙底圆时,倒角的投影省略不画 ④螺尾部分一般不必画出,当需要表示螺尾时,该部分用与轴线成 30°的细实线画出
单个螺纹	内螺纹	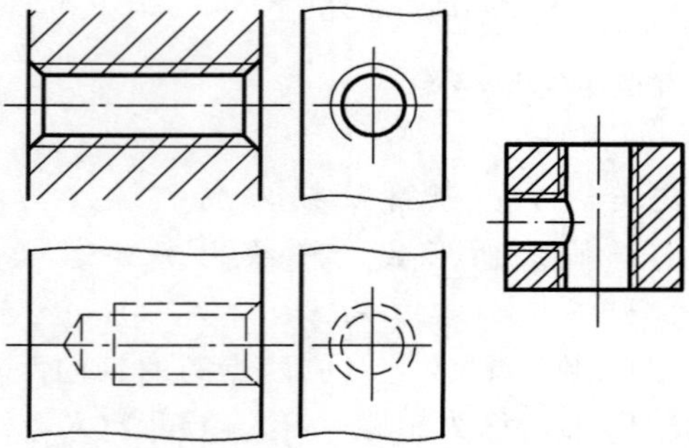	①可见内螺纹的小径画粗实线,大径画细实线 ②不可见螺纹的所有图线用虚线绘制 ③螺孔的相贯线仅在牙顶处画出
	不通螺孔	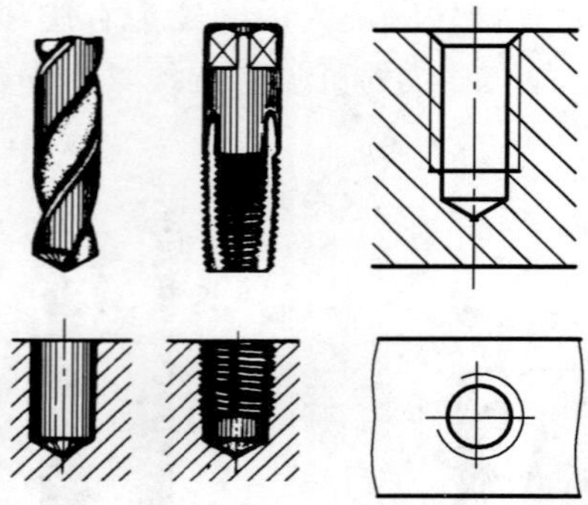	不通螺孔是先钻孔后攻丝形成的,因此一般应将钻孔深度与螺纹部分的深度分别画出,底部的锥顶角应画成 120°
螺纹连接画法		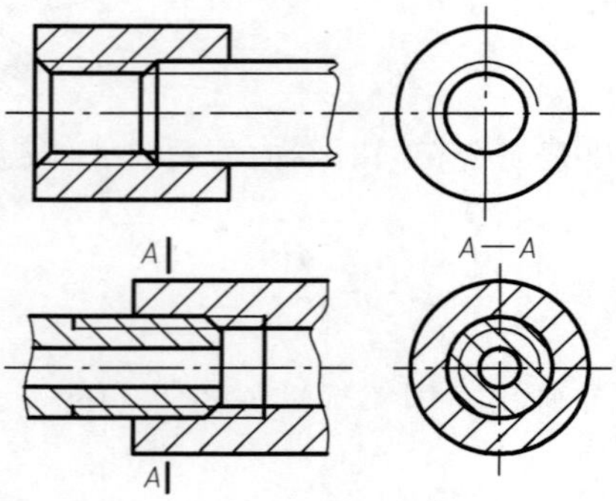	以剖视图表示内外螺纹的连接时,其旋合部分应按外螺纹的画法绘制,其余部分按各自的画法表示 注意表示内外螺纹牙底和牙顶的粗、细线必须对齐

三、螺纹的种类及标注

（一）螺纹的种类

螺纹的种类很多。从螺纹的结构要素出发，我们已经知道，螺纹按牙型可分为三角形螺纹、梯形螺纹、锯齿形螺纹及方牙螺纹等，按线数分为单线螺纹和多线螺纹，按旋向分为右旋螺纹和左旋螺纹。

从螺纹的功用出发，可把螺纹分为连接螺纹和传动螺纹。一般地，三角形螺纹用于连接，梯形、锯齿形及方牙螺纹用于传动。

在螺纹要素中，国家标准对牙型、直径与螺距的数值作出了统一规定。符合国家标准的螺纹称为标准螺纹，不符合国家标准的螺纹称为非标准螺纹。

标准螺纹中，用于连接的螺纹有普通螺纹、管螺纹等，用于传动的螺纹有梯形螺纹和锯齿形螺纹。普通螺纹、梯形螺纹和锯齿形螺纹又通称为米制螺纹。常用标准螺纹的种类见表6-2。

普通螺纹应用最为广泛，根据螺距的不同，它又分为粗牙普通螺纹和细牙普通螺纹，本书附录附表1摘录了普通螺纹的标准数据。从中可以看出，某一公称直径下，粗牙普通螺纹的螺距只规定了一种，细牙普通螺纹的螺距比粗牙小，且一般规定有多种。

管螺纹分为用螺纹密封的管螺纹和非螺纹密封的管螺纹，用螺纹密封的管螺纹又分为圆锥外螺纹、圆锥内螺纹和圆柱内螺纹三种。

由于螺纹都采用的是规定画法，它不能表示出螺纹的基本要素和种类，这就需要通过螺纹的标注来区分，国家标准规定了螺纹的标记和标注方法。

（二）标准螺纹的规定标记

一个完整螺纹的标记由三部分组成：螺纹代号、螺纹公差带代号和旋合长度代号。其标记格式如下：

$$\boxed{螺纹代号}-\boxed{公差带代号}-\boxed{旋合长度代号}$$

1. 螺纹代号　内容及格式为 $\boxed{特征代号}\ \boxed{尺寸代号}\ \boxed{旋向}$。

（1）特征代号　各种标准螺纹的特征代号见表6-2。

（2）尺寸代号　应反映出螺纹的公称直径、螺距、线数和导程。

单线螺纹的尺寸代号为 $\boxed{公称直径}\times\boxed{螺距}$，但粗牙普通螺纹和管螺纹不标注螺距，因为它们的螺距与公称直径是一一对应的。

多线螺纹的尺寸代号为 $\boxed{公称直径}\times\boxed{导程（P\ 螺距）}$。

米制螺纹以螺纹大径为公称直径；而各种管螺纹的公称直径是管子的公称直径，并且以英寸（″）为单位。

（3）旋向　规定左旋螺纹用代号"LH"表示旋向；而应用最多的右旋螺纹不标注旋向。

2. 螺纹公差带代号　由表示螺纹公差等级的数字和表示基本偏差的字母（外螺纹为小写字母，内螺纹为大写字母）表示，应分别注出中径和顶径的公差带代号，二者相同时则只标注一次。

各种管螺纹仅有一种公差带，故不注公差带代号。

3. 旋合长度代号　旋合长度分为长、中、短三种，分别用代号 L、N、S 表示，应用最多的中等旋合长度不标 N。

标准螺纹的标记示例见表 6-2。

表 6-2　常用标准螺纹的种类及标记

螺纹种类			牙型放大图	特征代号	标记示例	说　明
连接螺纹	普通螺纹	粗牙	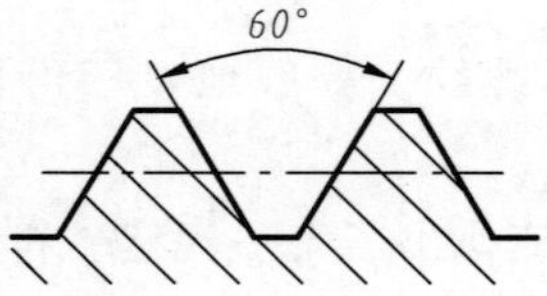 60°	M	M10—5g6g—S	公称直径为 10mm 的粗牙普通外螺纹，右旋，中径、大径公差带分别为 5g、6g，短旋合长度
		细牙			M20×2LH—6H	公称直径为 20mm，螺距为 2mm 的左旋细牙普通内螺纹，中径与大径的公差带均为 6H，中等旋合长度
	管螺纹	非螺纹密封的管螺纹	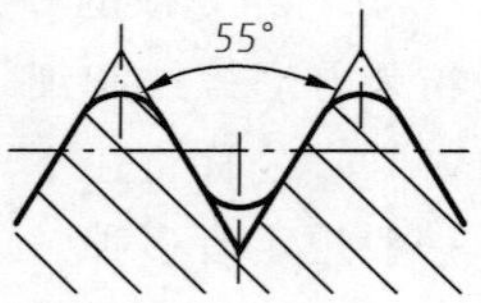 55°	G	G1/2A	管螺纹，公称直径为 1/2″ 外螺纹公差分 A、B 两级；内螺纹公差只有一种
		用螺纹密封的管螺纹 圆锥外螺纹		R	R1/2—LH	圆锥外螺纹，尺寸代号为 1/2″，左旋
		圆锥内螺纹		Rc	Rc1/2	圆锥内螺纹，尺寸代号为 1/2″，右旋
		圆柱内螺纹		Rp	Rp1/2	用螺纹密封的圆柱内螺纹，尺寸代号为 1/2″，右旋
传动螺纹	梯形螺纹		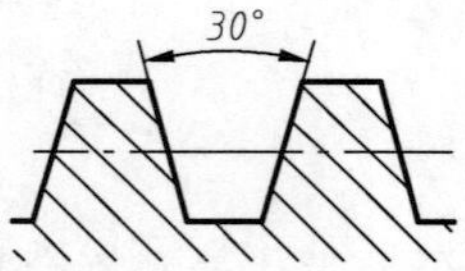 30°	Tr	Tr40×7—7H	公称直径为 40mm，螺距为 7mm 的单线梯形内螺纹，右旋，中径公差带代号为 7H，中等旋合长度
					Tr40×14(P7)LH—7e	公称直径为 40mm，导程为 14mm，螺距为 7mm 的双线梯形外螺纹，左旋，中每项公差带代号为 7e，中等旋合长度
	锯齿形螺纹		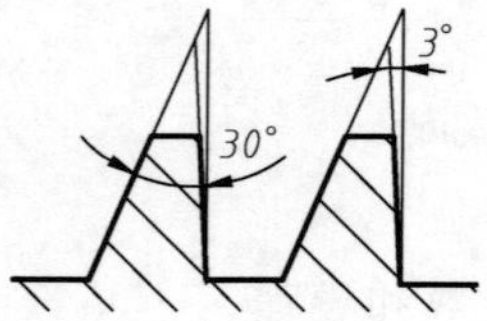 3° 30°	B	B40×7—7A	公称直径为 40mm，螺距为 7mm 的单线锯齿形内螺纹，右旋，中径公差带代号为 7A，中等旋合长度
					B40×14(P7)LH—8c—L	公称直径为 40mm，螺距为 7mm 的双线锯齿形外螺纹，左旋，中径公差带代号为 8c，长旋合长度

需要时，在装配图上应标注出螺纹副的标记。该标记包括相旋合的内外螺纹的螺纹代号、公差带代号和旋合长度代号。其公差带代号用分数表示，分子为内螺纹公差带代号，分母为外螺纹公差带代号。如 M20×2LH－6H/6g、Tr36×6－7H/7e、B40×7－7A/7c、Rc1/R1－LH 等。

（三）螺纹的标注方法

对于米制螺纹，将螺纹的标记直接注在大径的尺寸线或其引出线上，如图 6-5（a）。

对于不通螺孔，还需注出螺纹深度，钻孔深度仅在需要时注出，如图 6-5（b）。也可采

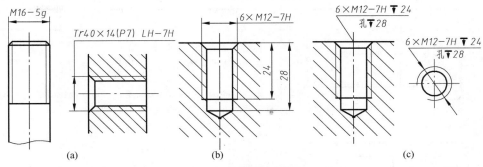

图 6-5　米制螺纹的标注

用旁注法引出标注，如图 6-5（c）。

对于管螺纹，其标记一律注在引出线上，引出线应由大径处引出或由对称中心线处引出，如图 6-6。

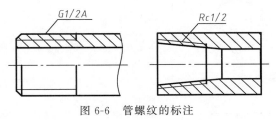

图 6-6　管螺纹的标注

第二节　螺纹连接

螺纹连接是最为常见的一种连接形式。常用的螺纹连接件有螺栓、双头螺柱、螺钉、螺母等（图 6-7），这些零件都属于标准件，它们的结构和尺寸可在有关的标准手册中查到。

(a) 螺栓　　(b) 双头螺柱　　(c) 螺母　　(d) 螺钉　　(e) 垫圈

图 6-7　常见螺纹连接标准件

标准件的标记格式一般为：

名称　标准号　规格

其中，规格由能够代表该标准件大小及型式的代号和尺寸组成。常用螺纹连接标准件及其标记示例见表 6-3。

根据所给定的标准件的标记可以在对应的标准中查出其所有尺寸。本书附录摘录了常用标准件的国家标准，见附表 2～附表 9。其他标准件可直接查阅国家标准或有关设计手册。

常见螺纹连接的形式有：螺栓连接、螺柱连接和螺钉连接，下面分别介绍它们的画法。

表 6-3 常用螺纹连接标准件及其标记示例

名称	图 例	标 记 及 说 明
六角头螺栓	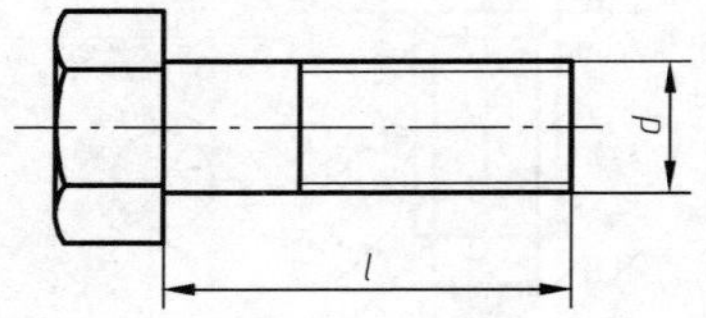	标记: 螺栓 GB/T 5782—2016 M10×40 说明: 螺纹规格 $d=10$mm,公称长度 $l=40$mm,性能等级为 8.8 级,表面氧化的 A 级六角头螺栓
双头螺柱	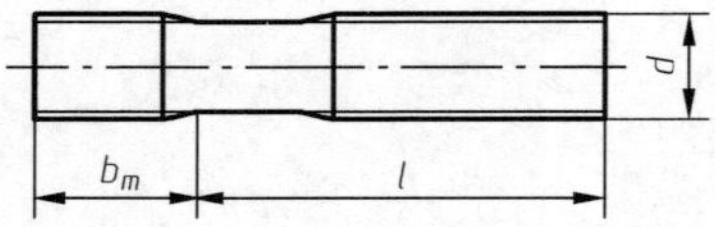	标记: 螺柱 GB/T 897—1988 M12×50 说明: 两端均为粗牙普通螺纹,螺纹规格 $d=12$mm,$l=50$mm 性能等级为 4.8 级,不经表面处理 B 型,旋入机体长度 $b_m=1d=12$mm
六角螺母	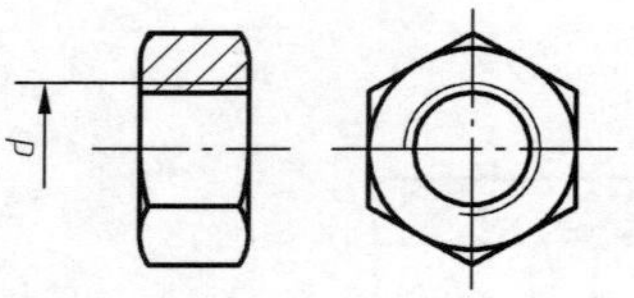	标记: 螺母 GB/T 6170—2016 M8 说明: 螺纹规格 $d=8$mm,性能等级为 10 级,不经表面处理,A 级 I 型
开槽沉头螺钉	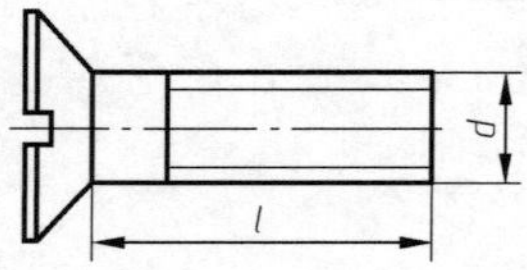	标记: 螺钉 GB/T 67—2016 M10×30 说明: 螺纹规格 $d=10$mm,$l=30$mm,性能等级为 4.8 级,不经表面处理的开槽沉头螺钉
平垫圈	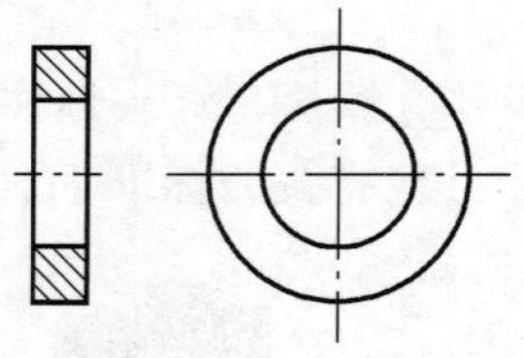	标记: 垫圈 GB/T 97.1—2002 8—140HV 说明: 螺纹规格 $d=8$mm(螺杆大径),性能等级为 140HV 级,不经表面处理,A 级平垫圈

一、螺栓连接

螺栓连接是将螺栓穿入两个被连接件的光孔,套上垫圈,旋紧螺母。垫圈的作用是为了防止零件表面受损。这种连接方式适合于连接两个不太厚并允许钻成通孔的零件,如图 6-8。

图 6-9 为最为常用的六角螺栓的连接装配图。画螺纹连接装配图时,各连接件的尺寸可根据其标记查表得到。但为提高作图效率,通常采用近似画法,即根据公称尺寸(螺纹大径 d)按比例大致确定其他各尺寸,而不必查表。螺栓连接中常用的标准件各结构尺寸与螺纹大径之间的近似比例关系见表 6-4。

画螺栓连接图时,要符合装配图的画法规定。

① 对于螺栓、垫圈和螺母,当剖切平面通过它们的基本轴线剖切时按不剖绘制。

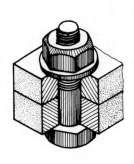

图 6-8 螺栓连接

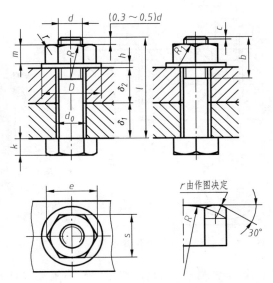

图 6-9 六角螺栓连接及其尺寸关系

表 6-4 螺栓连接的各部分比例关系式

名称	螺 栓		螺 母	平垫圈
尺寸关系	$b=2d$ $k=0.7d$ $c=0.1d$		$m=0.8d$	$h=0.15d$
	$e=2d$ $R=1.5d$ $R_1=d$ r、s 由作图决定			$D=2.2d$

② 两零件的接触面画一条线，而非接触面，如被连接件光孔（图 6-9 中的 d_0）与螺杆之间应留有空隙（可取 $d_0=1.1d$）。并且注意在此空隙内应画出两被连接件结合面处的可见轮廓线。

③ 相邻两个被连接件的剖面线方向应相反，或方向一致但间隔不等。

此外，为简化作图，装配图中倒角可省略不画，图 6-10 为螺栓连接装配图的简化画法。

画图时还应注意螺栓末端应伸出螺母外一段长度，一般为（$0.3\sim0.5$）d。在确定螺栓长度（l）的数值时，需由被连接件的厚度（δ_1、δ_2）、螺母高度（m）、垫圈厚度（h）按下式计算并取标准值。

$$l=\delta_1+\delta_2+h+m+(0.3\sim0.5)d$$

二、双头螺柱连接

双头螺柱连接主要用于被连接件之一较厚，或不允许钻成通孔而难于采用螺栓连接的场合。双头螺柱两端均制有螺纹，一端直接旋入较厚的被连接件的螺孔内（称为旋入端），另一端则穿过较薄零件的光孔，套上垫圈，用螺母旋紧，如图 6-11 （a）。

图 6-11 （b）为双头螺柱连接的简化画法。双头螺柱旋入端应全部旋入螺孔，画图时旋入端的螺纹终止线须与两零件的结合面平齐。

画螺柱连接时的几个有关尺寸应按下面的关系式确定：

① 双头螺柱的旋入端（b_{m}）与机体的材料有关，国家标准规定了四种规格，查表可得（参见附表 5）。

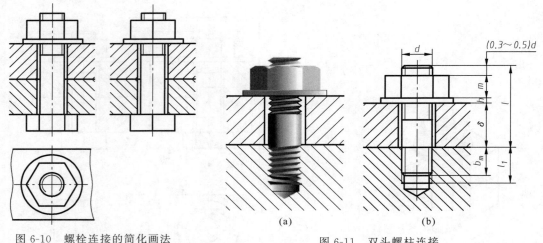

图 6-10　螺栓连接的简化画法

图 6-11　双头螺柱连接

② 双头螺柱的公称长度（l）由被连接件厚度（δ）、螺母高（m）、垫圈厚（h）及伸出长度按下式计算后取标准值。

$$l=\delta+h+m+(0.3\sim0.5)d$$

③ 螺孔深度由双头螺柱旋入端长度 b_m 决定。一般取螺纹深度 $l_1\approx b_m+0.5d$；钻孔深度 $l_2\approx l_1+0.5d$。为简化起见，允许将钻孔深度与螺纹深度画成一致，但必须大于旋入深度。

④ 采用近似比例作图时，双头螺柱拧螺母端的螺纹部分长度约取 $2d$。螺母与螺栓连接中的画法相同。

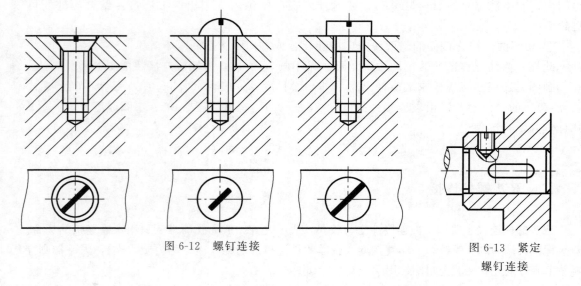

图 6-12　螺钉连接

图 6-13　紧定
螺钉连接

三、螺钉连接

螺钉连接主要用于受力不大并不经常拆卸的地方。在较厚的机件上加工出螺孔，在另一连接件上加工成通孔，用螺钉穿过通孔直接拧入螺孔即可实现连接。

　　螺钉的种类很多，如圆柱形开槽沉头螺钉、圆锥形开槽沉头螺钉、半圆形开槽螺钉、内六角圆柱头螺钉等，图 6-12 所示为常用的几种螺钉连接的画法。

　　画螺钉连接时，需注意的几个问题。

　　① 螺钉上的螺纹终止线应高于两零件的结合面，以保证连接可靠。

　　② 螺钉头部的开槽用粗线（约 $2d$，d 为粗实线线宽）表示；在垂直于螺钉轴线的视图中，一律从左下向右上与水平方向成 45°画出。

　　③ 被连接件上螺孔的画法与双头螺柱连接相同。

　　除上述几种螺钉外，紧定螺钉也较常见，其应用及画法如图 6-13。

第三节　键、销连接

一、键连接

　　键连接一般是用来实现轴与轮之间的连接，如图 6-14。常见的键及其连接画法见表 6-5。

　　键及键槽的尺寸是根据被连接轴的公称直径（d）确定的。对于普通平键，可查附表 8（GB/T 1096—2003）由轴径确定键和键槽的尺寸。图 6-15 为平键键槽的图示及尺寸标注。

(a) 平键连接　　　　　(b) 半圆键连接　　　　　(c) 花键连接

图 6-14　键连接

表 6-5　各种键连接画法

名称	连 接 画 法	说　　明
普通平键连接		普通平键的两侧面为工作面，与槽侧面接触；键顶面与轮毂上键槽顶面存在间隙，画两条线 键的倒角、圆角省略不画 在反映键长度方向的剖视图中，键按不剖绘制
半圆键连接		半圆键的两侧面为工作面；上表面与键槽顶面存在间隙，画两条线

续表

名称	连接画法	说明
钩头楔键连接	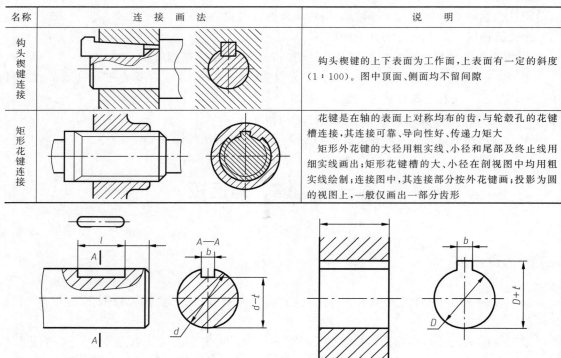	钩头楔键的上下表面为工作面,上表面有一定的斜度(1:100)。图中顶面、侧面均不留间隙
矩形花键连接		花键是在轴的表面上对称均布的齿,与轮毂孔的花键槽连接,其连接可靠、导向性好、传递力矩大 矩形外花键的大径用粗实线、小径和尾部及终止线用细实线画出;矩形花键槽的大、小径在剖视图中均用粗实线绘制;连接图中,其连接部分按外花键画;投影为圆的视图上,一般仅画出一部分齿形

图 6-15　平键键槽的图示及尺寸标注

二、销连接

销主要用于固定零件的相对位置,也可用于轴与毂或其他零件的连接,并传递不大的载荷。销可分为圆柱销、圆锥销、异形销(如轴销、开口销等),其画法见表 6-6。

表 6-6　销连接的画法

类型	画法	说明
圆柱销		主要用于定位,也可用于连接 销孔需铰制。多次装拆后会降低定位精度和紧固的程度,只能传递不大的载荷
圆锥销		圆锥销有 1:50 的锥度、便于安装、定位精度高,在受横向力时能自锁,主要用于定位,也可用于固定零件、传递动力,多用于经常拆卸的场合 销孔需铰制 圆锥销孔以小端直径为公称直径
开口销		开口销与槽形螺母合用,用于锁定其他紧固件,其工作可靠、拆装方便

第四节 齿 轮

齿轮是传动零件，通过齿轮传动能将一根轴的动力和旋转运动传递给另一根轴，同时可改变转速和旋转方向。根据啮合齿轮的轴线的相对位置的不同，齿轮传动可分为：①圆柱齿轮传动，用于平行两轴间的传动，如图 6-16（a）；②圆锥齿轮传动，用于相交两轴间的传动，如图 6-16（b）；③蜗轮蜗杆传动，用于交叉两轴间的传动，如图 6-16（c）。

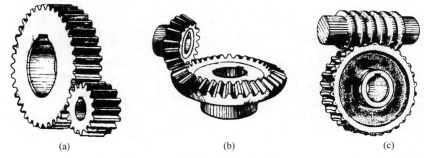

| (a) | (b) | (c) |

图 6-16　齿轮传动的三种形式

这里主要介绍圆柱齿轮的基本知识和规定画法。

一、圆柱齿轮的轮齿结构（图 6-17）

齿顶圆　通过齿轮各轮齿顶部的圆，其直径用 d_a 表示。

齿根圆　通过齿轮各轮齿根部的圆，其直径用 d_f 表示。

分度圆　加工齿轮时作为齿轮轮齿分度的圆，其直径用 d 表示。两个标准齿轮啮合时，二分度圆相切。

齿高（h）　轮齿齿顶圆与齿根圆之间的径向距离。其中，齿顶圆与分度圆之间的径向距离称为齿顶高（h_a）；齿根圆与分度圆之间的径向距离称为齿根高（h_f）。显然，$h = h_a + h_f$。

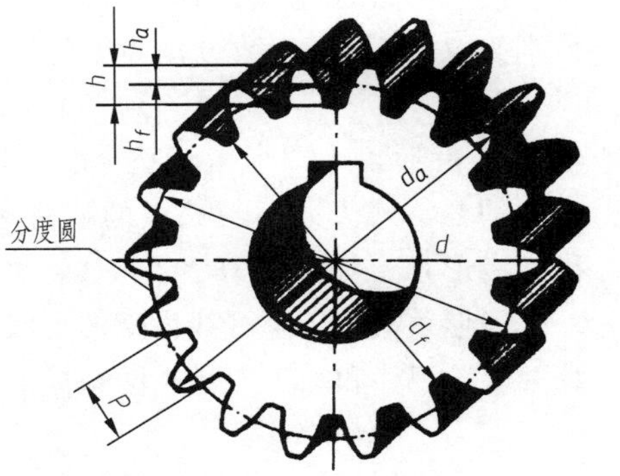

图 6-17　圆柱齿轮各部分的名称

二、圆柱齿轮的基本参数和尺寸关系

标准直齿圆柱齿轮的基本参数为：齿数（z）、模数（m）和齿形角（α）。模数和齿形角决定了轮齿的大小和形状，国家标准对它们作出了规定。

1. 模数　分度圆的周长一方面由分度圆直径决定，另一方面又可由齿距和齿数决定，因此有：

$$\pi d = pz$$

据此可得到分度圆直径

$$d = \frac{p}{\pi} z$$

式中 π 是一个无理数，为了计算方便，取

$$m = \frac{p}{\pi}$$

并称为模数。

显然，模数大小与齿距成正比，也就与轮齿的大小成正比。模数越大，轮齿就越大。两齿轮啮合，轮齿的大小必须相同，因而模数必须相等。

模数是设计、制造齿轮的一个重要参数。为了统一齿轮的规格，提高标准化、系列化程度，便于加工，国家标准对齿轮的模数已作了统一规定，见表 6-7。

表 6-7　圆柱齿轮的模数 (GB/T 1357—2008)

第一系列	1　1.25　2　2.5　3　4　5　6　8　10　12　16　20　25　32　40
第二系列	2.25　2.75　(3.25)　3.5　(3.75)　4.5　5.5　(6.5)　7　9　(11)　14

注：优先选用第一系列，其次是第二系列，括号内的模数尽可能不用。

2. 标准齿轮的尺寸关系　对于标准齿轮，规定：

$$h_a = m$$
$$h_f = 1.25m$$

于是，可由 m、z 计算齿轮的各部分尺寸：

$$d = mz$$
$$d_a = d + 2h_a = mz + 2m = m(z+2)$$
$$d_f = d - 2h_f = mz - 2.5m = m(z-2.5)$$

两个标准齿轮啮合时，二齿轮的分度圆相切，并且 m 相等。如果二齿轮的分度圆直径分别为 d_1、d_2，齿数分别为 z_1、z_2，则二齿轮的中心距（a）为：

$$a = (d_1 + d_2)/2 = m(z_1 + z_2)/2$$

3. 齿形角　两个齿轮啮合时，轮齿齿廓在节圆上啮合点 P 处的受力方向（即 P 点处二齿廓的公法线方向）与该点的瞬时速度方向（即 P 点处二节圆的公切线方向）所夹的锐角 α 称为齿形角，如图 6-18。

齿形角决定了渐开线齿廓的形状，影响着轮齿承载能力和传动平稳性。和模数一样，为了统一齿轮规格和加工刀具，国家标准对齿形角作了统一规定，即 $\alpha = 20°$。

三、圆柱齿轮的规定画法 (GB/T 4459.2—2003)

1. 单个齿轮的画法（图 6-19）　齿顶圆和齿顶线用粗实线绘制；分度圆与分度线用点画线绘制；齿根圆和齿根线用细实线绘制，也可省略不画；在剖视图中，当剖切平面通过齿轮轴线时，轮齿一律按不剖绘制，齿根线这时用粗实线绘制，不能省略。

图 6-20 为直齿圆柱齿轮的零件图示例。齿轮零件图一般采用主、左两个视图，主视图采用剖视，左视图表达外形，形状简单时可仅用局部视图画出轴孔和键槽。标注尺寸时，轮齿部分应注出齿顶圆和分度圆直径。齿轮零件图上，除零件图的一般内容外，还应在图框右上角画出参数表，填写模数、齿数、齿形角及精度等级等基本参数。

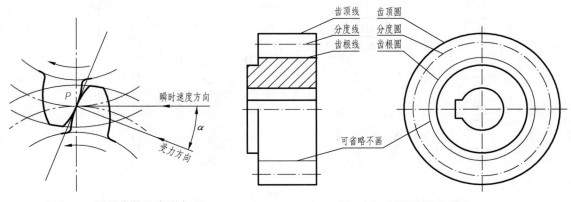

图 6-18　圆柱齿轮的齿形角　　　　　　　　图 6-19　圆柱齿轮的画法

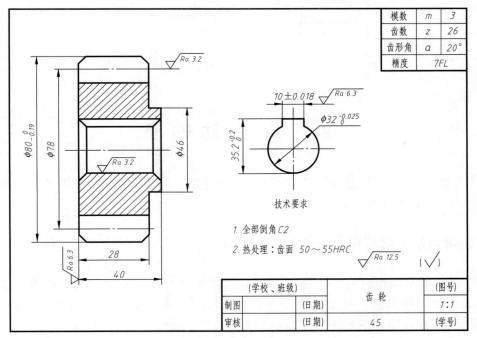

模数	m	3
齿数	z	26
齿形角	a	20°
精度		7FL

技术要求

1. 全部倒角 C2

2. 热处理：齿面 50～55HRC

(学校、班级)		齿轮		(图号)
制图	(日期)			1:1
审核	(日期)		45	(学号)

图 6-20　齿轮零件图

2. 啮合画法　两齿轮啮合时，除啮合区外，其余的画法与单个齿轮相同。啮合区的画法如下：在垂直于齿轮轴线投影面的视图中，齿顶圆按粗实线绘制，如图 6-21（a），也可将啮合区内齿顶圆省略不画，如图 6-21（b）。

在平行于齿轮轴线的投影面的视图中，当通过两齿轮的轴线剖切时，在啮合区内将一个齿轮的轮齿用粗实线绘制，另一个齿轮的轮齿被遮的部分用虚线绘制，虚线也可省略不画，如图 6-21（a）。当不采用剖视时，啮合区画法如图 6-21（b）。

必须注意以下几点。

① 两个标准齿轮啮合，二分度圆相切，二分度线重合。

② 两个齿轮啮合，它们的模数相同，因而齿顶高和齿根高也分别对应相等。由于 $h_a = m$ 而 $h_f = 1.25m$，所以存在径向间隙（0.25m），如图 6-21（c）。间隙太小不易画出时，应采用夸大画法表示出径向间隙。

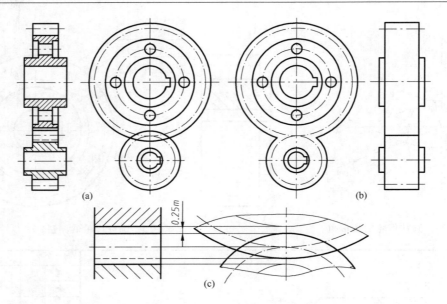

图 6-21　圆柱齿轮的啮合画法

第五节　滚 动 轴 承

　　滚动轴承是用来支承旋转轴的标准组件。它具有结构紧凑、摩擦力小等优点，因此，在机器中得到了广泛的应用。

一、滚动轴承的结构、类型和基本代号

　　滚动轴承的结构由内圈、外圈、滚动体、隔离罩组成，见图 6-22。内圈套在轴上，与轴一起转动，外圈装在机座孔中。滚动体有球形、圆柱形和圆锥形等，装在内、外圈之间的滚道中，隔离罩用于均匀地隔开滚动体。

　　滚动轴承种类很多，按可承受载荷的特性分为：径向承载轴承，主要承受径向载荷，如深沟球轴承；轴向承载轴承，主要承受轴向载荷，如推力球轴承；径向和轴向承载轴承，同时承受径向和轴向的载荷，如圆锥滚子轴承。图 6-23 为三种不同类型的轴承。

图 6-22　轴承结构

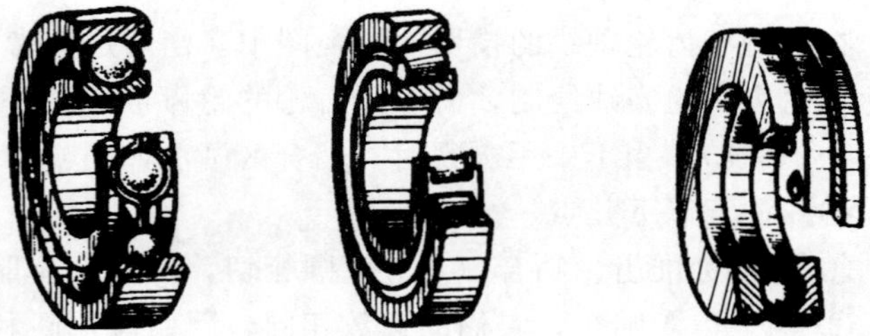

(a) 深沟球轴承　　　(b) 圆锥滚子轴承　　　(c) 推力球轴承

图 6-23　轴承的种类

滚动轴承的结构、尺寸、公差等级和技术性能等特征可用代号表示。滚动轴承的基本代号由轴承类型代号、尺寸系列代号和内径代号三部分构成。它表示轴承的基本类型、结构和尺寸大小。

1. 轴承类型代号 轴承类型代号用数字或字母表示，见表6-8。

表 6-8 轴承类型代号（摘自 GB/T 272—2017）

代号	轴承类型	代号	轴承类型
0	双列角接触球轴承	6	深沟球轴承
1	调心球轴承	7	角接触球轴承
2	调心滚子轴承和推力调心滚子轴承	8	推力圆柱滚子轴承
3	圆锥滚子轴承	N	圆柱滚子轴承
4	双列深沟球轴承	U	外球面球轴承
5	推力球轴承	QL	四点接触球轴承

2. 尺寸系列代号 尺寸系列代号由轴承的宽（高）度系列代号和直径系列代号组成，用两位阿拉伯数字表示。

3. 内径代号（d） 表示轴承的公称内径，通常用两位数字表示，一般情况下，所对应轴承内径大小为代号数字乘以 5 的积。

例如：

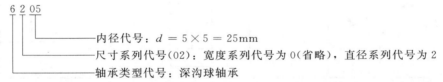

本书附表9摘录了常见的几种滚动轴承标准。根据滚动轴承代号可从标准中查出其有关尺寸。例如，代号为6205的滚动轴承，可查得其内径 $d=25$mm，外径 $D=52$mm，宽度 $B=15$mm。

二、滚动轴承的画法（GB/T 4459.7—2017）

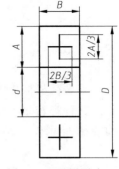

图 6-24 通用画法

对于标准滚动轴承，通常不需要确切地表示其结构和形状。国家标准规定了简化画法和规定画法来表示滚动轴承，其中简化画法又分为通用画法和特征画法。

在装配图中应采用简化画法，即通用画法或特征画法，但在同一图样中一般只采用其中一种画法。当不需要确切地表示滚动轴承的外形轮廓、载荷特性、结构特征时采用通用画法。

通用画法用粗实线绘制的矩形线框及十字形符号示意性地表示滚动轴承，矩形线框的大小应与滚动轴承的外形尺寸一致。通用画法及其尺寸比例关系如图6-24。

特征画法在矩形线框内画出结构要素符号较形象地表示滚动轴承的结构特征和载荷特性。规定画法则比较真实地反映滚动轴承的结构和尺寸，剖视图中轴承的滚动体不画剖面线，其各套圈等可画成方向和间隔相同的剖面线，在不致引起误解时也允许省略不画。

常见类型滚动轴承的特征画法和规定画法见表6-9。

表 6-9 常见滚动轴承的特征画法及规定画法的尺寸比例示例

种类	深沟球轴承 (GB/T 276—2013)	圆锥滚子轴承 (GB/T 297—2015)	推力球轴承 (GB/T 301—2015)
特征画法	B, $B/6$, $2B/3$, A, d, D	$2B/3$, $30°$, A, d, D, B	B, $2A/3$, $A/6$, A, d, D
规定画法	B, $B/2$, $A/2$, $A/2$, $60°$, d, D	T, $A/4$, $A/2$, $A/2$, $T/2$, B, D, d	T, $T/2$, $60°$, $A/2$, A, $T/2$, d, D

第六节 螺 旋 件

一、弹簧

弹簧是机械中常用的功、能转换的零件，具有减震、测力、夹紧、复位和存储能量等功用。其种类较多，用途广泛。常见的有螺旋弹簧、蜗卷弹簧、板弹簧等。螺旋弹簧按所承受的载荷性质不同又分为压力弹簧、拉力弹簧和扭力弹簧，如图 6-25 所示。下面仅介绍常用

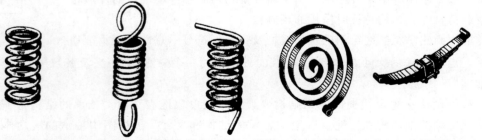

(a) 圆柱螺旋压力弹簧 (b) 圆柱螺旋拉力弹簧 (c) 圆柱螺旋扭力弹簧 (d) 蜗卷弹簧 (e) 板弹簧

图 6-25 弹簧

的圆柱螺旋压力弹簧。

（一） 圆柱螺旋压力弹簧的基本参数（图 6-26）

1. 簧丝直径（d）　弹簧的钢丝直径。

2. 弹簧直径

（1）弹簧外径（D）　弹簧的最大直径。

（2）弹簧内径（D_1）　弹簧的最小直径，$D_1 = D - 2d$。

（3）弹簧中径（D_2）　弹簧的平均直径，$D_2 = D - d$。

3. 节距（p）　相邻两有效圈上对应点间的轴向距离。

4. 圈数　为了使压力弹簧工作平稳，受力均匀，保证轴线垂直于支承端面，制造时将弹簧的两端并紧磨平，这部分圈数仅起支承作用，称为支承圈数（n_2）。支承圈数一般有 1.5 圈、2 圈、2.5 圈，常用的是 2.5 圈。除了支承圈外，其余具有相等节距的圈称为有效圈数（n），支承圈数和有效圈数之和为总圈数（n_1），即 $n_1 = n + n_2$。

5. 自由高度（H_0）　弹簧在不受外力时的高度，$H_0 = np + (n_2 - 0.5)d$。

6. 弹簧展开长度（L）　制造时弹簧钢丝的长度，$L \approx n_1 \sqrt{(\pi D)^2 + t^2}$。

7. 旋向　圆柱螺旋弹簧分左旋、右旋两种。

（二） 弹簧的画法

1. 圆柱螺旋弹簧的规定画法　圆柱螺旋弹簧可画成视图、剖视图及示意图（图 6-27）。国家标准（GB/T 4459.4—1984）对弹簧的画法作了以下规定。

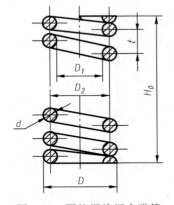

图 6-26　圆柱螺旋压力弹簧

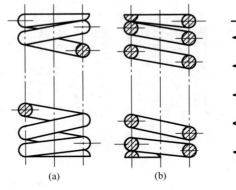

图 6-27　弹簧的画法

① 在平行于弹簧轴线的视图中，其各圈的轮廓线画成直线。

② 螺旋弹簧均可画成右旋，但左旋螺旋弹簧，不论画成左旋还是右旋，一律要注出代号 "LH" 表示左旋。

③ 有效圈数在四圈以上的螺旋弹簧，允许两端各只画两圈（不包括支承圈），中间部分可省略不画，允许适当缩短图形的长度。

④ 不论螺旋压力弹簧支承圈数多少和末端贴紧情况如何，均按图 6-27（a）、（b）形式画。

图 6-28 所示为螺旋弹簧的画图步骤。

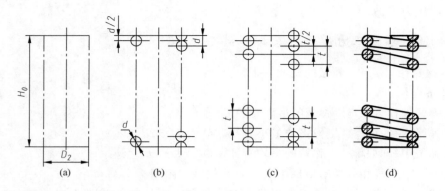

图 6-28 圆柱螺旋弹簧画图步骤

2. 装配图中弹簧的画法

① 在装配图中, 被弹簧挡住的结构一般不画出, 可见部分应从弹簧的外轮廓线或中径线画起, 图 6-29 (a)。

② 被剖切弹簧的直径在图形上小于或等于 2mm 时, 其剖面可用涂黑表示, 图 6-29 (b)。

③ 簧丝直径或厚度小于或等于 2mm 时的螺旋弹簧, 允许用示意图绘制, 图 6-29 (c)。

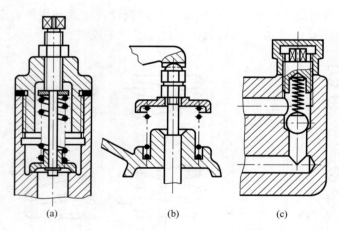

图 6-29 装配图中弹簧的画法

二、蛇管

蛇管是化工设备中的一种传热结构, 在设备中起加热或冷却作用, 如图 6-30。

蛇管的主要参数有: 管子规格 ($d \times s$, d 指管子的外径, s 指壁厚)、蛇管中心距 (D)、蛇管的总高 (H)、节距 (t) 和圈数 (n) 等。

蛇管的规定画法与弹簧类同。只是蛇管的进出管线, 可根据要求弯制成各种形状, 如图 6-31。

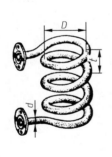

图 6-30　蛇管

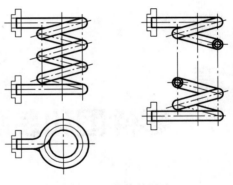

图 6-31　蛇管的画法

三、螺旋输送器

螺旋输送器是用来输送物料的装置。它是由钢板制成的螺旋叶片，焊接在管子里或轴上，如图 6-32。将螺旋输送器放在圆筒内转动，就能将物料从管的一端送到另一端（图 6-33）。

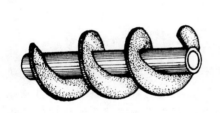

图 6-32　螺旋输送器

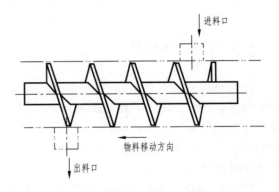

图 6-33　螺旋输送器的工作原理

画螺旋输送器的投影图时，用直线代替其内、外圈的螺旋线，当螺旋输送器较长时，可采用断开画法，如图 6-34。

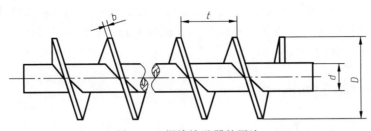

图 6-34　螺旋输送器的画法

第七章

零件图和装配图

表示机器、设备以及它们的组成部分的形状、大小和结构的图样称为机械图样，包括零件图和装配图。本章介绍零件图和装配图的基本知识以及有关机械常识。

第一节 概 述

一、零件和装配体

任何机器、设备都是许多零、部件的组合。零件就是具有一定的形状、大小和质量，由一定材料、按预定的要求制造而成的基本单元实体。这些零件按预定的方式连接起来，使彼此保持一定的相对关系，从而实现某种特定的功能。由零件装配成机器、设备时，往往根据不同的组合要求和工艺条件分成若干个装配单元，称为部件。为便于叙述，我们将机器、设备或其部件统称为装配体。

显然，零件与装配体是局部与整体的关系。从结构和制造的角度分析，装配体由零件装配而成，制造装配体时，必须先制造出组成装配体的所有零件。从功用和设计角度来看，装配体的功用是由组成装配体的零件来体现的，即每一个零件在装配体中都担当一定的功用。

图 7-1 所示的是安装在专用铣床上的一个部件，称为铣刀头，该装配体由座体、轴、带轮等十几种零件装配而成。铣刀头的功用是用于铣削端面，电机带动带轮转动时，通过轴带动铣刀旋转，从而可铣削工件。

二、零件图的作用和内容

表示零件结构、大小及技术要求的图样称为零件图。零件图用于指导零件的加工制造和检验，是生产中的重要技术文件之一。

图 7-2 是铣刀头上座体的零件图，它表示了座体的结构形状、大小和要达到的技术要求。制造该零件时要经过铸造、切削及热处理等加工过程，每道工序中都要依据该零件图进行，最后还要依据零件图对零件进行质量检验。因此，零件图应反映零件在生产过程中的全部要求。一张完整的零件图应包括如下内容：

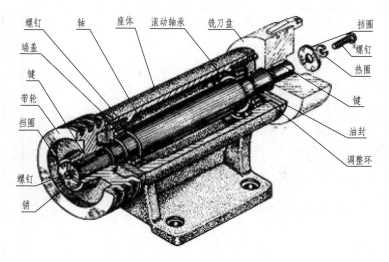

图 7-1 铣刀头的结构图

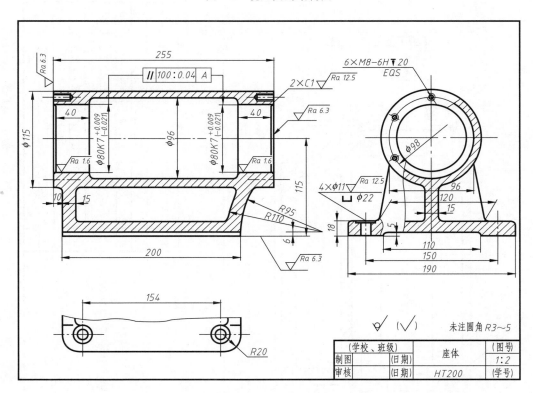

图 7-2 铣刀头上座体的零件图

一组视图 用一定数量的视图、剖视图、断面图等完整、清晰、简便地表达出零件的结构和形状。

足够的尺寸 正确、完整、清晰、合理地标注出零件在制造、检验中所需的全部尺寸。

必要的技术要求 标注或说明零件在制造和检验中要达到的各项质量要求。如表面结构要求、尺寸公差、几何公差及热处理等。

标题栏 说明零件的名称、材料、数量、比例及责任人签字等。

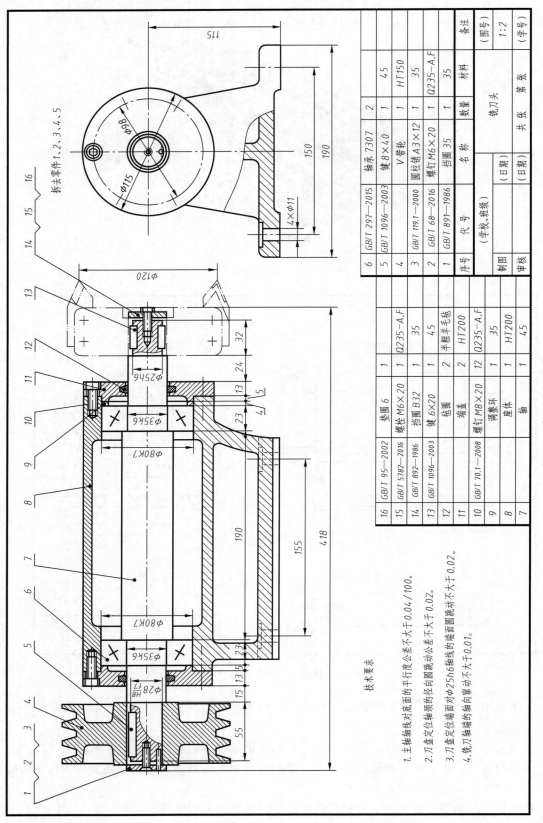

图 7-3 铣刀头装配图

技术要求

1. 主轴轴线对底面的平行度公差不大于 0.04/100。
2. 刀盘定位轴颈的径向圆跳动公差不大于 0.02。
3. 刀盘定位端面对 $\phi25h6$ 轴线的端面圆跳动不大于 0.02。
4. 铣刀轴端的轴向窜动不大于 0.01。

拆去零件 1、2、3、4、5

6	GB/T 297—2015	轴承 7307	2		（图号）
5	GB/T 1096—2003	键 8×40	1	45	
4		V 带轮	1	HT150	1:2
3	GB/T 119.1—2000	圆柱销 A3×12	1	35	
2	GB/T 68—2016	螺钉 M6×20	1	Q235-A.F	（学号）
1	GB/T 891—1986	挡圈 35	1	35	
序号	代 号	名 称	数量	材料	备注
	（学校、班级）				铣刀头
制图		（日期）			共 张 第 张
审核		（日期）			

16	GB/T 95—2002	垫圈 6	1	Q235-A.F
15	GB/T 5782—2016	螺栓 M6×20	1	35
14	GB/T 892—1986	挡圈 B32	1	45
13	GB/T 1096—2003	键 6×20	1	45
12		毡圈	2	半粗羊毛毡
11		端盖	2	HT200
10	GB/T 70.1—2008	螺钉 M8×20	12	Q235-A.F
9		调整环	1	35
8		座体	1	HT200
7		轴	1	45

三、装配图的作用和内容

装配图是表示产品及其组成部分的连接、装配关系及其技术要求的图样。

装配图和零件图一样，都是生产中的重要技术文件。零件图表达零件的形状、大小和技术要求，用于指导零件的制造加工；而装配图表达的是由若干零件装配而成的装配体的装配关系、工作原理及基本结构形状，用于指导装配体的装配、检验、安装及使用和维修。

图 7-3 是图 7-1 所示铣刀头的装配图。装配图上表示出了铣刀头的构造、工作原理、结构特点、装配关系及有关技术要求。一张完整的装配图一般应包括以下内容。

一组视图　用于表达装配体的装配关系、工作原理和主要零件的结构形状。

必要的尺寸　注出装配体的规格特性及装配、检验、安装时所必需的尺寸。

技术要求　说明装配体在装配、检验、调试及使用等方面的要求。

零部件序号　对装配体上的每一种零件，按顺序编写序号。

明细栏　用来说明各零件的序号、代号、名称、数量、材料、质量和备注等。

标题栏　注明装配体的名称、图号、比例及责任者签字等。

第二节　零件图的视图选择和尺寸标注

一、零件图的视图选择

零件图的视图选择，应首先考虑看图方便。根据零件的结构特点，选用适当的表示方法。在完整、清晰的前提下，力求制图简便。确定表达方案时，首先应合理地选择主视图，然后根据零件的结构特点和复杂程度恰当地确定其他视图。

（一）主视图的选择

选择主视图包括选择主视图的投射方向和确定零件的安放位置，应遵循以下几个原则。

1. 形状特征原则　主视图是零件表达方案的核心，应把最能反映零件结构形状特征的方向作为主视图的投射方向，使主视图更多、更清楚地反映零件的结构和形状。

2. 加工位置原则　在确定零件安放位置时，应使主视图尽量符合零件的加工位置，以便于加工时读图。如轴类零件的主要加工工序是在车床上进行，如图 7-4，故其主视图应按轴线水平位置绘制。

3. 工作位置原则　主视图的选择，应尽量符合零件在机器或设备上的安装位置，以便于读图时将零件和整台机器或设备联系起来，想象其功用及工作情况。如图 7-5 所示的吊钩和汽车前拖钩。

在确定零件的放置位置时，应根据零件的实际加工位置和工作位置综合考虑。加工位置单一的零件应优先考虑加工位置，如轴套类、轮盘类零件主要工序是在车床和磨床上加工，主视图一般应符合加工位置。当零件具有多种加工位置时，则主要考虑工作位置，例如壳体、支座类零件的主视图通常按工作位置画出。对于某些安装位置倾斜或工作位置不确定的

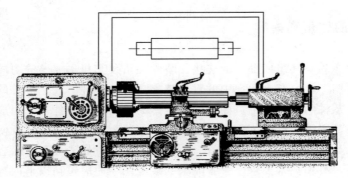

图 7-4   加工位置原则

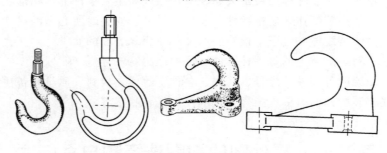

图 7-5   工作位置原则

零件，应按习惯将零件自然放正。

选择主视图时，还应考虑便于选择其他视图，便于图面布局。

(二) 其他视图的选择

一个零件，仅有一个主视图而不附加任何说明是不可能确切表达其结构形状的。零件形状通常需要通过一组视图来表达。因此，主视图确定后，要分析该零件还有哪些形状结构没有表达完全，还需要增加哪些视图。对每一视图，还要根据其表达重点，确定是否采用剖视或其他表达方法。

视图数量以及表达方法的选择，应根据零件的具体结构特点和复杂程度而定，是第五章所学习的各种表达方法的综合运用。

表达零件的原则是：完整、简洁、清晰。

所谓"完整"，就是要把零件的整体和每一结构的内外形状以及各结构的位置确切表达出来。一般来说，一个结构的形状至少需要两个投影才能表达完整。但有时结合带有特征内涵的符号（如"ϕ"、"$S\phi$"、"t"、"C"、"M"以及"⊤"、"⌴"、"⌵"、"□"、"EQS"等）的尺寸标注，或采用简化表示法，可以减少视图的数量。

所谓"简洁"，就是在表达完整的前提下尽量简明扼要。视图数量尽量少，使所选的每个视图都有其存在的必要性；根据表达目的和零件结构特点"对症下药"，选择最恰当的表达方法；尽量避免不必要的重复表达，特别是要善于通过适当的表达方法避免复杂而不起作用的投影；提倡运用标准规定的简化画法，以简化作图。

所谓"清晰"，就是所选表达方案不但把零件表达完整，而且要最大限度地考虑便于读图，做到重点突出。"清晰"与"简洁"既是统一的，有时又是矛盾的。应处理好集中表达与分散表达，不应单纯追求少选视图而增加读图困难。应尽量避免使用虚线表达零件的轮廓，但在不会造成读图困难时，可用少量虚线表示尚未表达完整的局部结构，以减少一个视图。还应考虑为尺寸、表面结构要求、几何公差等提供清晰地标注的空间。

　　零件的视图选择是一个具有灵活性的问题，同一零件可以有多种表达方案。每一方案可能各有其优缺点。在选择时应设想几种方案加以比较，力求用较好的方案将零件表达清楚。

（三）典型零件的表达举例

　　【例1】　轴　图7-6为图7-1所示铣刀头中的轴的零件图。轴类零件的主要工序是在车床和磨床上加工，选择主视图时，应将其轴线放成水平位置以符合加工位置。

　　该轴由若干段直径不同的圆柱体组成（称为阶梯轴），画出主视图，并结合所注的直径尺寸，就反映了其基本形状。但轴上键槽、螺孔、退刀槽等局部结构尚未表达清楚，因而在主视图基础上采用了断面图、局部放大图进一步表达断面及细部结构。

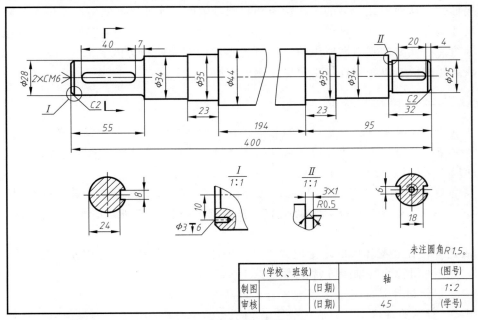

图7-6　轴的零件图

　　【例2】　带轮　图7-7是铣刀头上带轮的视图方案，主视图按轴线水平画出，符合带轮的主要加工位置和工作位置，也反映了形状特征。主视图采用全剖视，基本上把带轮的结构形状表达完整了，只差轴孔上的键槽未表达清楚。这时若画全左视图，外面几个圆属于重复表达，因而用局部视图代替了左视图。这样，既简化了作图，又做到了表达重点突出，便于读图。

　　【例3】　座体　图7-1所示铣刀头中的座体，加工工序较多，加工位置多变，选择主视图时不好考虑加工位置，故通常按它的工作位置选择。这类零件的结构形状通常复杂一些，一般用两个以上的基本视图表示其主要结构形状，并且需采用各种剖视表达内形，也常需选用一些局部视图、斜视图、断面图等表达其局部结构。图7-2所示零件图中，按其工作位置选择主视图，并且采用全剖视，重点表达其内部结构。左视图内外兼顾，既在外形上表达了座体端面螺孔的数量和位置，又两处采用了局部剖表达了圆筒、肋板和底板的结构和位置关系，以及底板上安装孔的结构。在两个基本视图的基础上，采用了俯视方向的局部视图进一步将底板的形状、安装孔的位置表达清楚。

二、零件图的尺寸标注

零件图上的尺寸是零件加工、检验时的重要依据，是零件图主要内容之一。在零件图上标注尺寸的基本要求是：正确、完整、清晰、合理。尺寸的正确性、完整性、清晰性要求在前面章节已作了介绍，这里着重介绍合理标注尺寸的有关要求。

零件图尺寸的合理性，是指所注尺寸应符合设计要求和工艺要求。所谓设计要求，指零件按规定的装配基准正确装

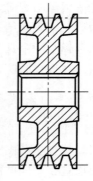

图 7-7　带轮

配后，应保证零件在装配体中获得准确的预定位置、必要的配合性质、规定的运动条件或要求的连接形式，从而保证产品的工作性能和装配精确度，保证机器的使用质量。这就要求正确选择尺寸基准，直接注出零件的主要尺寸等。所谓工艺要求，是指零件在加工过程中要便于加工制造。这就要求零件图所注的尺寸应与零件的安装定位方式、加工方法、加工顺序、测量方法等相适应，以使零件加工简单、测量方便。

（一）合理选择尺寸基准

尺寸基准，就是标注、度量尺寸的起点，其基本概念在第一章和第四章已作初步介绍。而标注零件图尺寸时，还应使得尺寸基准的选择符合零件的设计要求和工艺要求。

选择尺寸基准，应把握以下几点。

① 零件的长、宽、高三个方向，每一方向至少应有一个尺寸基准。若有几个尺寸基准，其中必有一个主要基准，其余为辅助基准。并注意主要基准和辅助基准之间要有一个联系尺寸。

② 决定零件在装配体中的理论位置，且首先加工或画线确定的对称面、装配面（底面、端面）以及主要回转面的轴线等常作为主要基准。

③ 应尽量使设计基准与工艺基准重合，以减少因基准不一致而产生的误差。

如图 7-8 所示的轴承座，其底面决定着轴承孔的中心高，而中心高是影响工作性能的主要尺寸。由于轴一般是由两个轴承座来支承，为使轴线水平，两个轴承座的支承孔必须等高。同时轴承座底面是首先加工出来的，因此在标注轴承座的高度方向尺寸时，应以底面作为主要基准。而轴承座上部螺孔的深度是以上端面为基准标注的。这样标注便于加工时测量，因此是工艺基准。长度方向和宽度方向以对称面为基准，对称面通常既是设计基准又是工艺基准。

（二）功能尺寸必须直接注出

功能尺寸或称主要尺寸，是指那些影响产品的工作性能、精确度及互换性的重要结构尺寸。功能尺寸所确定的是零件上的一些主要表面，这些表面通常和其他零件的主要表面构成装配结合面，装配体就是通过这些主要表面来保证其工作质量和性能的。正因为如此，这类尺寸通常需要按较高的准确度制造，在零件图上这类尺寸必须直接注出。

例如图 7-9 中轴承孔的高度 a 是影响轴承座工作性能的主要尺寸，加工时必须保证其加工精度，所以应直接以底面为基准标注出来，而不能将其代之为 b 和 c。因为在加工零件过

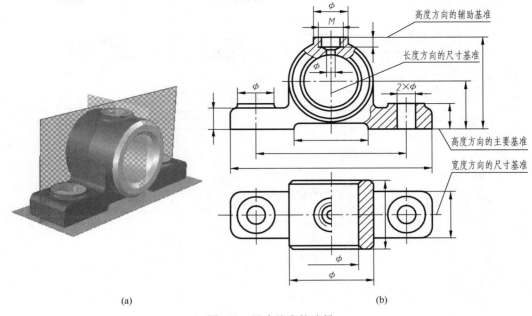

图 7-8　尺寸基准的选择

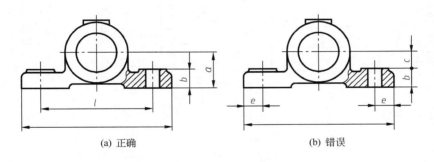

(a) 正确　　　　　　　　　　(b) 错误

图 7-9　功能尺寸应直接注出

程中，尺寸总会有误差，如果注写 b 和 c，由于每个尺寸都会有误差，两个尺寸加在一起就会有积累误差，不能保证设计要求。同理轴承座底板上二螺栓孔的中心距 l 应直接注出，而不应注 e。

（三）非功能尺寸主要按工艺要求标注

非功能尺寸是指那些不影响产品工作性能，也不影响零件间的配合性质和准确度的结构尺寸。这类尺寸一般可以认为只是影响零件的质量、强度、外观和使用方便等。因而在零件图上标注这些尺寸主要考虑工艺要求，即便于加工和测量。

1. 符合加工顺序　图 7-6 所示的轴，其加工方法主要是在车床上车外圆，加工顺序如图 7-10，标注尺寸时应尽量符合其加工工艺要求。

2. 考虑加工方法　图 7-11（a）所示轴承座上的半圆孔是与轴承盖合起来加工的，因此半圆尺寸应注 ϕ 而不注 R。图 7-11（b）所示轴上的半圆键键槽用盘形铣刀加工，故其圆弧轮廓也应注直径 ϕ（即铣刀直径）。

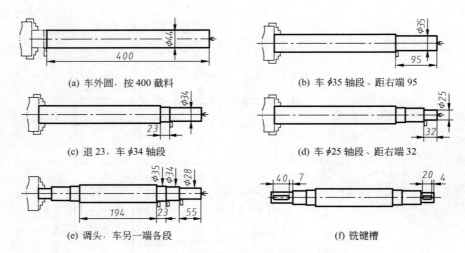

(a) 车外圆，按 400 截料　　　　　　　(b) 车 $\phi35$ 轴段、距右端 95

(c) 退 23，车 $\phi34$ 轴段　　　　　　　(d) 车 $\phi25$ 轴段、距右端 32

(e) 调头，车另一端各段　　　　　　　(f) 铣键槽

图 7-10　按加工顺序标注尺寸

轴上的退刀槽应直接注出槽宽，以便选择车刀，如图 7-12（a）。

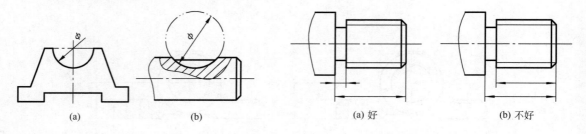

(a)　　　　　　(b)　　　　　　　　　　　(a) 好　　　　　　(b) 不好

图 7-11　按加工方法标注直径尺寸　　　　图 7-12　退刀槽尺寸注法

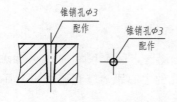

图 7-13　圆锥销孔的尺寸注法

标注圆锥销孔的尺寸时，应按图 7-13 的形式引出标注，"配作"是指将两个零件装配在一起后加工的。其中 $\phi3$ 是所配的圆锥销的公称直径。

3. 便于测量　图 7-14 所示套筒中，尺寸 a 测量不方便，应改注图中的尺寸 b。又如图中所示轴上键槽，为表示其深度，注 a 无法测量，而注 b 则便于测量。

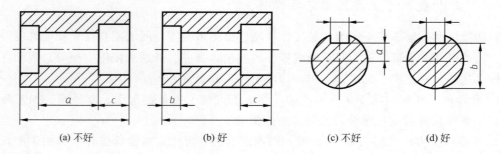

(a) 不好　　　　　　(b) 好　　　　　　(c) 不好　　　　(d) 好

图 7-14　标注尺寸应便于测量

三、零件上的常见结构及其尺寸注法

1. 倒角和倒圆 为了便于装配和操作安全，在轴端或孔口常常加工出倒角。倒角通常为45°，必要时可采用30°或60°。45°倒角采用"宽度×角度"的形式标注在宽度尺寸线上或从45°角度线引出标注，但非45°倒角必须分别直接注出角度和宽度，如图7-15（a）～（d）。

45°倒角可用符号"C"表示，并允许省略不画。如图7-15（e）、（f），其中"C1"表示1×45°倒角，"2×C1"表示左右两端均为1×45°倒角。

在阶梯轴或阶梯孔的大小直径变换处，常加工成圆角环面过渡，称为倒圆，如图7-15（g）。倒圆结构可以减小转折处的应力集中，增加强度。

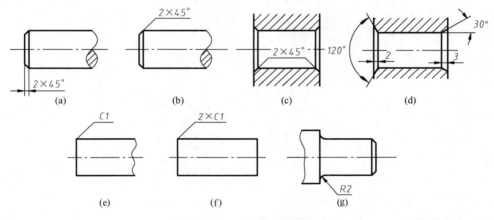

图 7-15 倒角和倒圆

倒角宽度和倒圆半径通常较小，一般在 0.5～3mm 之间，其尺寸系列及数值选择可查阅有关手册。

2. 退刀槽 在进行切削加工时，为了便于退出刀具并为了在装配时能与相关零件靠紧，常在待加工表面的台肩处预先加工出退刀槽。

退刀槽一般可按"槽宽×直径"或"槽宽×槽深"的形式标注，如图7-16。

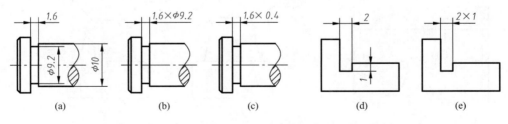

图 7-16 退刀槽

3. 光孔和沉孔 光孔和沉孔在零件图上的尺寸标注分为普通注法和旁注法两种。孔深、沉孔、锪平孔及埋头孔用规定的符号来表示，见表7-1。

4. 铸造圆角和过渡线 为了满足铸造工艺的要求，在铸件表面转角处应做成圆角过渡，称为铸造圆角，如图7-17。铸造圆角用以防止转角处型砂脱落，以及铸件在冷却收缩时产生缩孔或因应力集中而产生裂纹，同时还可增加零件的强度。

表 7-1　光孔、沉孔的尺寸注法

类型		普通注法	旁　注　法		说　　明
光孔		$4\times\phi4$ ／10	$4\times\phi4$ ▼10	$4\times\phi4$ ▼10	孔底部圆锥角不用注出"$4\times\phi4$"表示 4 个相同的孔均匀分布（下同）"▼"为孔深符号
沉孔	埋头孔	$90°$ $\phi12.8$ $6\times\phi6.6$	$4\times\phi6.6$ ▽$\phi12.8\times90°$	$4\times\phi6.6$ ▽$\phi12.8\times90°$	"▽"为埋头孔符号
	沉孔	$\phi11$ 4.7 $4\times\phi6.6$	$4\times\phi6.6$ ⊔$\phi11$▼4.7	$4\times\phi6.6$ ⊔$\phi11$▼4.7	"⊔"为沉孔或锪平符号
	锪平孔	$\phi13$ $4\times\phi6.6$	$4\times\phi6.6$ ⊔$\phi13$	$4\times\phi6.6$ ⊔$\phi13$	锪平深度不需注出，加工时锪平到不存在毛面即可

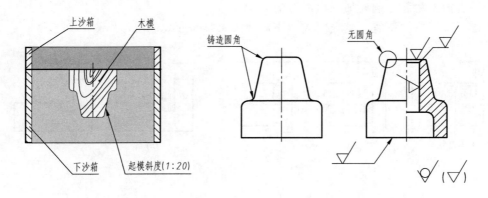

图 7-17　铸造圆角与起模斜度

　　圆角尺寸通常较小，一般为 $R2\sim5mm$，尺规作图时可徒手勾画，也可省略不画。圆角尺寸常在技术要求中统一说明，如"全部圆角 $R3$"或"未注圆角 $R4$"等，而不必一一注出。

　　由于铸造圆角的存在，使零件上两表面的交线不太明显了。为了区分不同表面，规定在相交处用细实线画出理论上的交线，且两端不与轮廓线接触，此线称为过渡线。

　　图 7-18（a）为二圆柱面相交的过渡线画法。图 7-18（b）为二等径圆柱相切时过渡线的画法。图 7-18（c）中包括了平面与曲面、平面与平面相交以及平面与曲面相切时过渡线的画法。

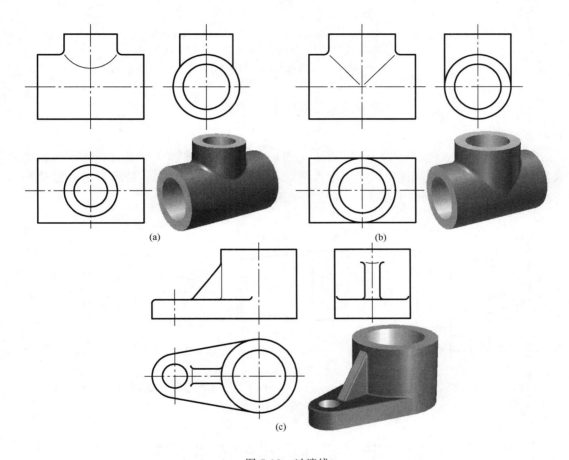

(a)

(b)

(c)

图 7-18　过渡线

　　铸件机械加工后，加工表面处铸造圆角即被切除，如图 7-17。因此，画图时须注意，只有两个不加工的铸造表面相交处才需画铸造圆角。

　　5. 斜度和锥度　斜度（S）指一平面相对于另一平面的倾斜程度，即：

$$S = \tan\beta = (H-h)/L$$

如图 7-19。

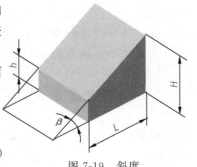

图 7-19　斜度

　　斜度在图样上的标注形式为"$\angle 1:n$"，如图 7-20（a）。符号"$\angle$"的指向应与实际倾斜方向一致，其画法如图 7-20（b）。图 7-20（c）为斜度 1:5 的画图方法。

　　锥度（C）是指正圆锥体的底圆直径与高度之比，即：

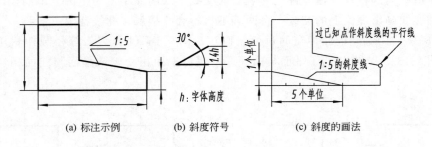

（a）标注示例　　　（b）斜度符号　　　　（c）斜度的画法

图 7-20　斜度的标注与画法

$$C=2\tan\frac{\alpha}{2}=D/L=(D-d)/l$$

如图 7-21。

　　锥度的标注形式为"◁ 1：n"，注在与引出线相连的基准线上，基准线应与圆锥的轴线平行，符号方向与所标注图形的锥度方向应一致，如图 7-22（a）。锥度符号的画法如图 7-22（b）。图 7-22（c）说明了 1：4 锥度的画图方法。

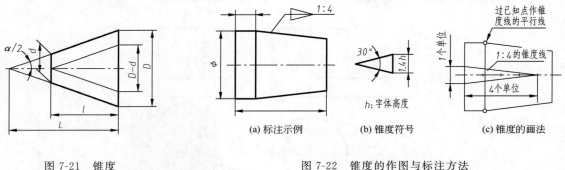

图 7-21　锥度　　　　　　　　　　　　图 7-22　锥度的作图与标注方法

（a）标注示例　　　（b）锥度符号　　　（c）锥度的画法

第三节　机械图样的技术要求

　　零件图和装配图除了有表达零件结构形状与大小的一组视图和尺寸外，还应该表示出该零件或装配体在制造和检验中的技术要求。它们有的用符号、代号标注在图中，有的用文字加以说明。主要包括表面结构要求、极限与配合、几何公差等。

一、表面结构要求（GB/T 131—2006）

　　表面结构要求是表示零件表面质量的重要技术指标，直接影响着机器的使用性能和寿命。

（一）符号和代号

　　表面结构要求以代号形式在零件图上标注。其代号由符号和在符号上标注的参数及说明组成。

表面结构要求符号的意义和画法见表 7-2。

表 7-2 表面结构要求符号的意义和画法

符 号	意义及说明	符号画法
（基本图形符号）	基本图形符号 未指定工艺方法的表面，当通过一个注释解释时可单独使用	（符号画法图） $d'\approx h/10,H_1\approx 1.4h$； $H_2\geqslant 3h$（取决于标注内容）； （h 为字体高度）
（扩展图形符号去除材料）	扩展图形符号，用去除材料方法获得的表面；仅当其含义是"被加工表面"时可单独使用	
（扩展图形符号不去除材料）	扩展图形符号，不去除材料的表面，也可用于保持上道工序形成的表面，不管这种状况是通过去除材料或不去除材料形成的	

当要求标注表面结构特征的补充信息时，应在基本或扩展图形符号的长边上加一横线，构成完整图形符号。在完整图形符号中标注表面结构参数，组成表面结构要求代号，例如：

$$\sqrt{Ra3.2} \qquad \sqrt{Rz6.3}$$

表面结构参数有多种，上例中，"$Ra3.2$"表示轮廓的算术平均偏差的上限值为 $3.2\mu m$，"$Rz6.3$"表示轮廓的最大高度的上限值为 $6.3\mu m$。Ra、Rz 反映了零件的表面粗糙度要求，其数值越小，表面越光滑，但加工工艺越复杂，成本越高。

（二）标注方法

表面结构要求对每一表面一般只标注一次，并尽可能住在相应尺寸及其公差的同一视图上。除非另有说明，所标注的表面结构要求是对完工零件表面的要求。

表面结构的注写和读取方向与尺寸的注写和读取方向一致。表面结构要求代号可标注在轮廓线或其延长线上，其符号应从材料外指向并接触表面；必要时可用带箭头或黑点的指引线引出标注；在不致引起误解时，也可以标注在尺寸线上。如图 7-23。

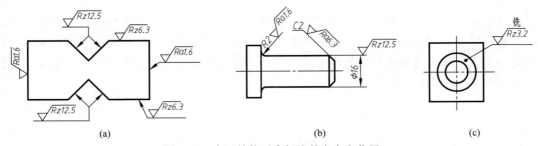

图 7-23 表面结构要求标注的方向和位置

如果工件的全部表面有相同的表面结构要求，则可统一标注在标题栏附近［图 7-24（a）］。如果工件的多数表面有相同的表面结构要求，也可统一标注在标题栏附近，但符号后面应在圆括号内给出无任何其他标注的基本符号［图 7-24（b）］或给出不同的表面结构要求［图 7-24（c）］，不同的表面要求应直接标注在图形中。

当多个表面具有相同的表面结构要求或图纸空间有限时，可用带字母的完整符号，以等

Rz6.3
Rz1.6
Ra3.2
Ra3.2
Ra3.2
Rz1.6
Rz6.3
(a)
(b)
(c)

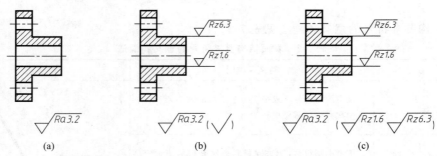

图 7-24　全部或大多数表面有相同表面结构要求的简化注法

式的形式，在图形或标题栏附近，对有相同表面结构要求的表面进行简化标注，如图 7-25。也可只用表 7-2 中的表面结构符号，以等式的形式给出对多个表面共同的表面结构要求，如图 7-26。

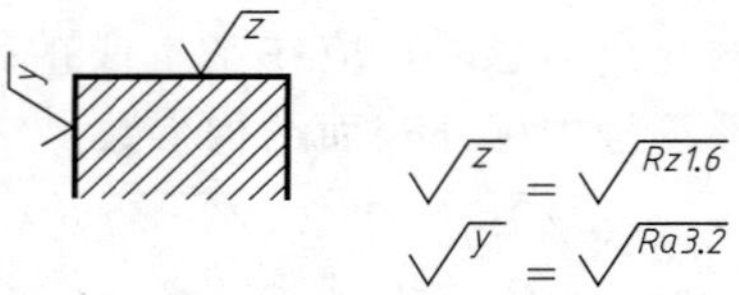

z
y
z
=
Rz1.6
y
=
Ra3.2

图 7-25　用带字母完整符号的简化注法

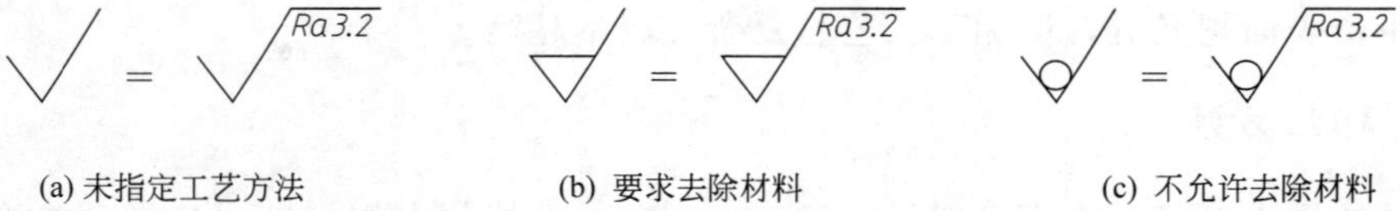

=
Ra3.2
=
Ra3.2
=
Ra3.2
(a) 未指定工艺方法
(b) 要求去除材料
(c) 不允许去除材料

图 7-26　只用表面结构符号的简化注法

二、极限与配合（GB/T 1800.1—2009）

零件在加工过程中，对图样上标注的尺寸不可能做到绝对准确，总会存在一定偏差。但为了保证零件的精度，必须将偏差限制在一定的范围内。对于相互结合的零件，这个范围既要保证相互结合的尺寸之间形成一定的关系，以满足不同的使用要求，又要在制造上是经济合理的。极限与配合国家标准则是用来保证零件组合时相互之间的关系，并协调机器零件使用要求与制造经济性之间的矛盾。

（一）基本概念

1. 公称尺寸

由图样规范确定的理想形状要素的尺寸。

2. 极限尺寸

一个孔和轴允许的尺寸的两个极端称为极限尺寸，分为上极限尺寸和下极限尺寸，实际尺寸应位于其中，也可达到极限尺寸，如图 7-27。

3. 极限偏差

极限尺寸减其公称尺寸所得的代数差称为极限偏差。上极限尺寸减其公称尺寸之差为上极限偏差；下极限尺寸减其公称尺寸为下极限偏差。

　4. 公差

　上极限尺寸减下极限尺寸，或上极限偏差减下极限偏差之差称为尺寸公差（简称公差），它是允许尺寸的变动量。

　例如，一孔径的公称尺寸为 $\phi20$，若上极限尺寸为 $\phi20.01$，下极限尺寸为 $\phi19.99$，则：

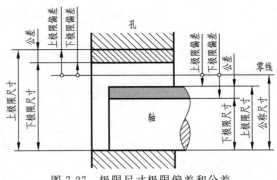

图 7-27　极限尺寸极限偏差和公差

$$上极限偏差 = 20.01 - 20 = +0.01$$

$$下极限偏差 = 19.99 - 20 = -0.01$$

$$公差 = 20.01 - 19.99 = 0.01 - (-0.01) = 0.02$$

上极限偏差和下极限偏差为代数值，可为正、负或零，但上极限偏差必大于下极限偏差，而公差是一个没有符号的绝对值。

在图中标注极限偏差时，采用小一号字体，上极限偏差注在公称尺寸右上方，下极限偏差应与公称尺寸注在同一底线上。上下极限偏差的小数点必须对齐，小数点后的位数也必须相等。当某一偏差为零时，数字"0"应与另一偏差的小数点前的个位数对齐。例如：

$$\phi20^{+0.006}_{-0.015} \qquad \phi20^{+0.021}_{0} \qquad \phi20^{+0.028}_{+0.007} \qquad \phi20^{-0.007}_{-0.028}$$

当上下极限偏差符号相反绝对值相同时，以"公称尺寸±极限偏差绝对值"的形式标注，如 $\phi20\pm0.01$。

　5. 公差带

　为了简化起见，在实用中常不画出孔或轴，而只画出表示公称尺寸的零线和上下极限偏差，称为公差带图解，如图 7-28。在公差带图解中，由代表上、下极限偏差的两条直线所限定的一个区域称为公差带。

　公差带包含两个要素：公差带大小和公差带位置。图 7-29 画出了四个公差带，它们的公差带大小相同，但公差带相对零线的位置不同，所以上下极限偏差不同。

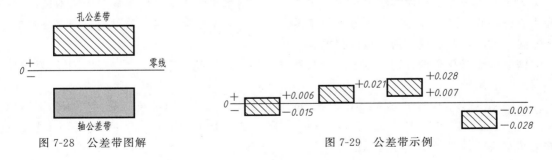

图 7-28　公差带图解　　　　　　　　　　图 7-29　公差带示例

（二）标准公差和极限偏差

国家标准规定了标准公差和基本偏差来分别确定公差带大小和相对零线的位置。

　1. 标准公差

　国家标准规定的标准公差分为 20 个等级，表示为 IT01，IT0，IT1，……，IT18。其中

IT01 公差值最小，尺寸精度最高；从 IT0 到 IT18，数字越大，公差值越大，尺寸精度越低。

公差值大小还与尺寸大小有关，同一公差等级下，尺寸越大，公差值越大。表 7-3 摘自 GB/T 1800.1—2009 的标准公差数值，从中可查出某一尺寸、某一公差等级下的标准公差值。如公称尺寸为 20，公差等级为 IT7 的公差值为 0.021mm。

表 7-3　标准公差数值（摘自 GB/T 1800.1—2009）

基本尺寸 /mm		标准公差等级																
		IT1	IT2	IT3	IT4	IT5	IT6	IT7	IT8	IT9	IT10	IT11	IT12	IT13	IT14	IT15	IT16	IT17	IT18
大于	至	μm											mm						
—	3	0.8	1.2	2	3	4	6	10	14	25	40	60	0.1	0.14	0.25	0.4	0.6	1	1.4
3	6	1	1.5	2.5	4	5	8	12	18	30	48	75	0.12	0.18	0.3	0.45	0.75	1.2	1.8
6	10	1	1.5	2.5	4	6	9	15	22	36	58	90	0.15	0.22	0.36	0.58	0.9	1.5	2.2
10	18	1.2	2	3	5	8	11	18	27	43	70	110	0.18	0.27	0.43	0.7	1.1	1.8	2.7
18	30	1.5	2.5	4	6	9	13	21	33	52	84	130	0.21	0.33	0.52	0.84	1.3	2.1	3.3
30	50	1.5	2.5	4	7	11	16	25	49	62	100	160	0.25	0.39	0.62	1	1.6	2.5	3.9
50	80	2	3	5	8	13	19	30	46	74	120	190	0.3	0.46	0.74	1.2	1.9	3	4.6
80	120	2.5	4	6	10	15	22	35	54	87	140	220	0.35	0.54	0.87	1.4	2.2	3.5	5.4
120	180	3.5	5	8	12	18	25	40	63	100	160	250	0.4	0.63	1	1.6	2.5	4	6.3
180	250	4.5	7	10	14	20	29	46	72	115	185	290	0.46	0.72	1.15	1.85	2.6	4.6	7.2
250	315	6	8	12	16	23	32	52	81	130	210	320	0.52	0.81	1.3	2.1	3.2	5.2	8.1
315	400	7	9	13	18	25	36	57	89	140	230	360	0.57	0.89	1.4	2.3	3.6	5.7	8.9
400	500	8	10	15	20	27	40	63	97	155	250	400	0.63	0.97	1.55	2.5	4	6.3	9.7

2. 基本偏差

公差大小确定以后，还不能确定上下极限偏差。如图 7-29 所示四个公差带的公差均为 0.021，但上下极限偏差不同。

为了确定公差带相对零线的位置，将上、下极限偏差中的某一偏差规定为基本偏差，一般为靠近零线的那个偏差。当公差带位于零线上方时，基本偏差为下极限偏差；当公差带位于零线下方时，基本偏差为上极限偏差。

国家标准对孔和轴分别规定了二十八种基本偏差，用拉丁字母表示，大写字母表示孔，小写字母表示轴。

孔的基本偏差代号有：A、B、C、CD、D、E、EF、F、FG、G、H、J、JS、K、M、N、P、R、S、T、U、V、X、Y、Z、ZA、ZB、ZC。其中，代号为"H"的孔以下极限偏差为基本偏差且等于零，称为基准孔。

轴的基本偏差代号有：a、b、c、cd、d、e、ef、f、fg、g、h、j、js、k、m、n、p、r、s、t、u、v、x、y、z、za、zb、zc。其中，代号为"h"的轴以上极限偏差为基本偏差且等于零，称为基准轴。

3. 公差带代号及极限偏差的确定

公差带代号由其基本偏差代号（字母）和标准公差等级（数字）组成，如 H8、f7。

由公称尺寸和公差带代号可查表确定其极限偏差。本书附录附表 10、附表 11 摘录了常用轴和孔公差带的极限偏差。

例如，由 $\phi20H8$ 查孔极限偏差表可得，其上极限偏差为 $+0.033$，下极限偏差为 0；由 $\phi20f7$ 查轴极限偏差表，其上极限偏差为 -0.020，下极限偏差为 -0.041。

（三）配合

1. 配合及其种类

公称尺寸相同的，相互结合的孔和轴公差带之间的关系称为配合。

孔的尺寸减去相配合的轴的尺寸之差，为正称为间隙，为负称为过盈，如图 7-30。

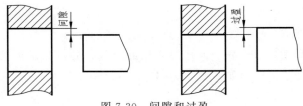

图 7-30　间隙和过盈

根据使用要求的不同，配合有松有紧。有的具有间隙，有的具有过盈，因此有以下几种不同的配合。

（1）间隙配合　具有间隙（包括最小间隙等于零）的配合。

间隙配合中孔的下极限尺寸大于或等于轴的上极限尺寸，孔的公差带位于轴的公差带之上，如图 7-31（a）。

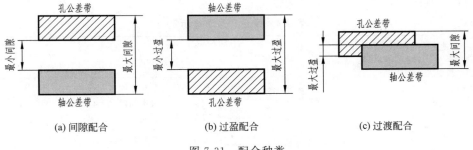

(a) 间隙配合　　　　　(b) 过盈配合　　　　　(c) 过渡配合

图 7-31　配合种类

（2）过盈配合　具有过盈（包括最小过盈等于零）的配合。

过盈配合中孔的上极限尺寸小于或等于轴的下极限尺寸，孔的公差带位于轴的公差带之下，如图 7-31（b）。

（3）过渡配合　可能具有间隙或过盈的配合。

过渡配合中，孔的公差带与轴的公差带相互交叠，如图 7-31（c）。

2. 配合的基准制

（1）基孔制配合　基本偏差为一定的孔的公差带，与不同基本偏差的轴的公差带形成各种配合的一种制度。基孔制中选择基本偏差为 H，即下极限偏差为 0 的孔为基准孔。如图 7-32（a）。

（2）基轴制配合　基本偏差为一定的轴的公差带，与不同基本偏差的孔的公差带形成各种配合的一种制度。基轴制中选择基本偏差为 h，即上极限偏差为 0 的轴为基准轴。如图

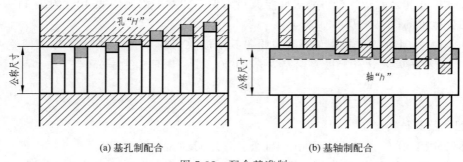

(a) 基孔制配合　　　　　　　　(b) 基轴制配合

图 7-32　配合基准制

7-32（b）。

3. 配合代号及其识读

配合代号用分数形式表示，分子为孔的公差带代号，分母为轴的公差带代号。标注时，将配合代号注在公称尺寸之后，如：

$$\phi 20\frac{H8}{f7}、\phi 20\frac{H7}{s6}、\phi 20\frac{K7}{h6}$$

也可以写作 $\phi 20H8/f7$、$\phi 20H7/s6$、$\phi 20K7/h6$。

如果配合代号的分子上孔的基本偏差代号为 H，说明孔为基准孔，则为基孔制配合；如果配合代号的分母上轴的基本偏差代号为 h，说明轴为基准轴，则为基轴制配合。根据配合代号中孔和轴的公差带代号，分别查出并比较孔和轴的极限偏差，画出公差带图解，则可判断配合种类。如上例中 $\phi 20H8/f7$ 为基孔制间隙配合，$\phi 20H7/s6$ 为基孔制过盈配合，$\phi 20K7/h6$ 为基轴制过渡配合（参见表 7-4）。

表 7-4　配合代号识读示例

配合代号	极限偏差		公差带图解	解　释
	孔	轴		
$\phi 20H8/f7$	$\phi 20^{+0.033}_{0}$	$\phi 20^{-0.020}_{-0.041}$	孔 $+0.033$　轴 -0.020　-0.041	基孔制间隙配合 最小间隙：$0-(-0.020)=+0.020$ 最大间隙：$0.033-(-0.041)=+0.074$
$\phi 20H7/s6$	$\phi 20^{+0.021}_{0}$	$\phi 20^{+0.048}_{+0.035}$	轴 $+0.048$　$+0.035$　孔 $+0.021$	基孔制过盈配合 最小过盈：$0.021-0.035=-0.014$ 最大过盈：$0-0.048=-0.048$
$\phi 20K7/h6$	$\phi 20^{+0.006}_{-0.015}$	$\phi 20^{0}_{-0.013}$	$+0.006$　孔 轴 -0.013　-0.015	基轴制过渡配合 最大间隙：$0.006-(-0.013)=+0.019$ 最大过盈：$-0.015-0=-0.015$

（四）极限与配合在图上的标注

在零件图中标注尺寸公差有三种形式：①标注公差带代号，如图 7-33（a）；②标注极限偏差，如图 7-33（b）；③公差代号和极限偏差一起标注，偏差数值注在公差带代号后的圆括号内，如图 7-33（c）。

在装配图中，所有配合尺寸应在配合处注出其公称尺寸和配合代号，如图 7-33（d），又如图 7-3 中带轮与轴之间标注 $\phi 28H8/f6$。但与标准件（如滚动轴承）构成的配合，只需注

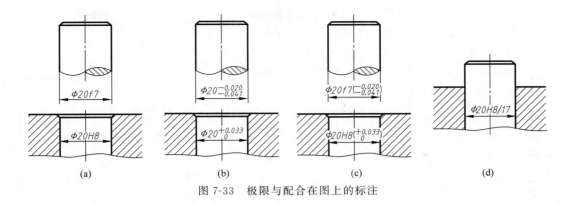

图 7-33 极限与配合在图上的标注

出公称尺寸和非标准件的公差带代号，如图 7-3 中两个滚动轴承的内径与轴之间标注 $\phi35k6$、外径与座体孔之间标注 $\phi80K7$。

三、几何公差（GB/T 1182—2008）

几何公差包括形状公差、方向公差、位置公差和跳动公差，其几何特征和符号见表 7-5。

几何公差在零件图上的标注内容包括几何特征符号、公差数值、被测要素和基准要素等，以公差框格形式在图中标注。

1. 公差框格　公差框格是一个用细实线绘制，由两格或多格横向连成的矩形方框。公差框格画法如图 7-34（a）。框内各格的填写顺序自左向右为：

第一格——公差特征符号。

第二格——公差数值，以线性单位表示的量值。如果公差带为圆形或圆柱形，公差值前应加注"φ"，如果公差带为圆球形，公差值前应加注"$S\varphi$"。

第三格及以后各格——用一个字母表示单个基准，或用几个字母表示基准体系或公共基准。

表 7-5　几何公差的几何特征和符号

类型	几何特征	符号	有无基准	类型	几何特征	符号	有无基准	类型	几何特征	符号	有无基准
形状公差	直线度	—	无	位置公差	位置度	⌖	有或无	方向公差	平行度	∥	有
	平面度	▱	无		同心度	◎	有		垂直度	⊥	有
	圆度	○	无		同轴度	◎	有		倾斜度	∠	有
	圆柱度	⌭	无		对称度	═	有		线轮廓度	⌒	有
	线轮廓度	⌒	无						面轮廓度	⌓	有
	面轮廓度	⌓	无		线轮廓度	⌒	有	跳动公差	圆跳动	↗	有
					面轮廓度	⌓	有		全跳动	↗↗	有

2. 被测要素的标注   用指引线连接被测要素和公差框格，指引线引自框格的任意一侧，终端带一箭头，如图 7-34（a）。规定当公差涉及要素的中心线、中心面或中心点时，箭头应位于相应尺寸线的延长线上。

3. 基准要素的标注   与被测要素相关的基准用一个大写字母表示。字母标注在基准方格内，与一个涂黑（或空白）的三角形相连以表示基准；表示基准的字母还应标注在公差框格内，如图 7-34（b）。规定当基准是尺寸要素确定的轴线、中心平面或中心点时，基准三角形应放置在该尺寸线的延长线上。

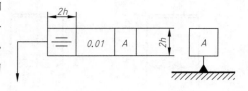

(a) 公差框格(图中 h 为字高)   (b) 基准符号

图 7-34   公差框格和基准符号

图 7-35 为气门阀杆零件图上标注几何公差的示例，图中三处标注的几何公差分别表示：

① 杆身 $\phi16f7$ 的圆柱度公差为 0.005mm。

② SR750 球面对 $\phi16f7$ 轴线的圆跳动公差为 0.03mm。

③ M8×1—6H 螺孔轴线对于 $\phi16f7$ 轴线的同轴度公差为 $\phi0.1$mm。

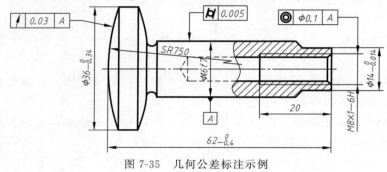

图 7-35   几何公差标注示例

四、其他技术要求

制造零件的材料，应填写在零件图的标题栏中，常用的金属材料和非金属材料及用途参见本书附录附表 12。

热处理是对金属零件按一定要求进行加热、保温及冷却，从而改变金属的内部组织，提高材料机械性能的工艺，如淬火、退火、回火、正火、调质等。表面处理是为了改善零件表面材料性能，提高零件表面硬度、耐磨性、抗蚀性等而采用的加工工艺，如渗碳、表面淬火、表面涂层等。常见热处理及表面处理的方法和应用参见本书附录附表 13。对零件的热处理及表面处理的方法和要求一般用文字注写在技术要求中。

第四节   装配图的画法

一、装配图的视图选择

从装配图的作用出发，装配图的视图选择和零件图在表达重点和要求上有所不同。装配图的一组视图主要用于表达装配体的工作原理、装配关系和基本结构形状。

表达装配关系应反映出：①构造，即装配体由哪些零、部件组成；②各零件间的装配位置，装配体中常见许多零件是依次装在一根轴上的，这根轴线称为装配线，装配图要清楚地表达出每一条装配线；③相邻零件间的连接方式。装配图的视图选择应首先从装配关系出发，一般来说，装配关系表达清楚了，工作原理和基本结构形状也随之反映出来了。

表达工作原理，是指装配图应反映出装配体是怎样工作的。装配体工作通常通过某些零件的运动得以实现，装配图应表达出运动情况和传动路线以及每一个零件在装配体中的功用。

表达基本结构形状，是指要将主要零件的结构形状表达清楚。由于装配图主要是用于对已加工好的零件进行装配和安装，而不是用来指导零件加工的，所以装配图上不要求也不可能将所有零件的所有结构形状表达完整。应注意将决定装配体安装情况的结构表示清楚。此外，即使再小和再不重要的零件，至少也应有一个投影表示，否则装配关系不能表达完整，也无法编写零件序号。

主视图一般应符合工作位置，工作位置倾斜时则应自然放正。应选取反映主要或较多装配关系的视图作为主视图。在主视图的基础上，选用一定数量的其他视图把工作原理、装配关系进一步表达完整，并表达清楚主要零件的结构形状。视图数量的多少由装配体的复杂程度和装配线的多少而定。由于装配体通常有一个外壳，以表达工作原理和装配关系为主的视图，通常采用各种剖视，并大多通过装配线剖切。

例如，图 7-3 铣刀头的装配图中，采用了全剖的主视图表达铣刀头的构造和装配关系，也反映了其工作原理。在主视图基础上，选用左视图（局部剖）进一步表达铣刀头的装配关系和基本结构形状。

二、装配图的规定画法和特殊表达方法

(一) 装配图的规定画法和简化画法

① 两零件的接触面或配合面只画一条线。而非接触、非配合表面，即使间隙再小，也应画两条线。

② 相邻零件剖面线的倾斜方向应相反，或方向一致但间隔不等。而同一零件在不同部位或不同视图上取剖视时，剖面线的方向和间隔必须一致。

③ 对一些连接件（如螺栓、螺母、垫圈、键、销等）及实心件（如轴、杆、球等），若剖切平面通过其轴线或对称平面，在剖视图中应按不剖绘制。如图 7-3 中的轴、螺钉和键等。当这些零件有内部结构需表达时，可采用局部剖视。如轴的两端用局部剖表达了与螺钉、键的连接情况。

④ 在装配图中，零件的倒角、圆角、凹坑、凸台、沟槽、滚花、刻线及其他细节等可省略不画。螺栓、螺母头部的倒角曲线也可省略不画。

⑤ 在装配图中，对于若干相同的零件或零件组，如螺栓连接等，可仅详细地画出一处，其余只需用点画线表示出其位置，如图 7-3 中的螺钉 10 等。

（二）装配图的特殊表达方法

零件图的各种表达方法，如视图、剖视图、断面图、局部放大图及简化画法等对装配图同样适用。此外装配图还有一些特殊表达方法，常用的有：

1. 拆卸画法　在装配图的某一视图中，当某些零件遮住了需要表达的结构，或者为避免重复，简化作图，可假想将某些零件拆去后绘制。如图 7-3 中的左视图拆去了零件 4（带轮）等。

2. 沿结合面剖切画法　在装配图中，可假想沿某些零件结合面剖切，结合面上不画剖面线。如图 7-36 中 $A-A$ 剖视是沿泵盖结合面剖切画出的。

3. 单件画法　在装配图中，当某个零件的形状未表达清楚而又对理解装配关系有影响时，可以单独画出某一零件的视图。这时应在该视图上方注明零件及视图名称。如图 7-36 中的"泵盖 B"。

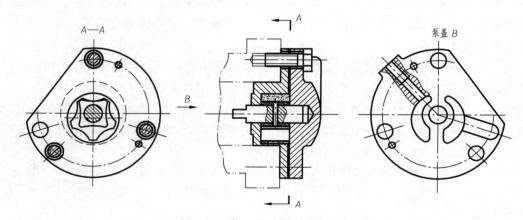

图 7-36　装配图的特殊表达方法

4. 夸大画法　在装配图中，对一些薄、细、小零件或间隙，若无法按其实际尺寸画出时，可不按比例而适当地夸大画出。如图 7-36 中的小零件和间隙，采用了夸大画法。

厚度或直径小于 2mm 的薄、细零件的剖面符号可涂黑表示。

5. 假想画法　为了表示运动件的运动范围或极限位置，可用双点画线假想画出该零件的某些位置，如图 7-37。为了表示与装配体有装配关系但又不属于本部件的其他相邻零部件时，也可采用假想画法，即将其他相邻零部件用双点画线画出外形轮廓，如图 7-36 中用双点画线画出了泵体，又如图 7-3 主视图中用双点画线画出了铣刀。

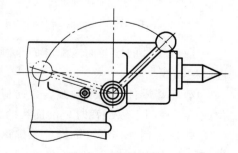

图 7-37　假想画法

三、装配图的尺寸标注

装配图的尺寸标注与零件图要求不同。零件图是用来指导零件加工的，所以在图上应注出加工过程中所需的全部尺寸。而根据装配图在生产中的作用，则不需要注出各零件的所有尺寸，一般只需注出下列几类尺寸。

1. 特性尺寸　它是表明装配体的性能和规格的尺寸。如图 7-3 中铣刀直径 $\phi120$ 、中心高 115 等。

2. 装配尺寸　在装配图上，所有配合尺寸应在配合处注出其公称尺寸和配合代号。如图 7-3 中带轮与轴为 $\phi28H8/f7$ ，构成基孔制间隙配合；两个滚动轴承的内径与轴为 $\phi35K6$ 、外径与座体孔为 $\phi80K7$ 等。

除配合尺寸外，必要时还需注出装配时需要保证的零件间较重要的相对位置尺寸。如图 7-3 所示铣刀头装配图中注出了轴向装配尺寸链。

3. 安装尺寸　是指装配体安装时所需的尺寸。图 7-3 所示铣刀头通过座体底板上的安装孔用螺栓连接在底座上，所以图中注出了座体上安装孔的直径尺寸 $4\times\phi11$ 以及它们的定位尺寸 155、150。

4. 外形尺寸　指反映装配体的总体大小和所占空间的尺寸，为装配体的包装、运输及安装布置提供依据。如图 7-3 中的 418、190。

5. 其他重要尺寸　必要时还可注出不属于上述四类尺寸的其他尺寸，如在设计中经过计算确定的尺寸。

四、装配图的技术要求

装配图上的技术要求一般包括以下三个方面。

1. 装配要求　指装配过程中的注意事项，装配后应达到的要求。

2. 检验要求　对装配体基本性能的检验、试验、验收方法的说明。

3. 使用要求　对装配体的性能、维护、保养、使用注意事项的说明。

由于装配体的性能、用途各不相同，因此其技术要求也不相同，应根据具体情况拟定。用文字说明的技术要求注写在标题栏上方或图样下方空白处，如图 7-3。

五、零、部件序号的编写

为了便于看图和生产管理，装配图中所有的零、部件必须编写序号。相同的零、部件用一个序号，一般只标注一次。

编写零部件序号要注意以下几个问题。

① 序号用指引线引出到视图之外，画一水平线或圆，序号数字比尺寸数字大一号［图 7-38（a）］或两号［图 7-38（b）］，指引线、水平线和圆均用细实线绘制。也可直接注在指引线附近，序号比尺寸数字大两号［图 7-38（c）］。同一装配图中应采用同一种形式。

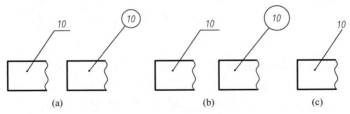

图 7-38　零部件序号（一）

② 指引线从被注零件的可见轮廓内引出并画一小圆点，当不便画圆点时（如零件很薄或为涂黑的剖面），可画成箭头指向该零件的轮廓，如图 7-39（a）。

③ 为避免误解，指引线不得相互交叉，当通过有剖面线的区域时，不要与剖面线重合或平行。必要时可将指引线画成折线，但只允许折一次，如图 7-39（b）。

④ 一组紧固件以及装配关系清楚的零件组，可以采用公共指引线，如图 7-40。

⑤ 序号应水平或垂直地排列整齐，并按顺时针或逆时针方向依次编写。

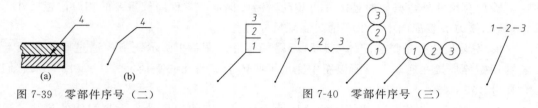

图 7-39　零部件序号（二）　　　　　图 7-40　零部件序号（三）

六、明细栏和标题栏

装配图上应画出标题栏和明细栏。明细栏一般绘制在标题栏上方，按由下而上的顺序填写。其格数应根据需要而定。当由下而上延伸位置不够时，可紧靠在标题栏的左边自下而上延续。

明细栏的内容一般包括图中所编各零、部件的序号、代号、名称、数量、材料和备注等。明细栏中的序号必须与图中所编写的序号一致。对于标准件，在代号一栏要注明标准号，并在名称一栏注出规格尺寸，标准件的材料可不填写。

手工制图作业中，装配图的标题栏和明细栏可采用图 7-41 所示的格式。

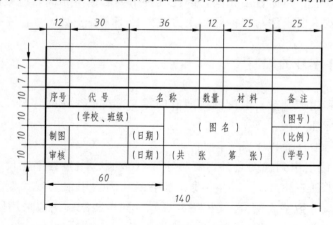

图 7-41　装配图的标题栏和明细栏

七、画装配图应注意的有关问题

① 由于装配图一般比较复杂，因此画视图时要按一定的顺序有条不紊地进行。一般顺序是：先画对整体起定位作用的大的基准件，即先大后小；先画主要结构轮廓，后画次要及

细部形状，即先主后次；画出基准件，确定了主要装配线后，应按照装配位置关系及内外层次逐一画出其他零件。

② 画装配图需注意零件间的位置关系和遮挡关系，各零件要装配到位，接触面、配合面处不留空隙；不可见结构一般不画，对剖视图一般从内向外层层"穿衣"，可避免画多余图线。

③ 两零件接触时，在同一方向上只能有一对接触面，应避免有两个面同时接触。这样，既保证了零件的接触良好，又可降低加工要求，如图 7-42。

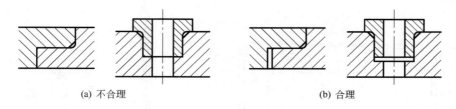

图 7-42　接触面的合理结构（一）

④ 当孔和轴配合，且轴肩和孔的端面互相接触时，为保证良好接触，孔应倒角或轴的根部切槽，如图 7-43。

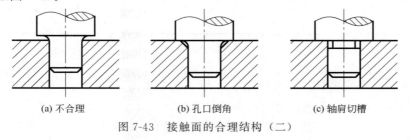

图 7-43　接触面的合理结构（二）

第五节　读零件图和装配图

一、读零件图的方法和步骤

在生产实践中经常要读零件图。读零件图，一方面要看懂视图，想象出零件的结构形状，另一方面还要看懂尺寸和技术要求等内容，以便在制造零件时能正确地采用相应的加工方法，来达到图样上的设计要求。

下面以图 7-44 所示零件图为例，说明读零件图的一般方法和步骤。

1. 概括了解　读零件图时首先从标题栏了解零件的名称、材料、画图比例等，并粗看视图，大致了解该零件的结构特点和大小。

图 7-44 所示零件的名称为蜗轮箱体，是蜗轮减速器的主体，起支承和包容轴承、轴和齿轮等零件的作用，有支承、包容、安装等结构，属箱体类零件，形状中等复杂。其材料为铸铁，比例为 1：2 。

2. 分析表达方案，搞清视图间的关系　要读懂零件图，想出零件形状，必须把表达零

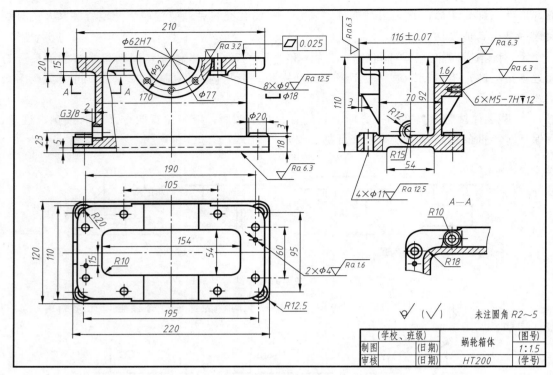

图 7-44 蜗轮箱体零件图

件的一组视图看懂。这包括：一组视图中选用了几个视图，哪个是主视图？哪些是基本视图？哪些不是基本视图？各视图之间的投影关系如何？对于常采用的局部视图、斜视图、断面图及局部放大图等非基本视图，要根据其标注找出它们的表达部位和投射方向。对于剖视图要搞清楚其剖切位置、剖切面形式和剖开后的投射方向。

图 7-44 所示蜗轮箱体零件图共采用了四个视图，即主视图、俯视图、左视图和 *A—A* 局部剖视图。三个基本视图表达了箱体的外形结构，主视图的两处局部剖、左视图的半剖和局部剖以及 *A—A* 剖视，表达了箱体内腔壁厚和螺栓孔、放油孔等的结构形状，*A—A* 局部剖视图同时表明凸台形状。通过上述分析，对箱体的形状有了初步概念。

3. 分析零件结构，想象整体形状　在看懂视图关系的基础上，运用形体分析法和线面分析法分析零件的结构形状。并注意分析各结构的功用。

对蜗轮箱体进行形体分析，大致可分为底板、箱壁、支承和连接板四部分。箱壁基本形状是中空的长方体，前后两箱壁的上方开了一对半圆柱孔，用于支承轴承分；底板的基本形状也是长方体，比箱壁宽，为了减少加工面积，底面由左到右从中间挖一空槽，其上四个通孔用来安装地脚螺栓；为了在支承孔内装滚动轴承和端盖等零件，增加了支承孔的宽度并且下面设有肋板，以加强凸缘的刚度；上部连接板上加工有螺栓孔和销孔用于和箱盖装配时的连接和定位。通过对各部分的具体形状和相对位置进行深入分析，最后可想象出蜗轮箱体的整体形状，如图 7-45。

4. 分析尺寸和技术要求　分析尺寸时，先分析零件长、宽、高三个方向上尺寸的主要基准。然后从基准出发，找出各组成部分的定位尺寸和定形尺寸，搞清哪些是功能尺寸。

从图中可以看出，蜗轮箱体长度方向以 $\phi62H7$ 的中心线为基准，宽度方向的尺寸基准是箱体前后对称平面。箱体的上表面既是箱体与箱盖的测量基准面，又是箱体轴承孔加工时的测量基准面，所以，它是箱体高度方向的主要基准，而放油孔高度方向的定位尺寸是从下底面出发标注的，因此下底面是高度方向上的辅助基准。箱体的高度 110、宽度 116 等是影响工作性能的重要尺寸，轴承孔径 $\phi62H7$ 是配合尺寸，它们是蜗轮箱体的主要尺寸，注出了尺寸公差要求。各组成部分的定形、定位尺寸可自行分析。

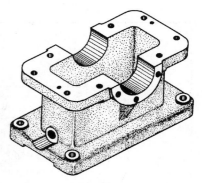

图 7-45 蜗轮箱体的轴测图

对零件图上标注的各项技术要求，如表面结构要求、尺寸公差、几何公差、热处理等要逐项识读。从所注表面粗糙度看出，轴承孔、销孔和上表面要求较高，属重要配合面、装配面，Ra 值分别为 $1.6\mu m$ 和 $3.2\mu m$；而前后端面、底面的 Ra 值为 $6.3\mu m$；一般加工面为 $12.5\mu m$。其余表面由于不与其他零件表面接触，属于自由表面，所以保持铸造毛坯面，未进行切削加工。此外，箱体的上表面注有几何公差，要求其平面度公差为 0.025mm。

5. 归纳总结　在以上分析的基础上，对零件的形状、大小和质量要求进行综合归纳，形成一个清晰的认识。有条件时还应参考有关资料和图样，如产品说明书、装配图和相关零件图等，以对零件的作用、工作情况及加工工艺作进一步了解。

二、读装配图的方法和步骤

在机器设备的设计、制造、安装、维修以及进行技术交流时，都需要阅读装配图。通过读装配图，应了解装配体的性能、用途和工作原理；了解各零件间的装配关系和装拆顺序；了解各零件的基本结构形状及其作用。下面以图 7-46 为例，说明读装配图的方法和步骤。

1. 概括了解　首先看标题栏，了解装配体名称、画图比例等；看明细栏及零件编号，了解装配体有多少种零部件构成，哪些是标准件；粗看视图，大致了解装配体的结构形状及大小。

图 7-46 所示装配体名称为齿轮油泵，是一种供油装置。齿轮油泵共有十种零件，其中有两种标准件，主要零件有泵体、泵盖、主动齿轮轴、从动齿轮轴等。图样比例为 1:2。

2. 分析视图　了解装配图选用了哪些视图？哪个是主视图？搞清各视图之间的投影关系、各视图的剖切方法以及表达的主要内容。

齿轮油泵选用了三个基本视图。主视图采用全剖视，表达了齿轮油泵的主要装配关系；左视图沿泵盖与泵体结合面剖开，并采用了半剖视，表达了齿轮油泵工作原理及外形；右视图表达外形轮廓。除基本视图外，还采用 A—A 剖视表达了泵体和泵盖间的螺栓连接情况，采用了 C 向局部视图表达泵体底板及安装孔的形状和位置。

3. 分析工作原理与装配关系　齿轮油泵的工作原理，是通过齿轮在泵腔中啮合，将油从进口吸入，从出口压出。当主动齿轮轴 5 在外部动力驱动下按逆时针方向旋转时，从动齿轮轴 4 则按顺时针方向旋转，如图 7-47。此时，齿轮啮合区右边压力降低，油池中的油在大气压力作用下，沿吸油口进入泵腔内。随着齿轮的旋转，齿槽中的油不断沿箭头方向送到左边，然后从出口处将油输送出去。

分析装配体的装配关系，应搞清各零件间的位置关系，相关联零件间的连接方式和配合关系，并能分析出装配体的装拆顺序。如图 7-46 齿轮油泵中，泵体、泵盖在外，齿轮轴在

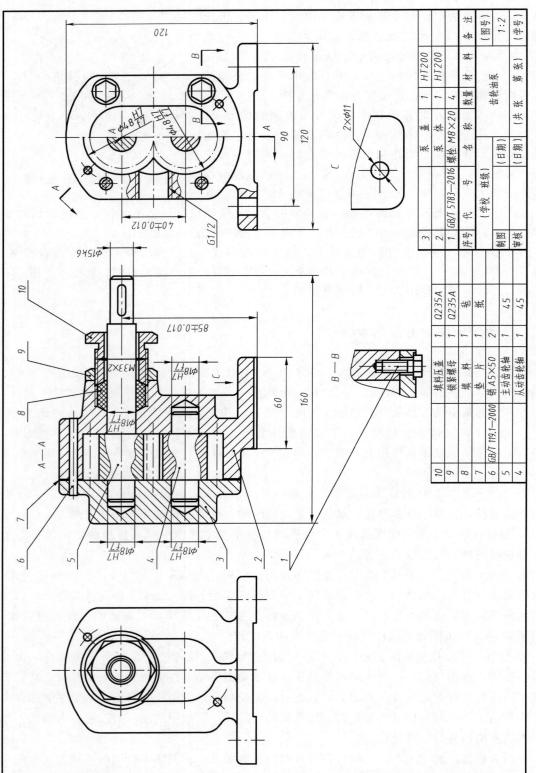

图7-46 齿轮油泵装配图

10		填料压盖	1	Q235A		
9		锁紧螺母	1	Q235A		
8		填料	1	毛毡		
7		垫片	1	纸		
6	GB/T 119.1—2000	销 A5×50	2	45		
5		主动齿轮轴	1	45		
4		从动齿轮轴	1	45		
3		泵盖	1	HT200		
2		泵体	1	HT200		
1	GB/T 5783—2016	螺栓 M8×20	4			
序号	代号	名称	数量	材料	备注	

			(图号)	
(学校 班级)	齿轮油泵		1:2	
			(学号)	
制图		(日期)	(第 张)	
审核		(日期)	(共 张)	

泵腔中；主动轴在上，从动轴在下；泵体和泵盖通过四个螺栓连接和两个圆柱销定位；填料压盖和泵体、锁紧螺母与填料压盖间为螺纹连接；齿轮轴与泵体、泵盖为基孔制间隙配合等。齿轮油泵的拆卸顺序为：松开螺栓 1，将泵盖 3 卸下，即可从左边抽出主动齿轮轴 5 及从动齿轮轴 4；松开锁紧螺母 9，拧下填料压盖 10，即可从右边卸下或更换填料 8。

4. 分析零件　分析零件时，一般可按零部件序号的顺序分析每一零件的结构形状及在装配体中的作用，主要零件要重点分析。分析某一零件形状时，首先要从装配图的各视图中将该零件的投影正确地分离出来。分离零件的方法，一是根据视图之间的投影关系，二是根据剖面线进行判别。对所分析的零件，通过零部件序号和明细栏联系起来，从中了解零件的名称、数量、材料等。

例如图 7-46 所示齿轮油泵中的零件 10，在主视图上根据剖面线可把它从装配图中分离出来，再根据投影关系找出右视图中的对应投影，就不难分析出其形状（左端为螺纹，右端为六角头部，中心为孔）。查明细栏可知其名称为填料压盖，材料为 Q235A。它的作用是压紧填料 8。

5. 归纳总结

通过以上分析，最后综合起来，对装配体的装配关系、工作原理、各零件的结构形状及作用有一个完整、清晰的认识，并想象出整个装配体的形状和结构。齿轮油泵的结构形状如图 7-48。

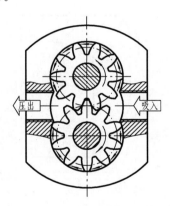

图 7-47　齿轮油泵工作原理

图 7-48　齿轮油泵轴测图

以上所讲是读装配图的一般方法和步骤，实际上有些步骤不能截然分开，而是交替进行，综合认识，不断深入。

三、由装配图拆画零件图

在设计过程中，先是画出装配图，然后再根据装配图画出零件图。因此，由装配图拆画零件图是设计过程中的一个重要环节。

拆画零件图时首先要全面看懂装配图，将所要拆画的零件的结构、形状和作用分析清楚，然后按零件图的内容和要求选择表达方案，画出视图，标注尺寸及技术要求。

1. 视图方案的确定　拆画零件图时，零件的表达方案不能简单照抄装配图上该零件的视图。因为装配图的表达方案是从整个装配体来考虑的，很难符合每个零件的要求。因此在

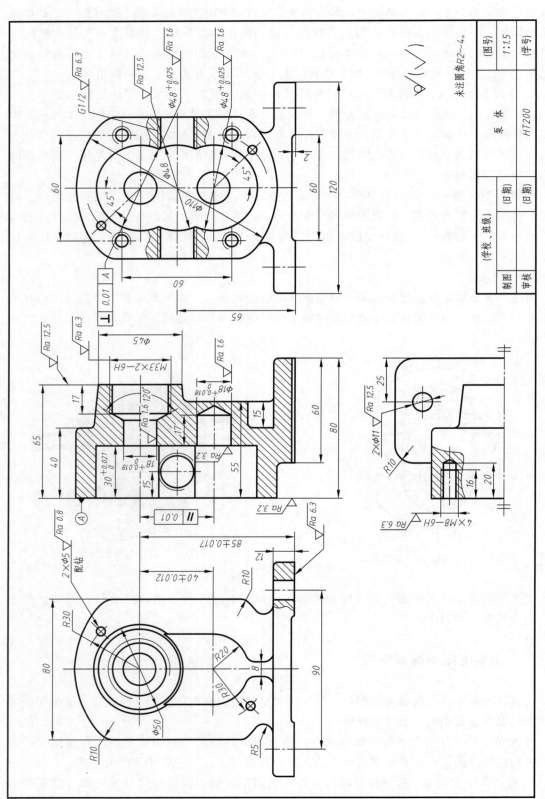

图 7-49 泵体零件图

拆画零件图时应根据零件自身的加工、工作位置及形状特征选择主视图；根据其复杂程度确定其他视图数量及表达方法。

2. 零件结构形状的完善　零件上的一些工艺结构，如倒角、退刀槽、圆角等，在装配图上往往省略不画，但在画零件图时应根据工艺要求予以完善。

由于装配图主要是表达装配关系和工作原理的，因此对某一零件，特别是形状复杂的零件往往表达不完全，这时需要根据零件的功用及要求，合理地加以完善和补充。

3. 零件尺寸的确定　装配图上，零件的尺寸标注不完整。拆画零件图时，要按零件图的尺寸标注要求，完整、清晰、合理地标注出来。由装配图确定零件尺寸的方法通常有：

（1）抄注　装配图上已注出的尺寸，必须按其抄注。配合尺寸，应根据配合代号注出零件的公差带代号或极限偏差。

（2）查表　对于标准件、标准结构以及与它们有关的尺寸应从相关标准中查取。如螺纹、键槽、与滚动轴承配合的轴和孔的尺寸等。

（3）计算　某些尺寸须计算确定，如齿轮的轮齿部分的尺寸及中心距等。

（4）量取　零件上的其他尺寸则按比例直接从装配图上量取。

标注尺寸时，应注意各相关零件间尺寸的关联一致性，避免相互矛盾。

4. 零件图上技术要求的确定　根据零件在机器上的作用及使用要求，合理地确定各表面的表面结构要求、尺寸公差、几何公差以及其他必要的技术条件。

图 7-49 是根据图 7-46 拆画的齿轮油泵泵体的零件图。

第六节　零、部件测绘

一、零、部件测绘的方法和步骤

零件测绘是根据实际零件，先进行分析，目测尺寸、徒手绘制零件草图，测量并标注尺寸及技术要求，再整理画出零件图的过程。部件测绘则是对机器或部件以及组成它们的零件进行分析、测量、绘制草图，最后整理绘制出装配图和零件图的过程。部件测绘包含零件测绘。这里以球阀（图 7-50）为例，说明部件测绘的方法和步骤。

（一）了解、拆卸测绘对象，画出装配示意图

首先要通过观察分析、查阅资料以及现场调查等方式对装配体的名称、型号、用途、性能、规格、工作原理、结构特点等作尽可能详细的了解。

要深入了解装配体的构造和装配关系，需对装配体进行拆卸分解。

拆卸时应先分析确定拆卸顺序和拆卸方法，用适当的拆卸工具按顺序有条不紊地拆卸。对不可拆连接（如焊接、铆接）和不易拆卸的过盈配合、过渡配合的零件尽可能不拆，以免影响其精度和性能。对拆下的零件要逐一编号，妥善保管，防止碰摔损坏或丢失。

为了记录拆卸中了解到的装配关系并便于拆散零件后能顺利装配复原，通过拆卸应画出装配示意图。装配示意图用简练的线条和机构运动简图符号（可参阅 GB/T 4460）示意性地表达出装配体的内外轮廓、各零件的位置和装配关系，并编写零件序号。对于标准件，应

通过测量、查表确定其规定标记。

图 7-50 所示球阀是化工生产及日常生活中常见的一种装置，它安装在管路上，通过拧动手柄控制流体的开启、关闭及流量大小。球阀由阀体、阀盖、阀芯、阀杆、手柄及螺母、垫圈等 12 种零件组成。其中螺母、垫圈为标准件。其装配示意图如图 7-51。

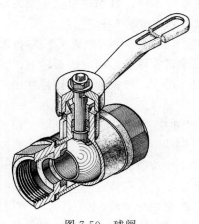

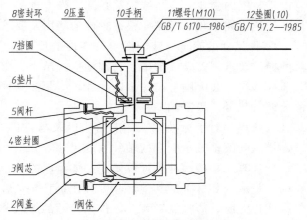

图 7-50　球阀　　　　　　　　　　　　图 7-51　球阀的装配示意图

（二）测绘零件，画零件草图

对所有非标准件都应测绘画出零件草图。零件草图的画法将在后面专门介绍。

（三）画装配图

零件草图画完后，即可根据装配关系由零件草图拼画装配图。画装配图时，应对零件草图上的结构和尺寸的关联性进行检验，若有不妥甚至矛盾之处，须予以更正。

球阀的装配图见图 7-52。

（四）画零件图

通过画装配图，对零件草图进行了一次全面的检验。在对各零件的视图、尺寸、技术要求等加以调整、补充或修正的基础上，再画出零件图。

二、零件草图的画法

零件草图即目测尺寸，徒手画出零件的一组视图以及其他内容。徒手画图的方法在第一章已经介绍过，这里介绍零件草图的画法和步骤。

（一）零件草图的画图步骤

1. 了解、分析零件，确定视图表达方案　了解零件的名称、材料、功用及其在部件中的装配情况；了解零件的表面状况，哪些面是加工面？哪些面是毛坯面？哪些面是配合面、装配面？从而了解零件的加工过程和加工方法；了解零件的形状，分析零件的主要结构和工艺结构。

根据零件的加工位置、工作位置及形状特征选择主视图；根据零件的复杂程度和具体特

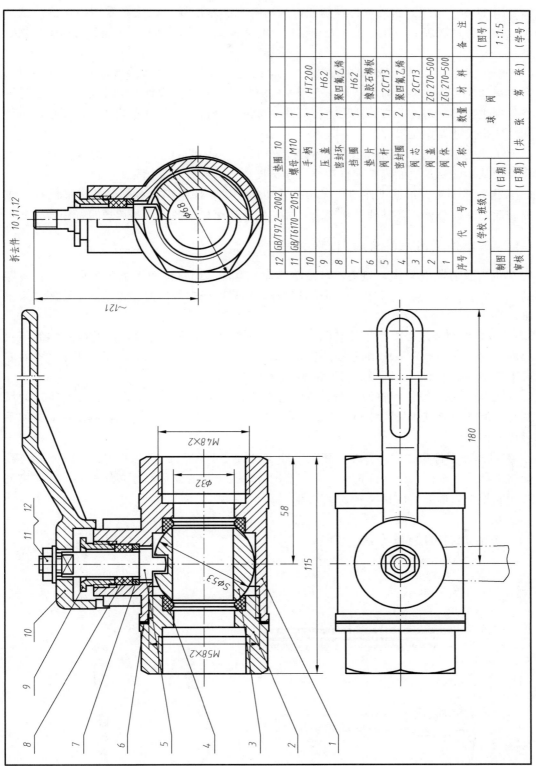

拆去件 10、11、12

12	GB/T97.2—2002	垫圈 10		1					
11	GB/T6170—2015	螺母 M10		1					
10		手柄		1	HT200				
9		压盖		1	H62				
8		密封环		1	聚四氟乙烯				
7		挡圈		1	H62				
6		垫片		1	橡胶石棉板				
5		阀杆		1	2Cr13				
4		密封圈		2	聚四氟乙烯				
3		阀芯		1	2Cr13				
2		阀盖		1	ZG 270-500				
1		阀体		1	ZG 270-500				
序号	代 号	名 称		数量	材 料			备 注	

				球 阀		(图号)	1:1.5
制图	(学校、班级)	(日期)		第 张			(学号)
审核		(日期)		(共 张)			

图 7-52 球阀装配图

M48×2
Φ32
S∅53
M58×2
58
115
Φ68
~121
180

点确定视图数量及表达方法；根据零件大小和视图数量选择比例和图幅。

2. 画出视图　首先画出图框、标题栏，画出各视图基准线以合理布置图面，然后按形体分析法画出各视图底稿。经仔细检查校核后，将粗实线描深、画出剖面线、对视图按规定进行标注。

3. 确定应标注的尺寸　选择尺寸基准，在草图上画出全部尺寸界线、尺寸线和箭头。

所注尺寸应确保完整，力求清晰、合理。应分析哪些尺寸是零件的主要尺寸，从设计要求出发选择主要尺寸基准并直接注出主要尺寸；按形体分析法，并从工艺要求出发注出零件各结构的定形尺寸及定位尺寸。

4. 测量并标注尺寸　使用量具逐一测量零件尺寸并注在草图上，对于配合尺寸及其他重要尺寸应从功能要求出发确定配合性质，注出尺寸公差或公差带代号。

5. 评定技术要求　根据零件的实际状况及功能要求，评定零件各部分的表面结构要求和重要表面的几何公差以及其他技术要求，并正确地注写在草图上。最后填写标题栏。

（二）画零件草图应注意的问题

① 零件草图虽名为草图，但决不可潦草马虎。草图是画零件图的重要依据，应具备零件图的完整内容。画零件草图时，必须认真细致，如果有错误或遗漏，将给画零件图带来很大困难。

② 对于零件制造过程中产生的缺陷（如铸造时产生的缩孔、裂纹，以及应对称的不对称、应同心的不同心等）和使用过程中造成的磨损、变形等，画草图时应予以纠正。而对零件上的工艺结构，如倒角、圆角、退刀槽等，虽小也应完整表达。

③ 测量的尺寸一般应圆整为整数。应注意对于标准结构要素（如螺纹、键槽等）的尺寸以及与标准件配合或相关联结构（如轴承孔、螺栓孔、销孔等）的尺寸，测量后应查阅手册取相近的标准值。

④ 测量标注零件尺寸时，要注意相关零件之间的尺寸关联性。例如，与标准件相连接、配合的结构和尺寸必须与标准件相吻合；相互配合的孔与轴的公称尺寸必须相同；有连接关系的二相邻零件的相关结构和尺寸必须协调一致。

三、零件尺寸的测量方法

（一）常用量具及其用法（图 7-53）

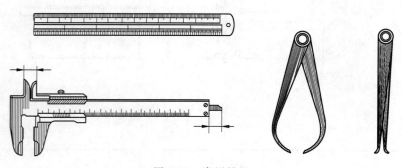

图 7-53　常用量具

钢直尺　用来直接测量精度要求不高的直线尺寸，如长度、高度、厚度、深度等。

卡钳　分外卡钳和内卡钳，分别用于测量回转面的外径和内径。测后需借助直尺读取测量值。

游标卡尺　用于测量较精密的回转体直径及直线尺寸。

（二）几种常用的测量方法

1. 直线尺寸的测量　直线尺寸一般可直接用钢直尺测量，对精度较高的尺寸则用游标卡尺测量。

2. 直径的测量　用内、外卡钳或游标卡尺测量，如图 7-54。

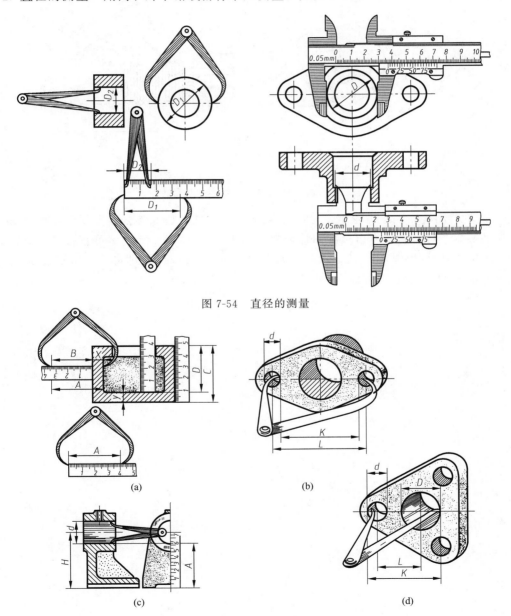

图 7-54　直径的测量

(a)　　　　　　(b)

(c)　　　　　　(d)

图 7-55　间接测量法

3. 间接测量法　零件上的壁厚、孔间距、中心高等尺寸可能很难直接测准，甚至无法直接量取，则需采用间接测量方法，如图 7-55。图 7-55（a）中的壁厚 $X=A-B$，$Y=C-D$；图 7-55（b）中的二等径孔的中心距 $L=K+d$；图 7-55（c）中孔的中心高 $H=A+d/2$；图 7-55（d）中二不等径孔的中心距 $L=K-(D+d)/2$。

4. 圆角半径和螺纹螺距的测量　圆角半径可使用圆角规直接测量，如图 7-56（a），对于精度不高的铸造圆角通常目测确定。普通螺纹的螺距可用螺纹规测量。无螺纹规时可用钢直尺量取数个螺距后取平均值，如图 7-56（b）中钢直尺测得螺距为 $P=L/6=10.5/6=1.75$。

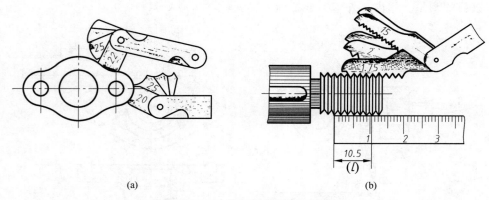

(a)　　　　　　　　　　　　　(b)

图 7-56　圆角半径和螺距的测量

5. 齿轮的测绘　测绘齿轮时，轮齿各部分尺寸需根据基本参数计算得到，因此必须确定齿轮的基本参数。对于直齿标准圆柱齿轮，齿形角 $\alpha=20°$，齿数 z 可直接数出，确定模数 m 时应先测出齿顶圆直径 d_a，然后根据公式 $d_a=m(z+2)$，即可计算出模数 z。

计算出的模数必须与标准模数核对，取相近的标准数值。

第八章

化工设备图

化学工业的产品有多种多样，它们的生产方法也各有不同。但是，化工生产过程大都可归纳为一些基本操作，如蒸发、冷凝、吸收、蒸馏及干燥等，称为单元操作。为了使物料进行各种反应和各种单元操作，就需要各种专用的化工设备。表示化工设备的形状、大小、结构和制造安装等技术要求的图样称为化工设备图。化工设备图也是按正投影法和机械制图国家标准绘制的，但由于化工设备的结构特点、制造工艺及技术要求等与一般机械有所不同，因而化工设备图在内容、画法和某些要求方面与上一章所学的机械图也有所区别。本章着重介绍这方面的内容。

第一节 概 述

一、化工设备图的作用和内容

（一）化工设备图的作用

表示化工设备的图样，一般包括设备装配图、部件装配图和零件图。本章着重讨论化工设备装配图，并简称为化工设备图。

化工设备图与上一章所学习的装配图有密切联系，但又有区别。从作用上来看，一般的机械制造依据零件图加工零件，装配图则主要用于装配和安装。但化工设备的制造工艺主要是用钢板卷制、开孔及焊接等，通常可以直接依据化工设备图进行制造。因此，化工设备图的作用是用来指导设备的制造、装配、安装、检验及使用和维修等。由于化工设备的结构和表达要求上所具有的特殊性，化工设备图的内容和表达方法上也就具有一些特殊性。

（二）化工设备图的内容

图 8-1 是一计量罐的装配图。虽然该设备的结构比较简单，但它包含了一张化工设备图所应有的基本内容。

1. 视图 用一组视图表示该设备的主要结构形状和零部件之间的装配连接关系。视图用正投影方法，按国家标准《技术制图》、《机械制图》及化工行业有关标准或规定绘制。

2. 尺寸 图上注写必要的尺寸，以表示设备的总体大小、规格、装配和安装等尺寸数

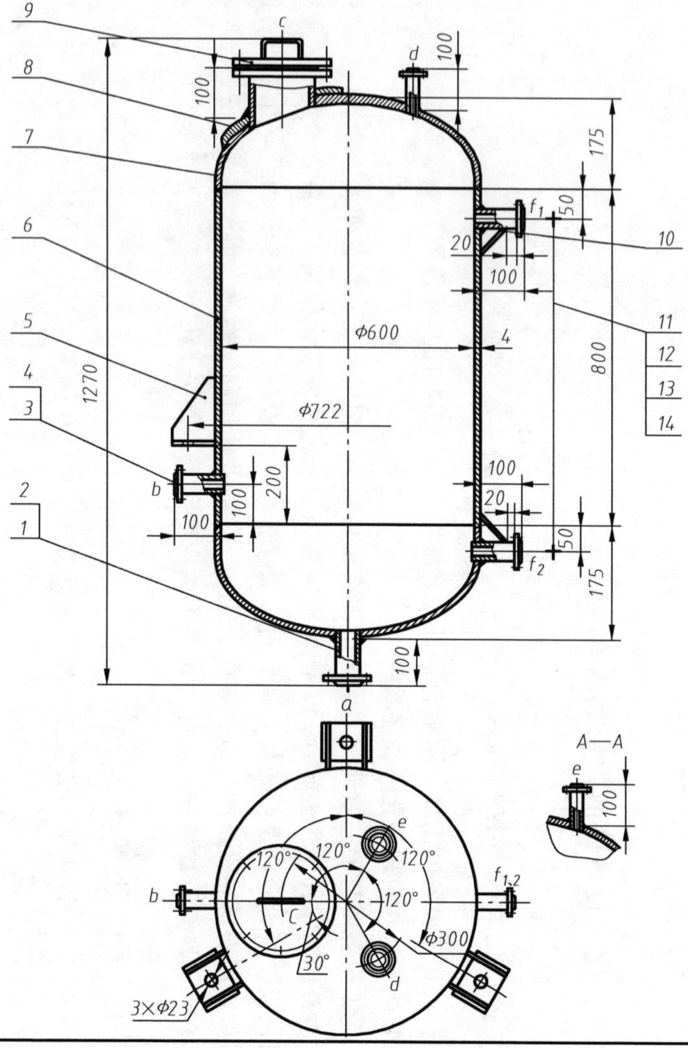

技术特性表

工作压力/MPa	常压	工作温度/℃	常温
设计压力/MPa	0.6	设计温度/℃	
物料名称	甲醛		
焊缝系数 Q			
腐蚀裕度 1mm			
容器类别			
全容积/m³	0.28		

管口表

符号	公称尺寸	连接尺寸标准	数量	连接面形式	用途或名称	
a	20	JB 81-1994 20-1	2	平面	物料出口	0.25
b	15	JB 81-1994 15-1	8	平面	取样口	0.09
c	150		1		手孔	7.9
d	20	JB 81-1994 20-1	2	平面	物料进口	5.80
e	20	JB 81-1994 20-1	1	平面	放空	1.56
f₁,₂	20	JB 81-1994 20-1.6		平面	液面计口	0.50

技术要求

1. 本设备按 JB 2880—1981 钢制焊接常压容器技术条件进行制造、试验和验收。
2. 焊接采用电焊,焊条为:不锈钢之间及不锈钢与碳钢之间为奥132,碳钢之间为结422。
3. 设备制造完毕后,盛水试漏。

序号	图号与标准号	名称	数量	材料	单重	总重	备注
14	JB/T 87-1994	垫片 φ58×2.5×2	2	石棉橡胶			
13	GB/T 5782-2016	螺栓 M12	8	Q235-A		0.25	
12	GB/T 6170-2015	螺母 M12	8	Q235-A		0.09	
11'	HG5-227-80	液面计	1	组合件		7.9	
10	JB/T 1165-1981	支承 4×20 L=150	2	Q235-A		5.80	
9	JB/T 589-1979	常压手孔 DN150	1	组合件			
8	JB/T 4736-2002	补强圈 DN150,t=4	1			1.56	
7	JB/T 4736-2002	封头 EHA 600×4	2	1Cr18Ni9Ti		27.6	
6		筒体 DN600×4 H=800	1	1Cr18Ni9Ti		48.0	
5	JB/T 4712.3-2007	耳式支座 A2-1	3	Q235-A		2.7	
4	JB/T 81-1994	法兰 15-1	1	1Cr18Ni9Ti		0.34	
3		接管 φ18×3 L=100	1	1Cr18Ni9Ti		0.02	
2	JB/T 81-1994	法兰 20-1	5	1Cr18Ni9Ti		2.10	
1	JB/T 81-1994	接管 φ25×2.5 L=100	5	1Cr18Ni9Ti		0.50	

计量罐

设计		阶段标记	重量 总重
审核			比例 1:10
工艺		共 张	第 张

标准化 / 批准 / 更改文件号 / 签名 年,月,日 / 分区 / 处数 / 标记

图 8-1 计量罐装配图

据，为制造、装配、安装、检验等提供依据。

3. 零部件编号及明细栏　对组成该设备的每一种零部件必须依次编号，并在明细栏中填写各零部件的名称、规格、材料、数量及有关图号或标准号等内容。

4. 管口符号和管口表　设备上所有的管口（物料进出管口、仪表管口等），均需注出符号（按拉丁字母顺序编号）。在管口表中列出各管口的有关数据和用途等内容。

5. 技术特性表　用表格形式列出设备的主要工艺特性（工作压力、工作温度、物料名称等）及其他特性（容器类别等）等内容。

6. 技术要求　用文字说明设备在制造、检验时应遵循的规范和规定以及对材料表面处理、涂饰、润滑、包装、保管和运输等的特殊要求。

7. 标题栏　用以填写该设备的名称、主要规格、作图比例、设备单位、图样编号，以及设计、制图、校审人员签字等项内容。

二、常见化工设备的类型

化工设备的种类很多，结构、形状、大小各不相同。常见的化工设备有：反应器、换热器、塔器和容器等。

（一）反应器

反应器通常又称为反应罐或反应釜，主要用来使物料在其中进行化学反应。为控制反应的速度和温度，反应器往往带有搅拌装置和传热装置。图 8-2 所示即为一个带搅拌的反应器，反应器的主要结构通常由如下几部分组成。

壳体——由筒体及上下两个封头焊接而成，它提供了物料的反应空间。上封头也常采用法兰结构与筒体组成可拆式连接。

传热装置——通过直接或间接的加热或冷却方式，以提供反应所需要的或带走反应产生的热量。常见的传热装置有蛇管式和夹套式。图示为间接式夹套传热装置，夹套由筒体和封头焊成。

搅拌装置——由搅拌轴和搅拌器组成。

传动装置——由电动机和减速器（带联轴器）组成。

轴封装置——指转轴部分的密封结构，一般有填料箱密封和机械（端面）密封两种。

其他装置——设备上必要的支座、人（手）孔、各种管口等通用零部件。

（二）换热器

换热器主要用来使两种不同温度的物料进行热量交换，以达到加热或冷却的目的。常见换热器种类有列管式、套管式、螺旋板式等，其中列管式换热器最为常用。列管式换热器又分为多种型式，如：固定管板式、浮头式、填函式、U形管式和滑动管板式等，但它们的基本结构和工作原理有不少共同之处。

图 8-3 为一固定管板式换热器，其主要结构除筒体、封头、支座等外，有密集的换热管束按一定的排列方式固定在两端的管板上，管板两端用法兰与封头和管箱连接。管束与两端封头连通，形成管程，筒体与管束围成的管外空间称壳程。换热器工作时，一种物料走管程，另一种物料走壳程，从而进行热量交换。

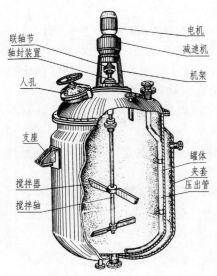

图 8-2 反应器

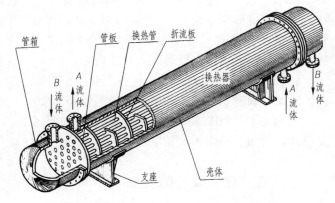

图 8-3 换热器

（三）塔器

化工生产过程中的吸收、精馏、萃取以及洗涤等操作需在塔器设备中进行，塔多为细而高的圆柱形立式设备，通常分板式塔和填料塔两大类。板式塔中又有泡罩塔、筛板塔、浮阀塔以及其他新型塔板等型式。填料塔也有各种型式。图 8-4 为一典型的填料塔结构。它由塔体、喷淋装置、填料、再分布器、栅板及气液体进出口、卸料孔、裙料孔、裙座等零部件组成。液体从塔顶部的喷淋装置向下喷淋，气体由塔底部进入上升，经过填料层，与液相充分接触，进行传热、传质或洗涤。为了使液体均匀下流，可在塔体的一定高度设再分布装置。填料用陶瓷、金属及工程塑料等材料作成各种表面积较大的形状，可以规则排列，也可以乱堆，填料层质量由栅板和支承圈支承。液体由塔底排出，气体由塔顶逸出。通过卸料孔可以定期更换或清洗填料。塔体用裙式支座支承于地基上。

（四）容器

容器主要用来储存物料，分为立式和卧式两类。图 8-5 所示即为一卧式容器，它由罐体、封头、人孔、管法兰、支座、液面计接管、加强圈等组成。

三、化工设备的常用零部件

各种化工设备虽然工艺要求不同，结构形状也各有差异，但是往往都有一些作用相同的零部件，如设备的支座、人孔、连接各种管口的法兰等。为了便于设计、制造和检修，把这些零部件的结构形状统一成若干种规格，使能相互通用，称为通用零部件。经过多

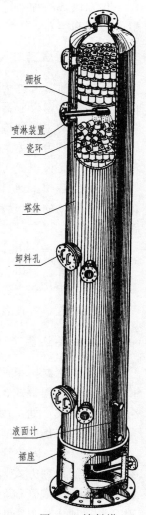

图 8-4 填料塔

年的实践，有关内容经国家有关部、局批准后，作为相应各级的标准颁布。已经制定并颁布标准的零部件，称为标准化零部件。

化工设备上的通用零部件，大都已经标准化。例如图 8-1 所示的计量罐，它由筒体、封头、人孔、管法兰、支座、液面计、补强圈等零部件组成。这些零部件都已有相应的标准，并在各种化工设备上通用。标准分别规定了这些零部件在各种条件（如压力、大小、使用要求等）下的结构形状和尺寸。设计、制造、检验、使用这些零部件都以标准为依据。因此，熟悉这些零部件的基本结构特征以及有关标准，必将有助于提高绘制和阅读化工设备图样的能力。为此，下面将简要介绍几种通用的零部件，更深入的了解可参阅相应的标准和专业书籍。

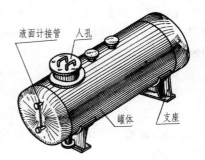

图 8-5　容器

（一）筒体与封头

筒体是设备的主体部分，一般由钢板卷焊而成，直径较小的（＜500mm）或高压设备的筒体一般采用无缝钢管。

封头是设备的重要组成部分，它与筒体一起构成设备的壳体。常见的封头形式有：椭圆形、碟形、锥形及球冠形等，椭圆形封头最为常见，如图 8-6（a）。封头和筒体可以直接焊接，形成不可拆卸的连接，也可以分别焊上法兰，通过螺纹连接构成可拆卸的连接。

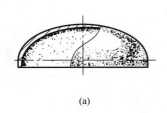
(a)

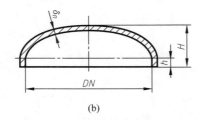
(b)

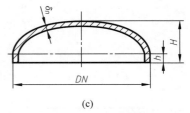
(c)

图 8-6　椭圆形封头

当筒体由钢板卷制时，筒体及其所对应的封头公称直径等于内径（代号 EHA），如图 8-6（b）。当筒体由无缝钢管作筒体时，则以外径作为筒体及其所对应的封头的公称直径（代号 EHB），其型式和尺寸如图 8-6（c）。

【标记示例】　封头的内径为 1600mm，名义厚度为 18mm，材质为 16MnR 的椭圆形封头，其标记为：

EHA1600×18-16MnR　　JB/T 4746—2002

标准椭圆形封头的规格和尺寸系列，参见附录表 14。

（二）法兰

法兰连接是一种可拆连接，在化工行业应用较为普遍。

法兰就是连接（一般用焊接）在筒体、封头或管子一端的一圈圆盘，盘上均匀分布若干个螺栓孔，两节筒体（或管子）或筒体与封头通过一对法兰，用螺栓连接在一起，如图 8-7。两个法兰的接触面之间放有垫片，以使连接处密封不漏。因此，所谓法兰连接实际上由一对法兰、密封垫片和螺栓、螺母、垫圈等零件组成。

化工设备用的标准法兰有两类：管法兰和压力容器法兰（又称设备法兰）。前者用于管子的连接，后者用于设备筒体（或封头）的连接。

1. 管法兰　管法兰常见的结构形式有：板式平焊法兰、对焊法兰、整体法兰和法兰盖等，如图 8-8。

法兰密封面形式主要有凸面、凹凸面、榫槽面和全平面四种，如图 8-9。

【标记示例】　管法兰的公称直径为 100mm，公称压力 2.5MPa，尺寸为系列 2 的凸面板式钢制管法兰（见附表 15），其标记为：

　　法兰　100-2.5　JB/T 81—1994

2. 压力容器法兰　压力容器法兰的结构形式有三种：甲型平焊法兰、乙型平焊法兰和长颈对焊

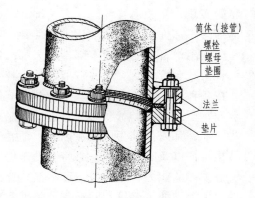

图 8-7　法兰连接

法兰。压力容器法兰的密封面型式有平密封面、凹凸密封面和榫槽密封面等，其密封面结构和代号如图 8-10。

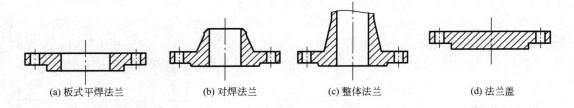

(a) 板式平焊法兰　　(b) 对焊法兰　　(c) 整体法兰　　(d) 法兰盖

图 8-8　管法兰的结构形式

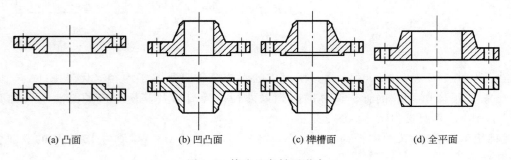

(a) 凸面　　(b) 凹凸面　　(c) 榫槽面　　(d) 全平面

图 8-9　管法兰密封面形式

【标记示例】　压力容器法兰，公称直径 600mm，公称压力 1.6MPa，密封面为 PⅡ型平密封面的甲型平焊法兰（见附表 16），其标记为：

　　法兰－PⅡ 600-1.6　JB/T 4701—2000

（三）人孔和手孔

为了便于安装、检修或清洗设备内部的装置，需要在设备上开设人孔和手孔。人孔、手孔的基本结构类同，如图 8-11，通常是在短节（或管子）上焊一法兰，盖上人（手）孔盖，用螺栓、螺母连接压紧，两个法兰密封面之间放有垫片，人（手）孔盖上带有手柄。

手孔的直径，应使操作人员戴上手套并握有工具的手能顺利通过。标准规定有 $DN150$ 和 $DN250$ 两种。

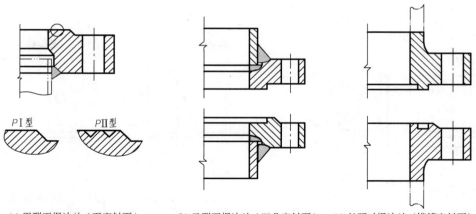

(a) 甲型平焊法兰（平密封面）　　(b) 乙型平焊法兰（凹凸密封面）　　(c) 长颈对焊法兰（榫槽密封面）

图 8-10　压力容器法兰结构形式

人孔的大小，既要考虑人的安全进出，又要尽量减少因开孔过大而使器壁强度削弱过多。人孔有圆形和椭圆形两种，圆形人孔的最小直径为 400mm，椭圆孔最小尺寸为 400mm×300mm。人孔与手孔规格见书后附表 17。

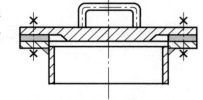

图 8-11　人孔的基本结构

（四）支座

设备的支座用来支承设备的重量和固定设备的位置。支座有适用于立式设备和卧式设备两大类，分别按设备的结构形状、安放的位置、材料和载荷情况而有多种型式。下面介绍两种类型支座。

1. 耳式支座　图 8-12 为耳式支座，用于悬挂式立式设备。它的结构由肋板、底板盖板和垫板焊接而成，垫板焊在设备的筒体上。底板上有螺栓孔，以用螺栓将设备固定在楼板或钢梁等基础上。

在设备周围，一般均匀分布四个悬挂式支座，安装后使设备成悬挂状。小型设备也可用三个或两个支座。耳式支座分为 A 型（短臂）、B 型（长臂）和 C 型（加长臂），并规定有 8 种规格，应根据设备公称直径和负荷的大小选用。其型式和尺寸见附表 18。

【标记示例】A 型，3 号耳式支座，支座材料 Q235A，垫板材料 Q235A，其标记为：

JB/T 4712.3—2007 耳式支座 A3-Ⅰ。

2. 鞍式支座　图 8-13 为鞍式支座，是卧式设备中应用最广的一种支座。它主要是由一块竖板支承着一块弧形板（与设备外形相贴合），竖板焊接在底板上，中间又焊接若干块肋板组成，以承受设备的负荷。

卧式设备一般用两个鞍式支座，当设备过长时，应增加支座数目。

鞍式支座分为轻型（A 型）和重型（B 型）两种。根据安装形式不同，又分为固定式（代号为 F）和滑动式（代号为 S）两种，其结构和尺寸见附表 19。

【标记示例】公称直径 $DN325$mm，包角 120°、重型不带垫板、标准尺寸的弯制固定式鞍座，其标记为：

JB/T 4712.1—2007，鞍座　BV325—F

设备的支座除上述两种外，还有腿式支座（JB/T 4712.1）和支承式支座（JB/T 4712.4）。

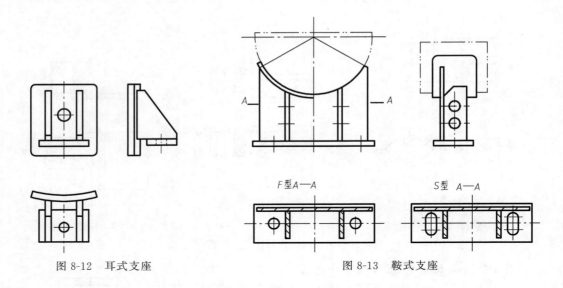

图 8-12　耳式支座　　　　　　　　　　　图 8-13　鞍式支座

第二节　化工设备图的视图表达

一、化工设备的结构特点

从前面对几种典型设备的分析中，可归纳出化工设备结构上的一些共同特点。

1. 壳体以回转形体为主　化工设备的壳体主要由筒体和封头两部分组成，其中筒体以回转体为主，尤以圆柱形居多，一般由钢板卷焊而成，直径小于 500mm 的筒体，也有用无缝钢管制成的。封头以椭圆形、球形等回转体最为常见。

2. 尺寸相差悬殊　化工设备的总体尺寸与设备的某些局部结构（例如壁厚，管口等）的尺寸，往往相差悬殊。如图 8-1 中，壁厚与直径尺寸相差很大。

3. 有较多的开孔和管口　根据化工工艺的需要（如物料的进出，仪表的装接等）在设备壳体的轴向和周向位置上，往往有较多的开孔和管口，用以安装各种零部件和连接管路，如图 8-1，在设备上分布有手孔和五个管口。

4. 大量采用焊接结构　化工设备各部分结构的连接和零部件的安装连接，广泛采用焊接的方法。如图 8-1 所示，不仅筒体由钢板卷焊而成，其他结构，如筒体与封头，管口，支座，人孔的连接，也大多采用焊接方法。

5. 广泛采用标准化，通用化，系列化的零部件　化工设备上一些常用零部件，大多已由有关部门制订了标准或尺寸系列。因此在设计中广泛采用标准零部件和通用零部件。如图 8-1 中人孔，管法兰，封头等均为标准化零部件。

由于上述结构的基本特点，因而形成了化工设备在图示方面的一些特殊表达方法。

二、化工设备图的表达特点

（一）基本视图的选择和配置

化工设备的主体结构较为简单，且以回转体居多，通常选择两个基本视图来表达。立式设备采用主、俯两个基本视图，如图 8-1；卧式设备通常采用主、左视图。主视图主要表达设备的装配关系、工作原理和基本结构，通常采用全剖视或局部剖视。俯（左）视图主要表达管口的径向方位及设备的基本形状，当设备径向结构简单，且另画了管口方位图时，俯（左）视图也可以不画。

对于形体狭长的设备，两个视图难于在幅面内按投影关系配置时，允许将俯（左）视图配置在图纸的其他处，但须注明视图名称或按向视图进行标注。

（二）多次旋转的表达方法

由于化工设备多为回转体，设备壳体周围分布着各种管口或零部件，为了在主视图上清楚地表达它们的真实形状、装配关系和轴向位置，可采用多次旋转的表达方法——假想将设备周向分布的一些接管、孔口或其他结构，分别旋转到与主视图所在的投影面平行的位置画出，并且不需标注旋转情况。如图 8-1 所示，接管 d 是按逆时针方向假想旋转了 $60°$ 之后在主视图上画出的。

（三）管口方位的表达方法

化工设备上的管口较多，它们的方位在设备的制造，安装和使用时，都极为重要，必须在图样中表达清楚。

1. 管口的标注　主视图采用了多次旋转画法后，为避免混乱，在不同视图上，同一管口需用相同的小写字母 a，b，c…等（称为管口符号）加以编号。相同管口的管口符号可用不同脚标的相同字母表示，如 b_1、b_2。

2. 管口方位图　管口在设备上的径向方位，除在俯（左）视图上表示外，还可仅画出设备的外圆轮廓，用中心线表示管口位置，用粗实线示意性地画出设备管口，称为管口方位图。管口方位图上应标注与主视图上相同的管口符号，如图 8-14。

管口方位图不仅是化工设备图中的一种表达方法，而且也是化工工艺图的一项重要内容。管口方位图实际上是由工艺设计提出的，因为管口方位决定于管道的布置。在化工设备图上，它用来对俯视图（左）进行补充或简化代替，当必须画出俯视图（左），管口方位在该视图上又能表达清楚时，可不必再画管口方位图。

（四）局部结构的表达方法

由于设备总体与某些零部件的大小相差悬殊，按基本视图的绘图比例，往往无法同时将某些局部结构表达清楚。为了解决这个矛盾，在化工设备图上往往较多地采用局部详图的表达方法，其画法与标注与机械制图中的局部放大图是一致的。如图 8-15 中，圈出的部分是塔设备底支座承圈的一部分，原图为单线的简化画法，而放大图则画出三个局部剖视图。除局部放大图外，化工设备图中画在基本视图之外的剖视图、断面图、向视图以及单独表示的零件的视图等，可不按基本视图的比例，而放大（也允许缩小）画出，但须在原有标注的下面注明所采用的比例。

除了采用局部放大的画法外，还常采用夸大的表达方法，例如设备的壁厚，垫片，挡板，折流板等，其尺寸按比例一般无法画出，这就需要适当地将其夸大，其中剖面符号允许用涂黑（或涂色）的方法表示。

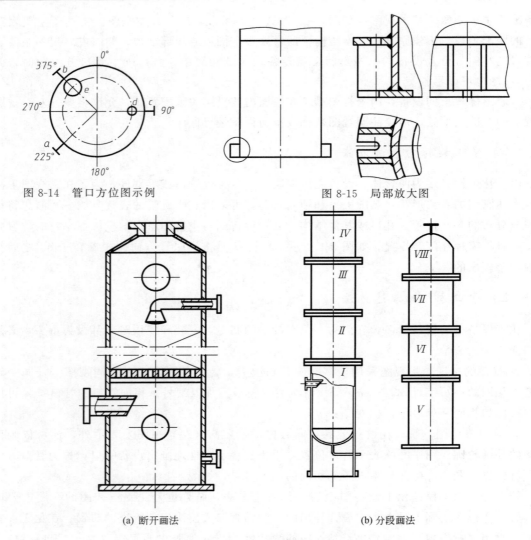

图 8-14 管口方位图示例   图 8-15 局部放大图

(a) 断开画法   (b) 分段画法

图 8-16 断开和分层画法

（五）断开和分段（层）的表达方法

较长（或较高）的设备，在一定长度（或高度）方向上的形状结构相同，或按规律变化或重复时，可采用断开的画法，以便于选用较大的作图比例和合理地利用图幅。如图 8-16（a）所示填料塔，在填料层部分采用了断开画法。

有些设备形体较长，又不适于采用断开画法，则可采用分段或分层的画法，如图 8-16（b）。

当主视图采用了断开或分段（层）画法，不能完整地反映设备的整体形状和各部分的相对位置时，可另外单独画一表示设备整体情况的图形。该图形采用缩小的比例，一般用单线示意性地画出。如图 8-17（a）反映塔设备的整体形状和构造，图 8-17（b）主要表达换热器折流板的排列情况。

三、化工设备图中的简化画法

化工设备图中，除采用国家标准《技术制图》和《机械制图》的规定画法和简化画法

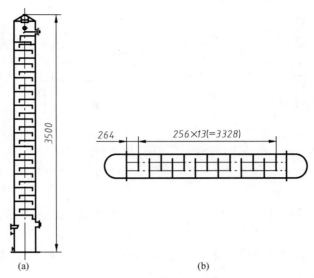

图 8-17　设备整体的表达方法

外，根据化工设备的特点，并在多年实践的基础上，有关部门对化工设备图作了一些进一步的简化规定。

（一）有标准图、复用图或外购的零部件的简化画法

有标准图、复用图或外购的零部件，如：减速机、电动机、人（手）孔、视镜、填料箱、搅拌桨叶等，在化工设备图中只需按主要尺寸按比例用粗实线画出表示它们特性的外形轮廓即可，图 8-18 中列出了几种简化的外形轮廓画法。注意要在明细栏中注写其名称、规格、标准号等。

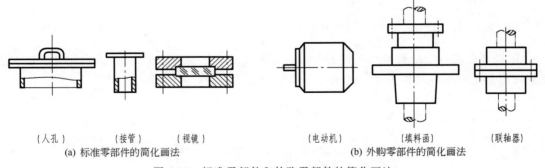

（人孔）　　　（接管）　　　（视镜）　　　　　　（电动机）　　（填料函）　　（联轴器）
(a) 标准零部件的简化画法　　　　　　　　　　(b) 外购零部件的简化画法

图 8-18　标准零部件和外购零部件的简化画法

（二）管法兰的简化画法

在装配图中，不论管法兰的连接面是什么形式（平面、凹凸面、榫槽面），管法兰的画法均可如图 8-19 简化表示，其连接面形状及焊接型式（平焊、对焊等），可在明细栏及管口表中注明。

（三）重复结构的简化画法

① 螺栓孔可用中心线和轴线表示，可以省去圆孔的投影，如图 8-20 （a）。

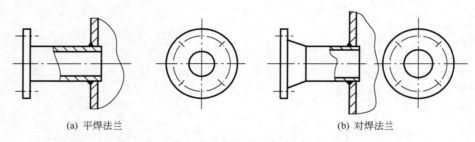

(a) 平焊法兰　　　　　　　　　　　　　(b) 对焊法兰

图 8-19　管法兰的简化画法

② 螺栓连接可用符号"×"（粗实线）表示，若数量较多均匀分布时，可以只画出几个符号表示其分布方位，如图 8-20（b）。

③ 设备中同种材料、同一规格和同一堆放方法的填料层，在剖视图中，可用相交的细实线表示，同时注写有关的尺寸和文字说明（规格和堆放方法）。对装有不同规格或堆放方法不同的填充物，必须分层表示，分别注明填充物的规格和堆放方法，如图 8-21。

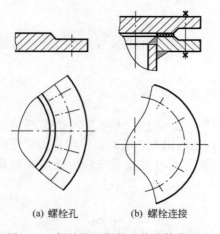

(a) 螺栓孔　　　　(b) 螺栓连接

图 8-20　螺栓孔和螺栓连接的简化画法

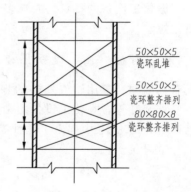

50×50×5
瓷环乱堆

50×50×5
瓷环整齐排列

80×80×8
瓷环整齐排列

图 8-21　填充物的简化画法

④ 设备中按一定的规律排列成的管束（如列管式换热器中的换热管），在化工设备图中仅需画出其中一根或几根管子，其余管子均用中心线表示，如图 8-22。

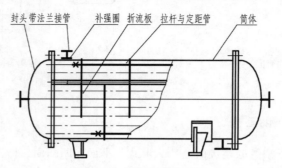

封头带法兰接管　补强圈　折流板　拉杆与定距管　　简体

图 8-22　管束的简化画法

⑤ 多孔板上的直径相同且按一定角度规则排列的孔，可用按一定的角度交叉的细实线表示出孔的中心位置及孔的分布范围，只需画出几个孔并注明孔数和孔径，如图 8-23（a）；

若孔径相同且以同心圆的方式排列时，其简化画法如图 8-23（b）；多孔板在剖视图中，可只画出孔的中心线，如图 8-23（c）。

（四）液面计的简化画法

在设备图中，带有两个接管的玻璃管液面计，可用点画线和符号"＋"（粗实线）简化表示，如图 8-24。

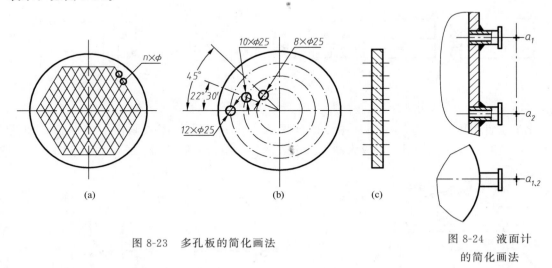

图 8-23　多孔板的简化画法

图 8-24　液面计的简化画法

四、化工设备图中焊缝的表达方法简介

（一）概述

焊接是一种不可拆的连接形式。由于它施工简便，连接可靠，在化工设备制造、安装过程中被广泛采用，筒体、封头、管口、法兰、支座等零部件的连接，大都采用焊接。

1. 焊接方法　焊接的方法和种类很多，GB/T 5185—2005 规定，在图样中标注各种焊接方法时用阿拉伯数字组成的代号来表示。制造化工设备常用的焊接方法是电弧焊。电弧焊就是利用电弧产生的高热量来熔化焊口和焊条，使构件连接在一起，根据操作方法可分为手工电弧焊（代号为 111）、埋弧焊（代号为 12）等。

2. 焊接接头　常见的焊接接头有对接、搭接、角接和 T 字接四种基本形式，如图 8-25。

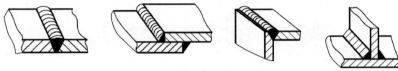

图 8-25　焊接的接头形式

（二）焊缝的规定画法（图示法）

工件经焊接后所形成的接缝称为焊缝。国家标准（GB/T 12212—1990）规定，在图

样中一般用焊缝符号表示焊缝，但也可采用图示法表示焊缝。需在图样中简易地绘制焊缝时，可用视图、剖视图或断面图表示。在视图中，可见焊缝用细实线绘制的栅线（允许徒手绘制）来表示，也允许采用特粗线（$2d \sim 3d$，d 为粗实线宽度）表示，但在同一图样中，只允许采用一种方法；在剖视图或断面图中，焊缝的金属熔焊区涂黑表示，如图 8-26。

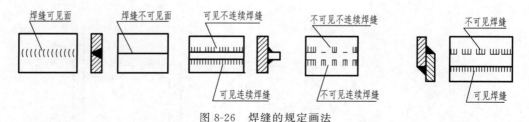

图 8-26　焊缝的规定画法

化工设备图中，一般仅在剖视图或断面图中按焊接接头的型式画出焊缝断面，如图 8-27。对于重要焊缝，须用局部放大图，详细表示焊缝结构的形状和有关尺寸，如图 8-28。

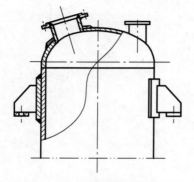

图 8-27　化工设备图中焊缝的画法

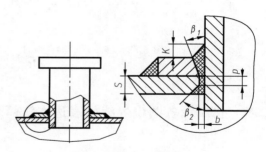

图 8-28　焊缝的局部放大图

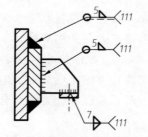

图 8-29　焊缝的画法及标注

（三）焊缝符号表示法

为简化图样，不使图样增加过多的注解，有关焊缝的要求通常用焊缝符号来表示，如图 8-29。

焊缝符号一般由基本符号与指引线组成。必要时还可以加上辅助符号、补充符号和焊缝尺寸符号。具体规定可参见 GB/T 324—1988 及有关资料。

第三节　化工设备图的标注

一、尺寸标注

化工设备图上的尺寸标注，除遵守国家标准《机械制图》中有关的规定外，应结合化工设备的特点，满足化工设备制造、装配、检验、安装的要求。

（一）尺寸种类

化工设备图与机械装配图一样，不要求注出所有零部件的全部尺寸。但由于化工设备图可直接用于设备的制造，故所需标注的尺寸数量比装配图要多一些。化工设备图一般标注下列几类尺寸（图 8-1）。

1. 特性尺寸　反映设备的主要性能、规格的尺寸。如设备筒体的内径"$\phi600$"，筒体高度"800"等尺寸，以表示该设备的主要规格。

2. 装配尺寸　表示零部件间装配关系和相对位置的尺寸，是制造化工设备时的重要依据。化工设备图的尺寸数量比机械装配图多，主要体现在这类尺寸上。应做到每一种零部件在设备图上都有明确的定位。如决定管口 d 装配位置的尺寸"$\phi300$"和角度"120°"以及管口的伸出长度"100"。

3. 安装尺寸　表明设备安装在基础或其他构件上所需的尺寸。如支座上地脚螺栓孔的中心距"$\phi722$"及孔径"$\phi23$"。

4. 外形（总体）尺寸　表示该设备的总长、总宽、总高的尺寸，以示出该设备所占的空间，为设备的包装、运输、安装以及厂房涉及提供数据。如图中的总高尺寸为"1270"。

5. 其他尺寸　化工设备图根据需要还应注出：

① 零部件的规格尺寸；

② 设计的重要尺寸，如壁厚；

③ 不另行绘图的零件的有关尺寸。

（二）化工设备图尺寸标注的特点

从设计要求和制造工艺来看，化工设备比一般机械的尺寸精确度要低得多，因此尺寸标注的要求与机械图也有所不同。如化工设备图中的轴向尺寸常常采用链式注法，并允许注成封闭的尺寸链；某些较大尺寸（如总高）常在尺寸数字前加"～"表示近似；有些尺寸数字加括号"（　）"以示参考之义。

化工设备图的尺寸基准的选择也较简单，一般以设备壳体轴线作为径向基准，以设备筒体和封头的环焊缝或设备法兰的端面以及支座的底面等为轴向基准。例如图 8-30（a）中所示的卧式容器，其横向的定位尺寸是以封头和筒体的环焊缝（基准Ⅰ）为基准，高度方向则以设备筒体和封头的轴线（基准Ⅱ）支座的底面（基准Ⅲ）为基准来定位的。图 8-30（b）中所示的立式设备，以容器法兰的端面（基准Ⅰ）及筒体与封头的环焊缝（基准Ⅱ）为基准来标注高度方向的定位尺寸。

二、管口表

管口表是说明设备上所有管口的用途、规格、连接面形式等内容的一种表格，供备料、制造、检验、使用时参阅，也是读图时了解物料来龙去脉的重要依据。

管口表一般画在明细栏的上方。管口表的格式见表 8-1。

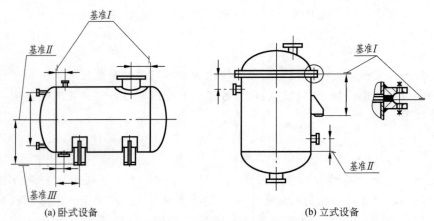

图 8-30　化工设备图的尺寸基准

表 8-1　管口表

符号	公称尺寸	连接尺寸、标准	连接面形式	用途或名称

① 管口表中的符号应和视图中的符号相同，自上而下顺序填写。当管口规格、标准、用途完全相同时，可合并成一项填写，如 $b_{1\sim3}$。

② 公称尺寸栏按管口的公称直径填写。无公称直径的管口，则按管口实际内径填写。

三、技术特性表

技术特性表是将该设备的工作压力、工作温度、物料名称等以及反应设备特征和生产能力的重要技术特性指标以表格形式单独列出。一般放在管口表的上方。技术特性表的格式见表 8-2 和表 8-3，这两种格式适用于不同类型的设备。

表 8-2　技术特性表（一）

工作压力/MPa		工作温度/℃	
设计压力/MPa		设计温度/℃	
物料名称			
焊缝系数		腐蚀裕度/mm	
容器类别			

表 8-3　技术特性表（二）

	管　程	壳　程
工作压力/MPa		
工作温度/℃		
设计压力/MPa		
设计温度/℃		
物料名称		
换热系数		
焊缝系数		
腐蚀裕度/mm		
容器类别		

四、技术要求

技术要求作为设备制造、装配、检验等过程中的技术依据，是化工设备图上不可缺少的一项重要内容，而且已趋于规范化。技术要求通常包括以下几方面内容。

1. 通用技术条件　通用技术条件是同类化工设备在制造（机加工和焊接）、装配、检验等诸方面的技术规范，已形成标准，在技术要求中直接引用。

2. 焊接要求　焊接是化工设备的主要制造工艺，是决定设备质量的一个重要方面，因而是检验设备的一项主要内容。在技术要求中，通常对焊接方法、焊条、焊剂等提出要求。

3. 设备的检验要求　化工设备的质量不但影响设备的使用性能，而且影响整个化工过程的连续化生产，对于中、高压设备甚至直接关系着人身安全。因此，化工设备必须经过严格的检验。一般需对主体设备进行水压和气密性试验，对焊缝进行探伤等。技术要求中应对检验的项目、方法、指标作出明确要求。

4. 其他要求　说明在图中不能（或没有）表示出来的设备制造、装配、安装要求，以及在设备的防腐、保温、包装、运输等方面的特殊要求。

五、零部件序号、明细栏和标题栏

零部件序号、明细栏和标题栏的内容、格式及要求与机械装配图相同。

第四节　读化工设备图

一、读化工设备图的基本要求

通过化工设备图的阅读，应达到以下基本要求。

① 了解设备的名称、用途、性能和主要技术特性。

② 了解各零部件的材料、结构形状、尺寸以及零部件间的装配关系。

③ 了解设备整体的结构特征和工作原理。

④ 了解设备上的管口数量和方位。

⑤ 了解设备在设计、制造、检验和安装等方面的技术要求。

阅读化工设备图的方法和步骤与阅读机械装配图基本相同，但应注意化工设备图独特的内容和图示特点。

二、读化工设备图的一般方法和步骤

阅读化工设备图，一般可按下列方法步骤进行。

（一）概括了解

首先看标题栏，了解设备名称、规格、绘图比例等内容；看明细栏，了解零部件的数量及主要零部件的选型和规格等；粗看视图并概括了解设备的管口表、技术特性表及技术要求中的基本内容。

（二）详细分析

1. 视图分析　了解设备图上共有多少个视图，哪些是基本视图？各视图采用了哪些表达方法？并分析各视图之间的关系和作用等。

2. 零部件分析　以主视图为中心，结合其他视图，将某一零部件地从视图中分离出来，并通过序号和明细栏联系起来进行分析。零部件分析的内容包括：

① 结构分析，搞清该零部件的型式和结构特征，想象出其形状；

② 尺寸分析，包括规格尺寸、定位尺寸及注出的定形尺寸和各种代（符）号；

③ 功能分析，搞清它在设备中所起的作用；

④ 装配关系分析，即它在设备上的位置及与主体或其他零部件的连接装配关系。

对标准化零部件，还可根据其标准号和规格查阅相应的标准进行进一步的分析。

分析接管时，应根据管口符号把主视图和其他视图结合起来，分别找出其轴向和径向位置，并从管口表中了解其用途。管口分析实际上是设备的工作原理分析的主要方面。

化工设备的零部件一般较多，一定要分清主次，对于主要的、较复杂的零部件及其装配关系要重点分析。此外，零部件分析最好按一定的顺序有条不紊地进行，一般按先大后小、先主后次、先易后难的步骤，也可按序号顺序逐一地进行分析。

3. 分析工作原理　结合管口表，分析每一管口的用途及其在设备的轴向和径向位置，从而搞清各种物料在设备内的进出流向，这即是化工设备的主要工作原理。

4. 分析技术特性和技术要求　通过技术特性表和技术要求，明确该设备的性能、主要技术指标和在制造、检验、安装等过程中的技术要求。

（三）归纳总结

在零部件分析的基础上，将各零部件的形状以及在设备中的位置和装配关系，加以综合，并分析设备的整体结构特征，从而想象出设备的整体形象。还需对设备的用途、技术特性、主要零部件的作用、各种物料的进出流向即设备的工作原理和工作过程等进行归纳和总结，最后对该设备获得一个全面的、清晰的认识。

三、读图实例

以图 8-31 换热器为例，说明化工设备图的读图方法和步骤。

（一）概括了解

图 8-31 中的设备名称是换热器，其用途是使两种不同温度的物料进行热量交换，绘图比例 1:10。换热器由 25 种零部件所组成，其中有 14 种标准件。

换热器管程内的介质是水，工作压力为 0.4MPa，工作温度为 32~37℃；壳程内介质是丙烯丙烷，工作压力为 1.6MPa，工作温度为 40~44℃换热器共有 5 个接管，其用途、尺寸见管口表。

该设备用了 1 个主视图、2 个剖视图、2 个局部放大图以及一个设备整体示意图。

（二）详细分析

1. 视图分析　图 8-31 中主视图采用全剖视表达换热器的主要结构、各个管口和零部件在轴线方向上的位置和装配情况；主视图还采用了断开画法，省略了中间重复结构，简化了作图；换热器管束采用了简化画法，仅画一根，其余用中心线表示。

A—A 剖视图表示了各管口的周向方位和换热管的排列方式。B—B 剖视图补充表达了鞍座的结构形状和安装等有关尺寸。

局部放大图 I 、II 表达管板与有关零件之间的装配连接情况。示意图用来表达折流板在设备轴线方向的排列情况。

2. 零部件分析　该设备筒体（件 14）和管板（件 6），封头（件 1）和容器法兰（件 4）的连接都采用焊接，具体结构见局部放大图 II ；各接管与壳体的连接，补强圈与筒体、封头的连接也都采用焊接。封头与管板用法兰连接，法兰与管板间有垫片（件 5）形成密封，防止泄漏，换热管（件 15）与管板的连接采用胀接，见局部放大图 I 。

拉杆（件 12）左端螺纹旋入管板，拉杆上套上定距管用以确定折流板之间的距离，见局部放大图 I 。折流板间距等装配位置的尺寸见折流板排列示意图。管口的轴向位置与周向方位可由主视图和 A—A 剖视图读出。

零部件结构形状的分析与阅读一般机械装配图时一样，应结合明细栏的序号逐个将零部件的投影从视图中分离出来，再弄清其结构形状和大小。

对标准化零部件，应查阅相关标准，弄清它们的结构形状及尺寸。

3. 分析工作原理（管口分析）　从管口表可知设备工作时，冷却水自接管 a 进入换热管，由接管 d 流出；温度高的物料从接管 b 进入壳体、经折流板转折流动，与管程内的冷却水进行热量交换后，由接管 e 流出。

4. 技术特性分析和技术要求　从图中可知该设备按《钢制管壳式换热器技术条件》等进行制造、试验和验收，并对焊接方法、焊接形式、质量检验提了要求，制造完后除进行水压试验外，还需进行气密性试验。

（三）归纳总结

由前面的分析可知，该换热器的主体结构由圆柱形筒体和椭圆形封头通过法兰连接构成，其内部有 360 根换热管，并有 14 个折流板。

设备工作时，冷却水走管程，自接管 a 进入换热管，由接管 d 流出；高温物料走壳程，从接管 b 进入壳体，由接管 e 流出。物料与管程内的冷却水逆向流动，并通过折流板增加接触时间，从而实现热量交换。

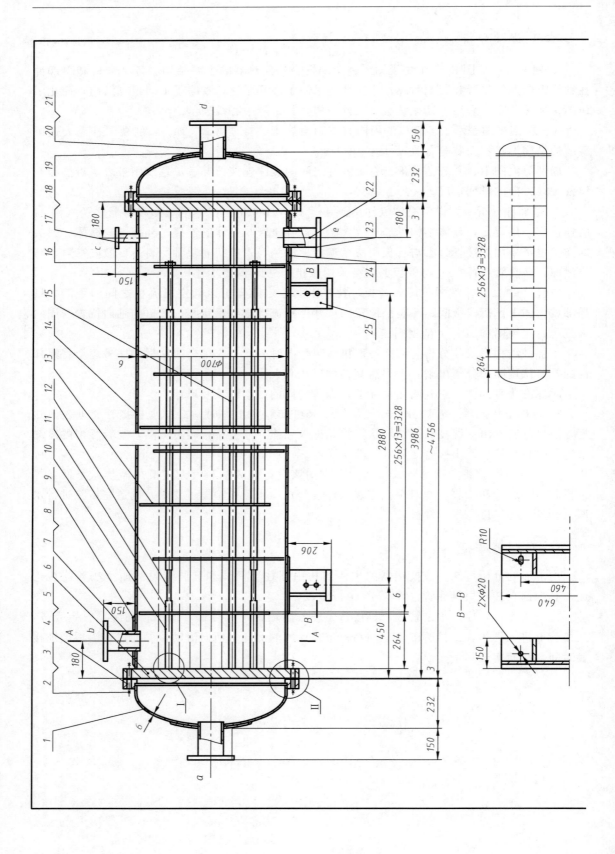

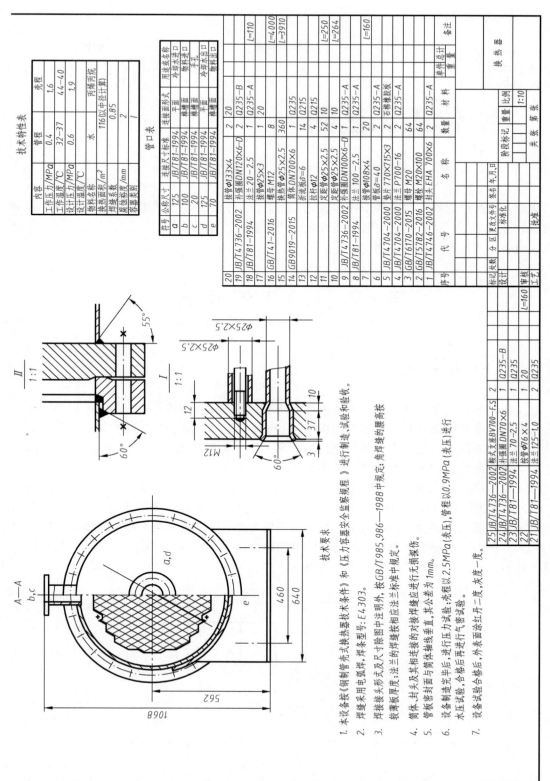

技术特性表

内容		管程	壳程
工作压力/MPa		0.4	1.6
工作温度/℃		32~37	4.4~4.0
设计压力/MPa		0.6	1.9
设计温度/℃			
物料名称		水	丙烯丙烷
换热面积/m²		116(以中径计算)	
焊缝系数		0.85	
腐蚀裕度/mm		2	1
容器类别			

管口表

符号	公称尺寸	连接尺寸、标准	连接面形式	用途或名称
a	125	JB/T81—1994	平面	冷却水进口
b	100	JB/T81—1994	平面	物料进口
c	20	JB/T81—1994		手孔
d	125	JB/T81—1994	平面	冷却水出口
e	70	JB/T81—1994	榫槽面	物料出口

序号	代号	名称	数量	材料	备注
20		接管φ133×4	2	20	
19	JB/T4736—2002	补强圈DN120×6-D	2	Q235-B	
18	JB/T81—1994	法兰20—2.5	1	Q235-A	L=110
17	JB/T81—1994	接管φ25×3	1	20	
16	GB/T41—2016	螺母M12	8		
15	GB9019—2015	换热管φ25×2.5	360		L=4000
14	GB9019—2015	筒体DN700×6	1	Q235	L=3910
13		折流板δ=6	14	Q215	
12		拉杆φ12	4	Q215	
11		定距管φ25×2.5	52	10	
10		定距管φ25×2.5	4	10	L=250
9	JB/T4736—2002	补强圈DN100×6-D	1	Q235-A	L=264
8	JB/T81—1994	法兰100—2.5	1	Q235-A	
7		接管φ108×4	20	20	
6		管箱φ6=4.0	2	Q235-A	L=160
5	JB/T4704—2000	垫片770×715×3	2	石棉橡胶板	
4	JB/T4704—2000	法兰P700—16	2	Q235-A	
3	GB/T6170—2015	螺母M20	64		
2	GB/T5782—2016	螺栓M20×100	64		
1	JB/T4746—2002	封头EHA 700×6	2	Q235-A	

技术要求

1. 本设备按《钢制管壳式换热器技术条件》和《压力容器安全监察规程》进行制造、试验、验收。
2. 焊缝采用电弧焊，焊条型号：E4303。
3. 焊接接头形式及尺寸除图中注明外，按GB/T985、986—1988中规定；角焊缝的腰高按较薄板厚度；法兰的对接焊缝应相应法兰标准中规定。
4. 筒体、封头及其相连接的对接焊缝应进行无损探伤。
5. 管箱封面与筒体轴线垂直，其公差为1mm。
6. 设备制造完毕后，进行压力试验；壳程以2.5MPa(表压),管程以0.9MPa(表压)进行水压试验，合格后再进行气密试验。
7. 设备试验合格后，外表面涂红丹二度，灰度一度。

25	JB/T4736—2002	鞍式支座BV700—F,S	2	Q235-B	
24	JB/T4736—2002	补强圈DN70×6	1	Q235	
23	JB/T81—1994	法兰 70—2.5	1	20	
22		接管φ76×4	1	Q235	
21	JB/T81—1994	法兰125—1.0	2	Q235	

					换热器
				单件	总计
					重量
设计		阶段标记	重量	比例	
审核				1:10	
工艺			第 张	共 张	

图8-31　换热器

第九章

化工工艺图

表达化工生产过程与联系的图样称为化工工艺图。它是化工工艺人员进行工艺设计的主要内容，也是化工厂进行工艺安装和指导生产的重要技术文件。化工工艺图主要包括工艺流程图、设备布置图和管路布置图。

第一节　化工工艺流程图

一、工艺流程图概述

化工工艺流程图是一种表示化工生产过程的示意性图样，即按照工艺流程的顺序，将生产中采用的设备和管路从左至右展开画在同一平面上，并附以必要的标注和说明。它主要表示化工生产中由原料转变为成品或半成品的来龙去脉及采用的设备。根据表达内容的详略，化工工艺流程图分为方案流程图和施工流程图。

方案流程图一般仅画出主要设备和主要物料的流程线，用于粗略地表示生产流程。图 9-1 为某化工厂醋酐残液蒸馏岗位的工艺方案流程图。由图中可以看出，来自上一岗位的醋酐残液进入残液蒸馏釜，使物料中的醋酐蒸发变为蒸汽。醋酐蒸汽经冷凝器冷凝为液态醋酐，进入醋酐真空受槽施加负压，然后去醋酐储槽。蒸馏釜中蒸馏醋酐后的残渣，加水后再加热、冷凝，得到的醋酸经醋酸受槽放入醋酸储槽。

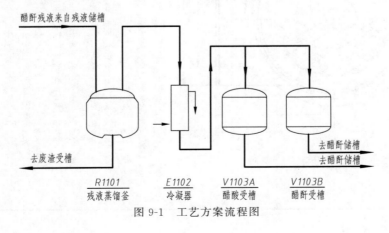

图 9-1　工艺方案流程图

施工流程图通常又称为带控制点工艺流程图，是在方案流程图的基础上绘制的、内容较为详细的一种工艺流程图。它是设备布置和管路布置设计的依据，并可供施工安装和生产操作时参考。图 9-2 为醋酐残液蒸馏岗位带控制点工艺流程图。

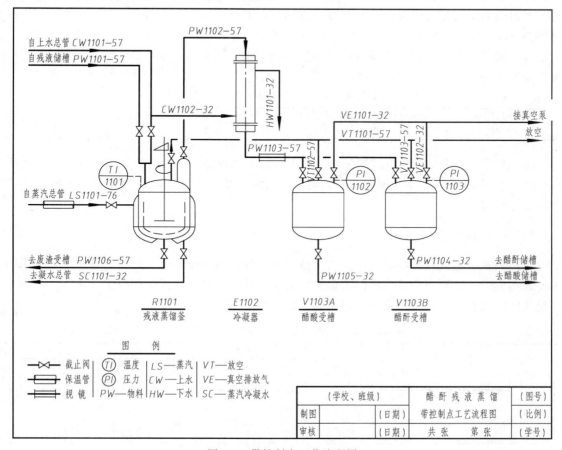

图 9-2 带控制点工艺流程图

带控制点工艺流程图一般包括以下内容。

（1）图形 应画出全部设备的示意图和各种物料的流程线，以及阀门、管件、仪表控制点的符号等。

（2）标注 注写设备位号及名称、管段编号、控制点及必要的说明等。

（3）图例 说明阀门、管件、控制点等符号的意义。

（4）标题栏 注写图名、图号及签字等。

二、工艺流程图的表达方法

方案流程图和带控制点工艺流程图均属示意性的图样，只需大致按投影和尺寸作图。它们的区别只是内容详略和表达重点的不同，这里着重介绍带控制点工艺流程图的表达方法。

（一）设备的表示方法

采用示意性的展开画法，即按照主要物料的流程，从左至右用细实线、按大致比例画出能够显示设备形状特征的主要轮廓。常用设备的示意画法，可参见附表21。各设备之间要留有适当距离，以布置连接管路。对相同或备用设备，一般也应画出。

每台设备都应编写设备位号并注写设备名称，其标注方法如图9-3。其中设备位号一般包括设备分类代号、车间或工段号、设备序号等，相同设备以尾号加以区别。设备的分类代号见表9-1。

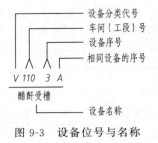

图9-3　设备位号与名称

表 9-1　设备类别代号（摘自 HG/T 2051.35—1992）

设备类别	塔	泵	工业炉	换热器	反应器	起重设备	压缩机	火炬烟囱	容器	其他机械	其他设备	计量设备
代号	T	P	F	E	R	L	C	S	V	M	X	W

图9-2中，本岗位有残液蒸馏釜（位号 R1101）和冷凝器（位号 E1102）各一台，有真空受槽（位号 V1103A、B）两台。它们均用细实线示意性地展开画出，在其下方标注出了设备位号和名称。

（二）管路的表示方法

带控制点工艺流程图中应画出所有管路，即各种物料的流程线。流程线是工艺流程图的主要表达内容。主要物料的流程线用粗实线表示，其他物料的流程线用中实线表示，各种不同型式的图线在工艺流程图中的应用见表9-2。

表 9-2　工艺流程图上管路、管件、阀门的图例

管　道		管　件		阀　门	
名称	图　例	名称	图　例	名称	图　例
主要物料管路		同心异径管		截止阀	
辅助物料管路		偏心异径管	（底平）（顶平）	闸阀	
原有管路		管端盲管		节流阀	
仪表管路		管端法兰（盖）		球阀	
蒸汽伴热管路		放空管	（帽）（管）	旋塞阀	
电伴热管路		漏斗	（敞口）（封闭）	蝶阀	
夹套管		视镜		止回阀	
可拆短管		圆形盲板	（正常开启）（正常关闭）	角式截止阀	
柔性管		管帽		三通截止阀	

流程线应画成水平或垂直，转弯时画成直角，一般不用斜线或圆弧。流程线交叉时，应将其中一条断开。一般同一物料线交错，按流程顺序"先不断、后断"；不同物料线交错时，主物料线不断，辅助物料线断，即"主不断、辅断"。

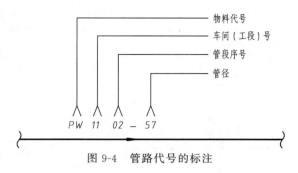

图 9-4　管路代号的标注

每条管线上应画出箭头指明物料流向，并在来、去处用文字说明物料名称及其来源或去向。对每段管路必须标注管路代号，一般地，横向管路标在管路的上方，竖向管路则标注在管路的左方（字头朝左）。管路代号一般包括物料代号、车间或工段号、管段序号、管径、壁厚等内容，如图 9-4，必要时，还可注明管路压力等级、管路材料、隔热或隔声等代号。

物料代号以大写的英文词头来表示，如表 9-3。

表 9-3　物料代号

代号	物料名称	代号	物料名称	代号	物料名称	代号	物料名称
A	空气	F	火炬排放气	LO	润滑油	R	冷冻剂
AM	氨	FG	燃料气	LS	低压蒸汽	RO	原料油
BD	排污	FO	燃料油	MS	中压蒸汽	RW	原水
BF	锅炉给水	FS	熔盐	NG	天然气	SC	蒸汽冷凝水
BR	盐水	GO	填料油	N	氮	SL	泥浆
CS	化学污水	H	氢	O	氧	SO	密封油
CW	循环冷却水上水	HM	载热体	PA	工艺空气	SW	软水
DM	脱盐水	HS	高压蒸汽	PG	工艺气体	TS	伴热蒸汽
DR	排液、排水	HW	循环冷却水回水	PL	工艺液体	VE	真空排放气
DW	饮用水	IA	仪表空气	PW	工艺水	VT	放空气

图 9-2 中，用粗实线画出了主要物料（醋酐、醋酸）的工艺流程，而用中实线画出上水、回水、蒸汽、抽真空及放空等辅助物料流程线。每一条管线均标注了流向箭头和管路代号。

（三）阀门及管件的表示法

化工生产中要大量使用各种阀门，以实现对管路内的流体进行开、关及流量控制、止回、安全保护等功能。在流程图上，阀门及管件用细实线按规定的符号在相应处画出。由于功能和结构的不同，阀门的种类很多，常用阀门及管件的图形符号见表 9-2。

（四）仪表控制点的表示方法

化工生产过程中，须对管路或设备内不同位置、不同时间流经的物料的压力、温度、流量等参数进行测量、显示，或进行取样分析。在带控制点工艺流程图中，仪表控制点用符号表示，并从其安装位置引出。符号包括图形符号和仪表位号，它们组合起来表达仪表功能、被测变量和检测方法等。

1. 图形符号　控制点的图形符号用一个细实线的圆（直径约 10mm）表示，并用细实线连向设备或管路上的测量点，如图 9-5。图形符号上还可表示仪表不同的安装位置，如图 9-6。

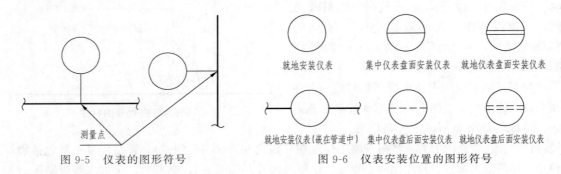

图 9-5　仪表的图形符号　　　　　　　　　　图 9-6　仪表安装位置的图形符号

2. 仪表位号　仪表位号由字母与阿拉伯数字组成：第一位字母表示被测变量，后继字母表示仪表的功能，一般用三位或四位数字表示工段号和仪表序号，如图 9-7。被测变量及仪表功能的字母组合示例，见表 9-4。

在图形符号中，字母填写在圆圈内的上部，数字填写在下部，如图 9-8。

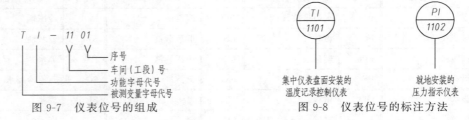

图 9-7　仪表位号的组成　　　　　　　　　　图 9-8　仪表位号的标注方法

表 9-4　被测变量及仪表功能的字母组合示例

仪表功能　＼　被测变量	温度	温差	压力或真空	压差	流量	流量比率	分析	密度	黏度
指示	TI	TdI	PI	PdI	FI	FfI	AI	DI	DI
指示、控制	TIC	TdIC	PIC	PdIC	FIC	FfIC	AIC	DIC	DIC
指示、报警	TIA	TdIA	PIA	PdIA	FIA	FfIA	AIA	DIA	DIA
指示、开关	TIS	TdIS	PIS	PdIS	FIS	FfIS	AIS	DIS	DIS
记录	TR	TdR	PR	PdR	FR	FfR	AR	DR	VR
记录、控制	TRC	TdRC	PRC	PdRC	FRC	FfRC	ARC	DRC	VRC
记录、报警	TRA	TdRA	PRA	PdRA	FRA	FfRA	ARA	DRA	VRA
记录、开关	TRS	TdRS	PRS	PdRS	FRS	FfRS	ARS	DRS	VRS
控制	TC	TdC	PC	PdC	FC	FfC	AC	DC	VC
控制、变速	TCT	TdCT	PCT	PdCT	FCT	—	ACT	DCT	VCT

三、带控制点工艺流程图的阅读

通过阅读带控制点工艺流程图，要了解和掌握物料的工艺流程，设备的种类、数量、名称和位号，管路的编号和规格，阀门、控制点的功能、类型和控制部位等，以便在管路安装和工艺操作过程中做到心中有数。

阅读带控制点工艺流程图的步骤一般为：

① 了解设备的数量、名称和位号；

② 了解主要物料的工艺流程；

③ 了解其他物料的工艺流程；

④ 通过对阀门及控制点分析了解生产过程的控制情况。

图 9-2 所示的醋酐残液蒸馏岗位，有残液蒸馏釜（位号 R1101）、冷凝器（位号 E1102）和真空受槽（位号 V1103A、B）共四台设备。

本系统为间断操作，其主要工艺分为三个阶段。

① 来自残液储槽的醋酐残液沿管路 PW1101-57 进入蒸馏釜加热，使物料中醋酐蒸发变蒸汽。醋酐蒸汽沿 PW1102-57 进入冷凝器，冷凝后的液态醋酐沿 PW1103-57 流入醋酐真空受槽 V1103B 中，然后由 PW1104-32 管放入醋酐储槽。

② 蒸馏釜中蒸馏醋酐后的残渣，加水稀释后再继续加热，使之生成醋酸沿 PW1103-57 放入醋酸真空受槽 V1103A 中，然后由 PW1105-32 放入醋酸储槽。

③ 将蒸馏釜中的废渣沿 PW1106-57 放入废渣受槽。

蒸馏釜通过夹套加热，蒸汽来自 LS1101-76。经过 CW1101-57 向釜中加水，通过 SC1101-32 排水，釜顶部接放空管。冷凝器上水来自 CW1102-32，回水管为 HW1101-32。两个真空受槽，由 VE1101-32 所连真空泵施加负压，顶部都装有接管放空。

为控制压力，在二真空受槽上部装有真空压力表。在蒸馏釜上部装有测温指示仪表以控制温度。由于本系统为间断性操作，每段管路上都装有截止阀，不同的操作阶段就是通过对有关阀门的操作而实现的。

第二节　设备布置图

工艺流程设计所确定的全部设备，必须根据生产工艺的要求，在厂房建筑的内外合理布置安装。表达设备在厂房内外安装位置的图样，称为设备布置图，用于指导设备的安装施工，并且作为管路布置设计、绘制管路布置图的重要依据。

设备布置图是在厂房建筑图的基础上绘制的，因此首先介绍建筑图的基本知识。

一、建筑图样的基本知识

建筑图是用以表达建筑设计意图和指导施工的图样。它将建筑物的内外形状、大小及各部分的结构、装饰、设备等，按技术制图国家标准和国家工程建设标准（GBJ）规定，用正投影法准确而详细地表达出来，如图 9-9。

（一）视图

建筑图样的一组视图，主要包括平面图、立面图和剖面图。

平面图是假想用水平面沿略高于窗台的位置剖切建筑物而绘制的剖视图，用于反映建筑物的平面格局、房间大小和墙、柱、门、窗等，是建筑图样一组视图中主要的视图。对于楼房，通常需分别绘制出每一层的平面图，如图 9-9 中分别画出了一层平面图和二层平面图。平面图不需标注剖切位置。

建筑制图中将建筑物的正面、背面和侧面投影图称为立面图，用于表达建筑物的外形和墙面装饰，如图 9-9 中的①—③立面图表达了该建筑物的正面外形及门窗布局。剖面图是用正平面或侧平面剖切建筑物而画出的剖视图，用以表达建筑物内部在高度方向的结构、形状

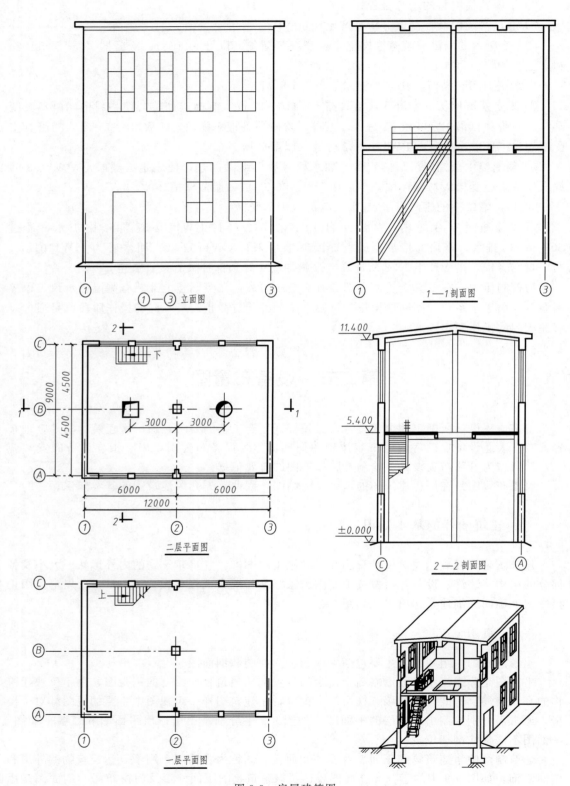

①—③ 立面图

1—1 剖面图

二层平面图

2—2 剖面图

一层平面图

图 9-9 房屋建筑图

和尺寸，如图 9-9 中的 1—1 剖面图和 2—2 剖面图。剖面图须在平面图上标注出剖切符号。建筑图中，剖面符号常常省略或以涂色代替。

建筑图样的每一视图一般在图形下方标注出视图名称。

（二）定位轴线

建筑图中对建筑物的墙、柱位置用细点画线画出，并加以编号。编号用带圆圈（直径 8mm）的阿拉伯数字（长度方向）或大写拉丁字母（宽度方向）表示，如图 9-9。

（三）尺寸

厂房建筑应标注建筑定位轴线间尺寸和各楼层地面的高度。建筑物的高度尺寸采用标高符号标注在剖面图上，如图 9-9 中的 2—2 剖面图。一般以底层室内地面为基准标高，标记为 ±0.000，高于基准时标高为正，低于基准时标高为负，标高数值以 m 为单位，小数点后取三位，单位省略不注。

其他尺寸以 mm 为单位，其尺寸线终端通常采用斜线形式，并往往注成封闭的尺寸链，如图 9-9 中的二层平面图。

（四）建筑构配件图例

由于建筑构件、配件和材料种类较多，且许多内容没必要或不可能以真实尺寸严格按投影作图。为作图简便起见，国家工程建设标准规定了一系列的图形符号（即图例），来表示建筑构件、配件、卫生设备和建筑材料，见表 9-5。

表 9-5　建筑图常见图例

建筑材料		建筑构造及配件			
名称	图例	名称	图例	名称	图例
自然土壤		楼梯	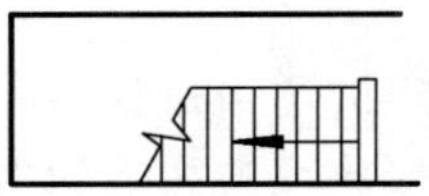	单扇门	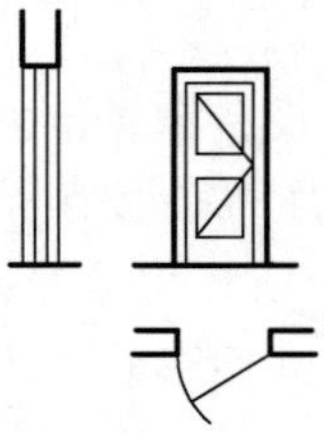
夯实土壤					
普通砖	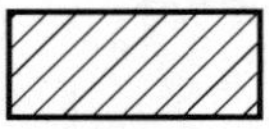	空洞			
混凝土	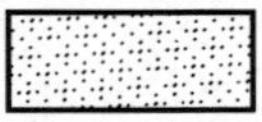			单层外开平开窗	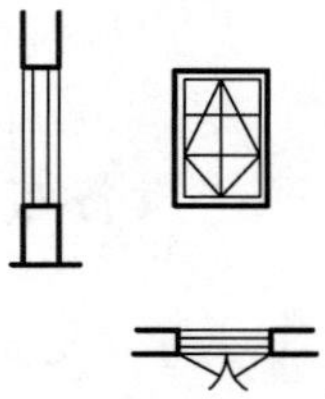
钢筋混凝土	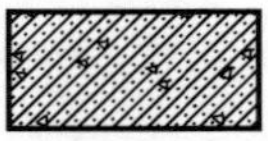	坑槽	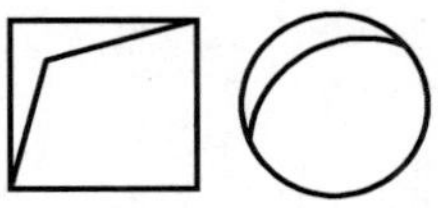		
金属	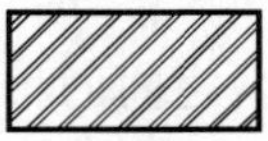				

二、设备布置图

设备布置图实际上是在简化了的厂房建筑图的基础上增加了设备布置的内容。如

图 9-10 为醋酐残液蒸馏岗位的设备布置图。由于设备布置图的表达重点是设备的布置情况，所以用粗实线表示设备，而厂房建筑的所有内容均用细实线表示。

（一）设备布置图的内容

从图 9-10 中可以看出，设备布置图包括以下内容。

1. 一组视图　一组视图主要包括设备布置平面图和剖面图，表示厂房建筑的基本结构和设备在厂房内外的布置情况。必要时还应画出设备的管口方位图。

2. 必要的标注　设备布置图中应标注出建筑物的主要尺寸，建筑物与设备之间、设备与设备之间的定位尺寸，厂房建筑定位轴线的编号、设备的名称和位号，以及注写必要的说明等。

3. 安装方位标　安装方位标也叫设计北向标志，是确定设备安装方位的基准，一般将其画在图样的右上方或平面图的右上方，如图 9-10 所示。

4. 标题栏　注写图名、图号、比例及签字等。

（二）设备布置平面图

设备布置平面图用来表示设备在水平面内的布置情况。当厂房为多层建筑时，应按楼层分别绘制平面图。设备布置平面图通常要表达出如下内容。

① 厂房建筑构筑物的具体方位、占地大小、内部分隔情况，以及与设备安装定位有关的厂房建筑结构形状和相对位置尺寸。

② 厂房建筑的定位轴线编号和尺寸。

③ 画出所有设备的水平投影或示意图，反映设备在厂房建筑内外的布置位置，并标注出位号和名称。

④ 各设备的定位尺寸以及设备基础的定形和定位尺寸。

（三）设备布置剖面图

设备布置剖面图是在厂房建筑的适当位置纵向剖切绘出的剖视图，用来表达设备沿高度方向的布置安装情况。剖面图一般应反映如下的内容。

① 厂房建筑高度方向上的结构，如楼层分隔情况、楼板的厚度及开孔等，以及设备基础的立面形状注出定位轴线尺寸和标高。

② 画出有关设备的立面投影或示意图反映其高度方向上的安装情况。

③ 厂房建筑各楼层、设备和设备基础的标高。

三、设备布置图的阅读

通过对设备布置图的阅读主要要了解设备与建筑物、设备与设备之间的相对位置。

图 9-10 所示醋酐残液蒸馏设备布置图，包括设备布置平面图和 1—1 剖面图。从设备布置平面图可知，本系统的真空受槽 A、B 和蒸馏釜布置在距①轴 1600mm，距①轴分别为 2000mm、3800mm、6000mm 的位置处；冷凝器的位置距①轴 500mm，与真空受槽 A 间的水平距离为 1000mm。在 1—1 剖面图中，反映了设备的立面结构形状和位置，如蒸馏釜和真空受槽 A、B 布置在标高 5m 的楼面上，冷凝器安装在标高 7.5m 的支架上。

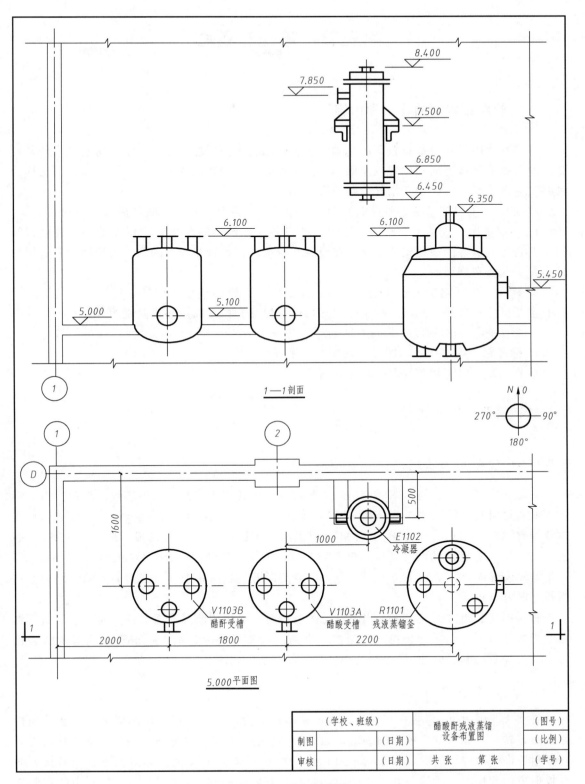

图 9-10 设备布置图

第三节　管路布置图

一、管路布置图的作用和内容

管路布置图是在设备布置图的基础上画出管路、阀门及控制点，表示厂房建筑内外各设备之间管路的连接走向和位置以及阀门、仪表控制点的安装位置的图样。管路布置图又称为管路安装图或配管图，用于指导管路的安装施工。

图 9-11 为醋酐残液蒸馏管路布置图，从中看出，管路布置图一般包括以下内容。

1. 一组视图　表达整个车间（装置）的设备、建筑物的简单轮廓以及管路、管件、阀门、仪表控制点等的布置安装情况。和设备布置图类似，管路布置图的一组视图主要包括管路布置平面图和剖面图。

2. 标注　包括建筑物定位轴线编号、设备位号、管路代号、控制点代号；建筑物和设备的主要尺寸；管路、阀门、控制点的平面位置尺寸和标高以及必要的说明等。

3. 方位标　表示管路安装的方位基准。

4. 标题栏　注写图名、图号、比例及签字等。

本节主要介绍管路布置图的画法和阅读。

二、管路的图示方法

（一）管路的画法规定

管路布置图中，管路是图样表达的主要内容，因此用粗实线（或中实线）表示。为了画图简便，通常将管路画成单线（粗实线），如图 9-12 （a）。对于大直径（$DN \geqslant 250mm$）或重要管路（$DN \geqslant 50mm$，受压在 12MPa 以上的高压管），则将管路画成双线（中实线），如图 9-12 （b）。在管路的断开处应画出断裂符号，单线及双线管路的断裂符号参见图 9-12。

管路交叉时，一般将下方（或后方）的管路断开；也可将上面（或前面）的管路画上断裂符号断开，如图 9-13。

管路的投影重叠而又需表示出不可见的管段时，可采用断开显露法将上面（或前面）管路的投影断开，并画上断裂符号。当多根管路的投影重叠时，最上一根管路画双重断裂符号，并可在管路断开处注上 a、b 等字母，以便辨认，如图 9-14。

（二）管路转折

管路大都通过 90°弯头实现转折。在反映转折的投影中，转折处用圆弧表示。在其他投影图中，转折处画一细实线小圆表示，如图 9-15 （a）。为了反映转折方向，规定当转折方向与投射方向一致时，管线画入小圆至圆心处，如图 9-15 （a）中的左侧立面图；当转折方向与投射方向相反时，管线不画入小圆内，而在小圆内画一圆点，如图 9-15 （a）中的右侧立面图。用双线画出的管路的转折画法见图 9-15 （b）。

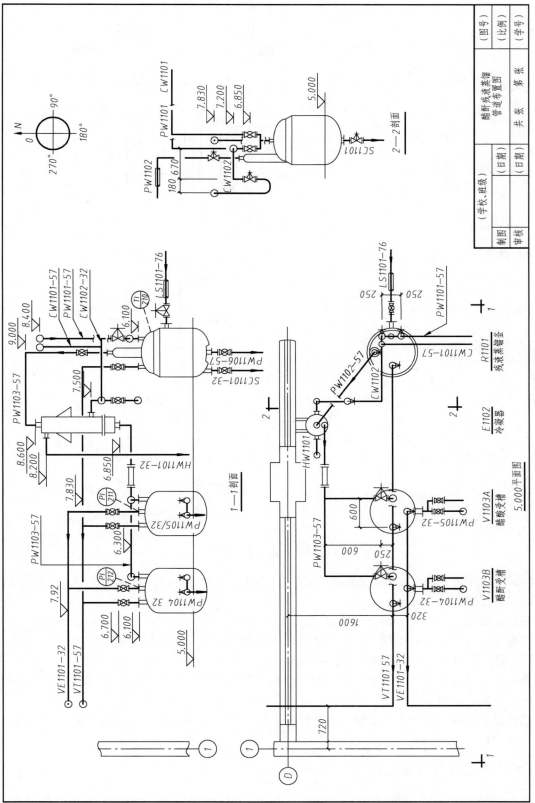

图 9-11 管路布置图

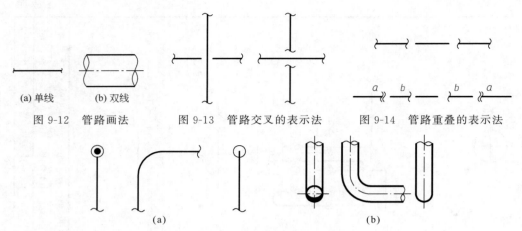

图 9-12　管路画法　　　图 9-13　管路交叉的表示法　　　图 9-14　管路重叠的表示法

(a)

(b)

图 9-15　管路转折的表示法

图 9-16 和图 9-17 为多次转折的实例。

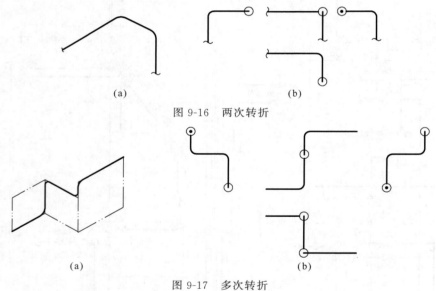

(a)　　　　　　　　(b)

图 9-16　两次转折

(a)　　　　　　　　(b)

图 9-17　多次转折

【例 1】　已知一管路的平面图如图 9-18（a），试分析管路走向，并画出正立面图和左侧立面图（高度尺寸自定）。

分析　由平面图可知，该管路的空间走向为：自左向右→向下→向前→向上→向右。

根据上述分析，可画出该管路的正立面图和左侧立面图，如图 9-18（b）。

【例 2】　已知一管路的平面图和正立面图，如图 9-19（a），试画出左立面图。

分析　由平面图可知，该管路的空间走向为：从上至下→向前→向下→向前→向下→向右→向上→向右→向下→向右。

根据以上分析，可画出该管路的左立面图，其中有三段管路重叠，应采用断开显露法，如图 9-19（b）。

（三）管路连接与管路附件的表示

1. 管路连接　两段直管相连接通常有法兰连接、承插连接、螺纹连接和焊接四种型式，

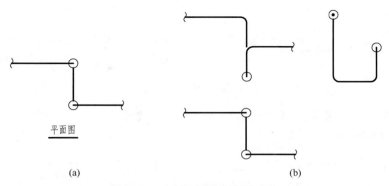

图 9-18 由平面图分析管路走向

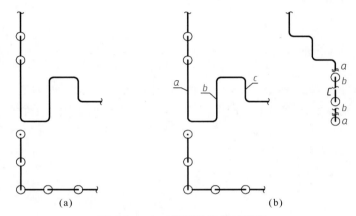

图 9-19 由二视图补画第三视图

其连接画法如图 9-20。

图 9-20 管路连接的表示法

2. 阀门 管路布置图中的阀门，与工艺流程图类似，仍用图形符号表示（表 9-2）。但一般在阀门符号上表示出控制方式及安装方位，如图 9-21 （a）。图 9-21 （b）表示阀门的安装方位不同时的画法。阀门与管路的连接方式如图 9-21 （c）。

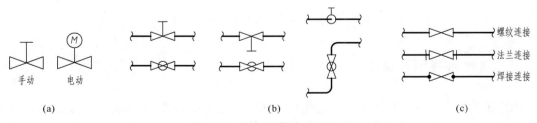

图 9-21 阀门在管路中的画法

3. 管件 管路一般用弯头、三通、四通、管接头等管件连接，常用管件的图形符号如图 9-22。

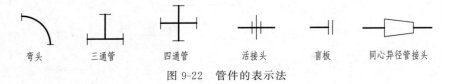

图 9-22   管件的表示法

4. 管架   管路常用各种型式的管架安装、固定在地面或建筑物上的，图中一般用图形符号表示管架的类型和位置，如图 9-23。

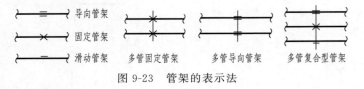

图 9-23   管架的表示法

【例 3】   已知一段管路（装有阀门）的轴测图，如图 9-24（a），试画出其平面图和正立面图。

分析   该段管路由两部分组成，其中一段的走向为：自下向上→向后→向左→向上→向后；另一段是向左的支管。管路上有四个截止阀，其中上部两个阀的手轮朝上（阀门与管路为法兰连接），中间一个阀的手轮朝右（阀门与管路为螺纹连接），下部一个阀的手轮朝前（阀门与管路为法兰连接）。

管路的平面图和立面图如图 9-24（b）。

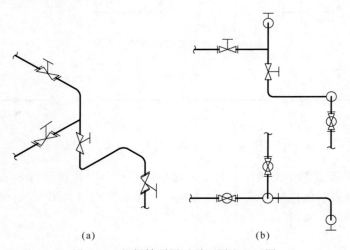

(a)   (b)

图 9-24   根据轴测图画平面图和立面图

三、管路布置图的画法

管路布置图应表示出厂房建筑的主要轮廓和设备的布置情况，即在设备布置图的基础上再清楚地表示出管路、阀门及管件、仪表控制点等。

管路布置图的表达重点是管路，因此图中管路用粗实线表示（双线管路用中实线表示），而厂房建筑、设备的轮廓一律用细实线表示，管路上的阀门、管件、控制点等符号用细实线表示。

管路布置图的一组视图以管路布置平面图为主。平面图的配置，一般应与设备布置图中的平面图一致，即按建筑标高平面分层绘制。各层管路布置平面图将厂房建筑剖开，而将楼板（或屋顶）以下的设备、管路等全部画出，不受剖切位置的影响。当某一层管路上、下重叠过多，布置比较复杂时，也可再分层分别绘制。

在平面图的基础上，选择恰当的剖切位置画出剖面图，以表达管路的立面布置情况和标高。必要时还可选择立面图、向视图或局部视图对管路布置情况进一步补充表达。为使表达简单且突出重点，常采用局部的剖面图或立面图。

结合图 9-11，说明管路布置图的绘图步骤。

1. 确定表达方案　应以施工流程图和设备布置图为依据，确定管路布置图的表达方法。图 9-11 中，画出平面布置图，在此基础上选取 1—1 剖面图表达管路的立面布置情况。

2. 确定比例，选择图幅，合理布图　表达方案确定之后，根据尺寸大小及管路布置的复杂程度，选择恰当的比例和图幅，合理布置视图。

3. 绘制视图　画管路布置平面图和剖面图时的步骤为：

① 用细实线按比例画出厂房建筑的主要轮廓；

② 用细实线、按比例画出带管口的设备示意图；

③ 用粗实线画出管路；

④ 用细实线画出管路上各管件、阀门和控制点。

4. 图样的标注　包括：

① 标注各视图的名称；

② 在各视图上标注厂房建筑的定位轴线；

③ 在剖面图上标注厂房、设备及管路的标高；

④ 在平面图上标注厂房、设备和管路的定位尺寸；

⑤ 标注设备的位号和名称；

⑥ 标注管路，对每一管段用箭头指明介质流向，并以规定的代号形式注明各管段的物料名称、管路编号及规格等。

5. 绘制方向标、填写标题栏　在图样的右上角或平面布置图的右上角画出方向标，作为管路安装的定向基准；最后填写标题栏。

四、管路布置图的阅读

阅读管路布置图主要是要读懂管路布置平面图和剖面图。通过对管路布置平面图的识读，应了解和掌握如下内容：

① 所表达的厂房建筑各层楼面或平台的平面布置及定位尺寸；

② 设备的平面布置、定位尺寸及设备的编号和名称；

③ 管路的平面布置、定位尺寸、编号、规格和介质流向等；

④ 管件、管架、阀门及仪表控制点等的种类及平面位置。

通过对管路布置剖面图的识读，应了解和掌握如下内容：

① 所表达的厂房建筑各层楼面或平台的立面结构及标高；

② 设备的立面布置情况、标高及设备的编号和名称；

③ 管路的立面布置情况、标高以及编号、规格、介质流向等；

④ 管件、阀门以及仪表控制点的立面布置和高度位置。

　　由于管路布置图是根据带控制点工艺流程图、设备布置图设计绘制的，因此阅读管路布置图之前应首先读懂相应的带控制点工艺流程图和设备布置图。对于醋酐残液蒸馏岗位，已阅读过了带控制点工艺流程图和设备布置图，下面介绍其管路布置图（图9-11）的读图方法和步骤。

　　1. 概括了解　从图9-11可知，该管路布置图包括一个平面图两个剖面图。在平面图和1—1剖面图上画出了厂房、设备和管路的平、立面布置情况；从平面图中2—2的剖切位置看出，2—2剖面图是表示蒸馏釜与冷凝器之间的管路走向。

　　2. 详细分析　按流程顺序（参见带控制点工艺流程图）、管段号、对照管路布置平、立面图的投影关系，联系起来进行分析，搞清图中各路管路规格、走向及管件、阀门等情况。

　　（1）对照平面图和2—2剖面图可知：PW1101-57醋酸残液管路从标高8.4m由南向北拐弯向下进入蒸馏釜，另有水管CW1101-57也由南向北拐弯向下并分为两路。一路向东、向下至标高6.1m处拐弯向南与PW1101-57相交。另一路向西、向北、向下至标高6.1m处，然后又向北、向上至标高7.5m处，再转弯向西接冷凝器。水管与物料管在蒸馏釜、冷凝器的进口处都装有截止阀。

　　（2）PW1103-57是从冷凝器下部，分别至真空槽A、B间的管路，它自出口向下至标高6.3m处向西，先分出一路向南、向下进入真空受槽A，原管路继续向西，然后向南、向下进入真空受槽B，在两个入口管上都有截止阀。

　　（3）VE1101-32是真空受槽A、B与真空泵之间的连接管路，由真空受槽A顶部向上至标高7.92m处，拐弯向西与真空受槽B上部来的管路汇合后继续向西、向南与真空泵出口相接。VE1101-32在与真空受槽A、B相接的立管上都装有阀门和真空压力表。

　　（4）VT1101-57是与蒸馏釜、真空受槽A、B相连的放空管，标高7.83m，在连接各设备的立管上都装有截止阀和真空压力表。

　　设备上的其他管路情况，也可以按上述方法依次进行分析直至全部识读清楚。

　　3. 归纳总结　所有管路分析完毕后，进行综合归纳，从而建立起一个完整的空间概念。图9-25为醋酐残液蒸馏岗位的管路布置轴测图。

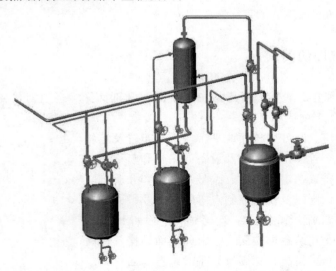

图9-25　醋酐残液蒸馏岗位管路布置轴测图

第十章 计算机绘图

计算机绘图就是利用计算机系统生成、显示、存储及输出图形的一种方法和技术。AutoCAD 是目前最为流行的交互式绘图软件之一，具有图形绘制、修改、标注，以及三维造型等功能。本章以 AutoCAD2016 为蓝本主要介绍其二维绘图的基本操作方法。

第一节 AutoCAD 基本操作

一、AutoCAD 2016 工作界面

AutoCAD2016 启动后的工作界面如图 10-1 所示，主要由应用程序菜单、快速访问工具栏、标题栏、功能区、绘图区、坐标系、命令行和状态栏等组成。

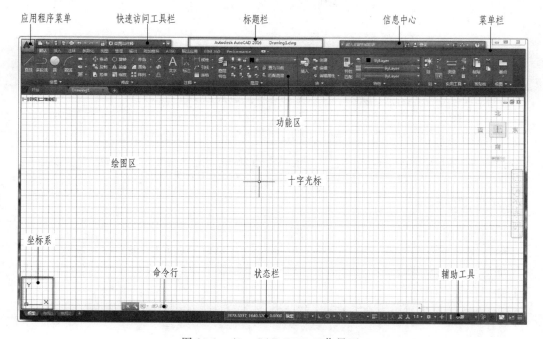

图 10-1 AutoCAD 2016 工作界面

应用程序菜单：可以执行新建、打开、保存、打印和发布图形、退出等操作。

快速访问工具栏：用于存储经常使用的命令。

标题栏：用于显示当前图形正在运行的程序名称及当前载入的图形文件名。

功能区：由选项卡和面板组成，"默认"选项卡下常用面板如"绘图"、"修改"、"图层"、"注释"、"特性"等，提供了各个功能模块常用的命令按钮。

绘图区：窗口中央的空白区是绘图区，相当于一张图纸，用户可以在这张图纸上完成所有的绘图任务。

坐标系：位于绘图区的左下角，由两个相垂直的短线组成的图形是坐标系图标，随着窗口内容的移动而移动。默认模式下的坐标（WCS）是二维状态（X 轴正向水平向右，Y 轴正向垂直向上），三维状态下将显示 Z 轴正向垂直平面。

命令行：显示用户输入的命令和提示信息。

状态栏：显示当前光标位置坐标值、绘图辅助工具开关按钮等。

二、命令的输入

AutoCAD 提供了多种输入命令的方式，常用的有：用鼠标左键点击图标按钮；从下拉菜单选择；通过右键快捷菜单选择；用键盘输入命令名等。例如要画直线，单击"绘图"面板中图标◢，或键盘输入命令名"Line"（或简化命令名"L"）后按 Enter 键确认❶。

输入命令后，命令行则出现提示，要求用户交互作出回应，如输入一个点、输入一个数值、选择对象、选择命令选项等。

多数命令有不同的执行方式供用户选择。以画圆为例，可以通过"圆心-半径"、"圆心-直径"、"三点"、"两点"、"相切-相切-半径"等多种方式绘制。输入画圆命令后，命令行提示：

指定圆的圆心或[三点(3P)/两点(2P)/相切-相切-半径(T)]：

这时输入一个点即按"圆心-半径"或"圆心-直径"方式画圆，也可键入"3P"、"2P"、"T"并按 Enter 键确认，分别按"三点"、"两点"、"相切-相切-半径"方式画圆。

命令选择项也可以在命令执行过程中点击鼠标右键，从弹出的快捷菜单中选择。

一个命令执行过程中，按 Esc 键可退出当前命令；一个命令执行完毕后，按 Enter 键重复执行该命令；利用快速访问工具栏中的 ⬅ 和 ➡ 按钮可依次撤销和重做最近的操作。

三、显示控制

在绘图中经常需要放大、缩小和移动屏幕上显示的图形，可以通过鼠标滚轮实现。前后滚动鼠标滚轮实现图形缩放，前滚放大，后滚缩小；按下滚轮拖动实现图形平移；双击滚轮显示全部图形并充满屏幕。

AutoCAD 还提供了很多显示控制的命令，在此不一一赘述。

---

❶　AutoCAD 操作中，多数情况下空格键等同于 Enter 键。

四、图层、颜色和线型设置

图层是用户用来组织自己图形的最有效的工具之一，可以设置不同层的颜色和线型，把具有不同属性的对象画在不同的图层上，从而可以方便地通过控制图层来显示和编辑对象。

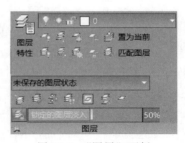

图 10-2 为"图层"面板，点击左上角图标 （或键入命令"Layer"并回车），将打开"图层特性管理器"对话框，如图 10-3 所示。利用"图层"面板或"图层特性管理器"对话框经常进行如下操作。

图 10-2　"图层"面板

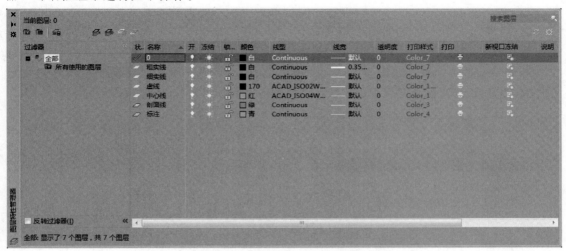

图 10-3　"图层特性管理器"对话框

1. 新建图层

在图 10-3 所示的对话框中单击　按钮，将创建生成一个名为"图层×"的新图层，用户可根据需要更改图层的名称。

2. 删除图层

在图 10-2 所示面板或图 10-3 所示的对话框中，选中要删除的图层，单击"删除"　按钮，即可删除所选择的图层。

3. 设置当前层

当前层就是当前绘图层，用户只能在当前层上绘制图形，而且所绘制图形的属性将继承当前层的属性，设置当前层有以下 3 种方法：

① 在图 10-3 所示对话框中，选择所需要的图层名称后单击"当前"　按钮。

② 单击图 10-2 所示"图层"面板上的　置为当前　按钮，然后选择某个图形实体，即将该实体所在图层设置为当前层。

③ 在图 10-2 所示"图层"面板的"图层状态"下拉列表框中，选择所需的图层名。

4. 图层状态控制

在图 10-3 所示的对话框或图 10-2 所示面板的"图层状态"下拉列表框中，都可以方便地控制图层状态：

① 开/关：当层打开时，该层可见并且可在该层上画图。当层关闭时，位于该层上的内容不能在屏幕上显示或由绘图仪输出，但可在该层上画图，所画图形在屏幕上不可见。

② 冻结/解冻：冻结图层后，位于该层上的内容不能在屏幕上显示或由绘图仪输出，用户不能在该层上绘制图形。在重新生成图形时，冻结层上的实体将不被重新生成。

③ 锁定/解锁：图层锁定后，用户只能观察该层上的图形，不能对其编辑和修改，图形仍可显示和输出，在该层上画图，所画图形在屏幕上可见。

5. 使用图层颜色

不同的图层可设置成不同的颜色，在图 10-3 的对话框中，点击要改变颜色图层的图标，弹出"选择颜色"对话框，点击所需颜色，再点击"确定"按钮。

6. 使用图层线型

每一图层都应赋予一种线型，不同的图层可设置成不同的线型。在图 10-3 所示的对话框中，点击要改变线型图层的线型名，弹出"选择线型"对话框，如图 10-4 所示。如果欲选线型尚未装入该对话框，点击"加载"按钮，弹出"加载或重载线型"对话框，如图 10-5 所示，选中绘图所需线型，点击"确定"按钮，将选中的线型装入"选择线型"对话框，并返回该对话框。点击所需线型，将所选线型赋予指定的图层。

图 10-4 "选择线型"对话框

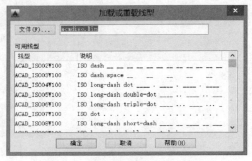

图 10-5 "加载或重载线型"对话框

7. 图层线宽设置

在图 10-3 所示的对话框中，单击图层列表框中的"线宽"项即可打开"线宽"对话框，如图 10-6 所示。在该对话框中，列出了一系列可供用户选择的线宽，选择某一线宽后，单击"确定"按钮，即可将线宽值赋给所选图层。

此外，图形对象的颜色、线宽、线型也可以通过"特性"面板直接设置。

图 10-6 "线宽"对话框

第二节　图形绘制

一、点的输入

绘图时经常需要输入点来确定图形的大小和位置，因此点的输入是计算机绘图的一项基本操作。

（一）光标定位

例如输入直线命令后，命令行提示"指定第一点"，这时通过鼠标移动光标至合适位置后点击鼠标左键，该点即被输入。接着提示"指定下一点"，再移动光标点击左键，就又输入一个点，并画出它和第一点之间的连线。

这种通过鼠标输入点的方法快捷、直观，但在按尺寸作图时准确性差。为了精准作图，常需通过草图设置进行捕捉和追踪，将在后面专门介绍。

（二）输入距离定点

需要输入一个点时，可移动光标指定一个方向，用键盘输入相对上一点的距离，按 Enter 键后即可利用增量确定下一个点，这种方法在打开状态栏中的"极轴追踪"时更为准确和快捷。

（三）输入坐标

必要时可通过键盘输入点的坐标并按 Enter 键来准确确定一个点。点的坐标分为直角坐标和极坐标，又有绝对坐标和相对坐标之分，因而 AutoCAD 中的坐标输入有多种：绝对直角坐标、绝对极坐标、相对直角坐标、相对极坐标等方式。

1. 绝对直角坐标

绝对直角坐标是以原点（0，0）为基点定位所有的点，在绘图区内的任何一点均可用"X，Y"来定位，输入时二坐标数值之间用","分开。

2. 相对直角坐标

相对坐标是指相对于前一个已知点的坐标，即输入点相对于当前点的增量，输入格式为"@ X，Y"。例如前一点坐标为（20，18），如果输入@3，－4，则相当于输入绝对直角坐标（23，14）。

3. 绝对极坐标

AutoCAD 默认以逆时针来测量角度。水平向右为 0°（或 360°）方向，90°垂直向上，180°水平向左，270°垂直向下。绝对极坐标以原点作为极点，用户输入一个长度和一个角度，二者之间用"＜"号隔开。例如：100＜60，表示该点距原点的距离为 100，与原点的连线与 0°方向之间的夹角为 60°。

4. 相对极坐标

相对极坐标是以前一个操作点作为极点，输入格式为"@ L＜α"的形式表示，其中"L"表示两点间距离，"α"表示两点连线方向与 0°方向之间的夹角。

（四）动态输入

状态栏中"动态输入"打开时，在光标附近显示动态坐标和命令提示并接受键盘输入，多个数值之间使用 Tab 键切换。在指定下一点时，默认格式是相对坐标，不需要输入"@"。

二、常用绘图命令

所有复杂的图形，都是由基本的图元（例如点、直线、圆、文字等）构成的。这里以"绘图"面板为主，介绍一些常用的绘图命令，图 10-7 所示为 AutoCAD2016 的"绘图"面板，每个图标均对应一个绘图操作。

（一）直线（Line/L）❶

1. 功能
创建直线段，可以绘制一系列连续的直线段。

2. 操作方法

① 鼠标左键点击"绘图"面板按钮 直线 ❷；
② 指定第一点（可输入该点的坐标，按 Enter 键，也可将鼠标挪至第一点所在处左键点击）；
③ 指定下一点，指定方式与指定第一点相同，也可确定直线方向后，输入直线长度，按 Enter 键；
④ 重复步骤③，可以画出连续直线段，当绘制完毕，按 Enter 键结束命令或 Esc 键退出命令。

3. 实例
绘制如图 10-8 所示的平面图形。

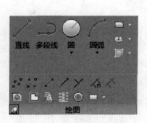

图 10-7 "绘图"面板

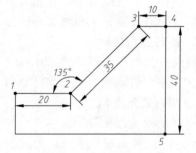

图 10-8 绘制直线实例

输入"直线命令"；
指定第一点 1；
光标根据追踪向点 2 方向水平延长，键入 20，按 Enter 键；
光标根据 45°追踪向点 3 方向延长，键入 35，按 Enter 键；
光标根据追踪向点 4 方向水平延长，键入 10，按 Enter 键；

---

❶ 括号内为命令名，"/"后为简化命令名，下同。
❷ 也可以键入命令名或简化命令名（不分大、小写）后按"Enter"键，下同。

光标根据追踪向点 5 方向竖直延长，键入 40，按 Enter 键；

光标挪至 1 点，根据追踪竖直向下，直到找到 1 点向下延长和 5 点向左延长的交点，点击该点；

将光标移至 1 点并点击，按 Enter 键。

（二）圆（Circle/C）

1. 功能

绘制圆，默认指定圆心与半径方式绘制圆。

2. 操作方法

① 鼠标左键点击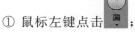；

② 指定圆心（可输入该点的横纵坐标，以逗号隔开，然后按 Enter 键，也可将鼠标挪至圆心所在处左键点击）；

③ 输入圆的半径，然后按 Enter 键。

3. 命令选择项

输入画圆命令后，命令行提示"指定圆的圆心或［三点（3P）/两点（2P）/切点、切点、半径（T）］"，键入"3P"、"2P"、"T"并按 Enter 键分别按"三点"、"两点"、"相切-相切-半径"方式画圆。点击"圆"下拉菜单也可进行圆画法的调用选择，如图 10-9 所示。

4. 实例

绘制已知三角形的外接圆和内切圆，如图 10-10 所示。

鼠标左键点击"圆"的下拉菜单选择"三点"；

指定圆上的点：连续捕捉拾取三角形三个顶点，画出外接圆；

鼠标左键点击"圆"的下拉菜单选择"相切、相切、相切"；

指定圆上的点(相切于)：连续拾取三角形的三个边，画出内切圆。

图 10-9　画圆下拉菜单

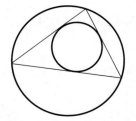

图 10-10　绘制圆实例

（三）矩形（Rectang/Rec）

1. 功能

绘制矩形，通过确定矩形的两个对角的坐标来创建矩形。

2. 操作方法

① 鼠标左键点击"矩形"；

② 指定第一点（可输入该点的横纵坐标，以逗号隔开，然后按 Enter 键；也可将鼠标

挪至第一点所在处左键点击）；

③ 指定另一角点（动态输入打开时可先输入矩形长度，按 Tab 键，再输入矩形的宽度，然后按 Enter 键）。

（四）多边形（Polygon/Pol）

1. 功能

绘制等边多边形。

2. 操作方法

① 鼠标左键点击"矩形"下拉选项"多边形" ；

② 输入侧面数；

③ 指定正多边形的中心；

④ 选择内接于圆（I）/外切于圆（C）；

⑤ 指定圆的半径即完成正多边形绘制。

（五）椭圆（Ellipse/El）

1. 功能

绘制椭圆，通过控制椭圆的中心，长轴和短轴三个参数来确定椭圆的形状。

2. 操作方法

① 鼠标左键点击"椭圆"；

② 指定椭圆中心；

③ 输入椭圆第一根轴的端点；

④ 输入另一条半轴长度。

3. 命令选择项

"绘图"下拉菜单中可进行椭圆画法的调用选择，如图 10-11 所示。

图 10-11　椭圆画法下拉菜单

（六）填充（Hatch/H）

1. 功能

用特定填充图案及比例填充闭合的区域，如绘制剖面线。

2. 操作方法

① 鼠标左键点击"填充"，功能区出现"图案填充创建"面板如图 10-12 所示；

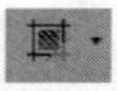

② 在"图案填充创建"面板中选择边界拾取方式（默认"拾取点"方式）和填充图案等；

③ 在图形中拾取边界完成填充，可连续拾取，点击面板右侧"关闭"按钮或按 Enter 键退出图案填充。

图 10-12　"图案填充创建"面板

（七）其他常用绘图命令（表 10-1）

表 10-1　其他常用绘图命令

命令	键入命令	按钮	功　　能
多段线	Pline/Pl	多段线	创建由若干直线和圆弧连接而成的多段线
圆弧	Arc/A	圆弧	绘制圆弧。可以通过三点，也可以指定圆心、端点、起点、半径、角度、弦长和方向值的多种组合形式，可下拉选择。默认情况下，以逆时针方向绘制圆弧。按住 Ctrl 键的同时拖动，以顺时针方向绘制圆弧
样条曲线拟合	Spline/Spl		绘制样条曲线拟合，用来绘制光滑相连的样条曲线
构造线	Xline/Xl		绘制无限延伸的直线，可用于创建构造线和参照线以及修剪边界
圆环	Donut/Do		绘制确定外径与内径的圆环
定距等分	Measure/Me		沿对象的长度或周长按测定间隔创建点对象或块，即，将一条线段按照固定的长度等分
射线	Ray		绘制始于一点并无限延伸的射线
多点	Point/Po		绘制多个点

三、精准绘图技巧

（一）绘图设置

为提高绘图效率和准确性，AutoCAD 提供了捕捉、追踪等一系列绘图辅助工具，可根据需要打开和关闭，并可进行相关参数设置。图 10-13 所示为布置在屏幕底端的状态栏，点击其中某按钮切换该功能的打开/关闭，还可通过功能键实现。表 10-2 列出了常用的几种工具及其功能。

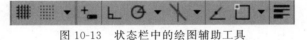

图 10-13　状态栏中的绘图辅助工具

表 10-2　常用绘图辅助工具

名称	按钮	功能键	打开状态下的功能
栅格		F7	显示栅格点（类似坐标纸），栅格大小可设置
捕捉		F9	光标只能定位在栅格点上（不论栅格是否打开）
正交		F8	锁定光标按 X、Y 方向移动
极轴追踪		F10	引导光标按指定的角度移动，可设置极轴增量角。如设置增量角为 90°，则引导在水平和垂直方向定位，不能同时打开正交模式和极轴追踪功能
对象捕捉		F3	精准捕捉图形上的特征点，如端点、中点、圆心、切点、交点等。移动鼠标输入点时，系统自动对光标附近所选定的特征点进行搜寻和锁定

续表

名称	按钮	功能键	打开状态下的功能
对象捕捉追踪		F11	从对象捕捉位置水平或垂直追踪光标。移动光标时，某一条光标线经过或接近所指定的特征点时，该条光标线被锁定，从而很容易确定图形间的水平或垂直关系,使点的输入准确而高效
动态输入		F12	在光标附近显示动态坐标和命令提示并接受键盘输入,多个数值之间使用"Tab"键切换。在指定下一点时,默认格式是相对坐标
线宽			显示当前线宽

光标移动至图 10-13 状态栏某按钮处点击鼠标右键，从右键快捷菜单中选择"设置"（或键入命令 Dsettings），弹出"草图设置"对话框，可对相应相应参数进行设置。"草图设置"对话框有多个选项卡，图 10-14（a）、（b）分别为"对象捕捉"和"极轴追踪"的草图设置对话框。

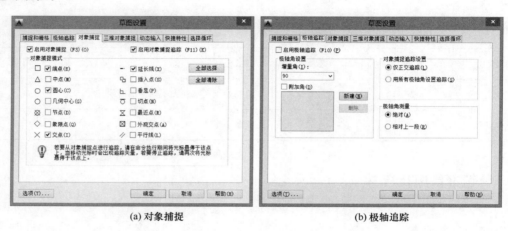

(a) 对象捕捉　　　　　　　　　(b) 极轴追踪

图 10-14 "草图设置"对话框

（二）临时对象捕捉

利用对象捕捉可准确、快速地确定所需的拾取点。按上面方法打开对象捕捉方式后，绘图中就会一直保持对象捕捉状态，直到取消为止。除此之外，AutoCAD 还提供了临时对象捕捉方式。即在提示输入点时，按住 Shift（或 Ctrl）键的同时点击鼠标右键，（也可以直接击鼠标右键再从弹出的菜单中选择"捕捉替代"），出现"对象捕捉"菜单，如图 10-15 所示。从中选择某一种特征点作为临时捕捉对象。该方式只针对当前操作，一次有效。

例：如图 10-16 所示，画一条直线与圆相切并与已知直线垂直。

输入"直线"命令；

按住 Shift 键的同时点击鼠标右键，从弹出的菜单中选择"切点"，然后选择圆；

再次按住 Shift 键点击鼠标右键,从弹出菜单中选择"垂直"，然后选择已知直线，完成作图。

图 10-15 "对象捕捉"菜单

（三）利用"自"捕捉确定相对位置

"对象捕捉"菜单中的"自"选项，用于指定一点为参考点，然后以该点为基准，通过定位尺寸确定另一个点的位置。

例：绘制图 10-17 所示图形中的两个圆。

输入"圆"命令，提示指定圆心；

按住 Shift 键的同时点击鼠标右键，从弹出菜单中选择"自"，然后捕捉矩形左下角点作为基点；

输入相对坐标"@12，8"并按 Enter 键；

输入半径，画出第一个圆；

重复"圆"命令；

按住 Shift 键的同时点击鼠标右键，从弹出菜单中选择"自"，然后捕捉前一个圆的圆心作为基点（注：输入相对坐标指定点时，默认基点为前一点，因此本步骤也可省略）；

输入相对坐标"@20＜45"并按 Enter 键；

输入半径，画出第二个圆。

图 10-16　临时对象捕捉示例

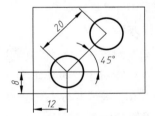

图 10-17　"自"捕捉示例

第三节　图形修改

一、图形对象的选择

许多命令，尤其是修改命令的执行过程中都需要选择对象，最常用的选择方式有：

1. 单个选择

在任何命令提示"选择对象"时，移动光标（矩形框）至某个对象，该对象高亮显示，单击左键选中，对象呈虚线显示。一般可连续选择直至按 Enter 或鼠标右键确认。

2. 窗口选择

在需要选择多个图形对象时常采用窗口选择，又称框选。自左向右拖出窗口时，只有当图形对象完全位于矩形框内时才能被选中，如图 10-18 所示（图中粗线为选中的对象）。

3. 交叉窗口选择

自右向左拉出的窗口称为交叉窗口，此时不但完全位于矩形框内的对象被选中，只要图形对象有一部分在矩形框内也被选中，如图 10-19 所示。

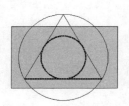
图 10-18　左→右窗口选择

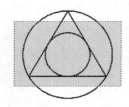
图 10-19　右→左交叉窗口选择

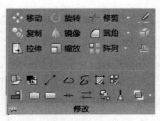
图 10-20　"修改"面板

二、常用图形修改命令

图 10-20 所示为 AutoCAD2016 的"修改"面板，每个图标均对应一个修改操作。

（一）删除（Erase/E）

1. 功能
删除选中的对象。

2. 操作方法
① 鼠标左键点击"删除" ；
② 选择删除对象（可拾取单一对象，也可连续拾取多个）；
③ 按 Enter 键或鼠标右键确认，所选对象即被删除。

3. 实现删除的其他方法
① 先拾取对象，然后按键盘上 Delete 键。
② 先拾取对象，再左键点击"删除"按钮（这种方法对其他图形修改操作也大都适用）。
③ 先拾取对象后点击鼠标右键，从弹出的快捷菜单中选择"删除"（这种方法也适用于"移动"、"复制"、"缩放"、"旋转"等图形修改操作）。

（二）修剪（Trim/Tr）

1. 功能
对图形对象按指定边界进行局部删除。

2. 操作方法
① 鼠标左键点击"修剪" ；
② 选择对象作为剪切边，直至按 Enter 键；
③ 选择要修剪的对象，以剪切边为界将所选部分局部删除，直至按 Enter 键结束。

3. 实例
如图 10-21，在图 10-21（a）基础上完成图 10-21（b）所示的平面图形。
输入"修剪"命令；
选择对象，拾取图中标记"□"的直线和圆作为剪切边，按 Enter 键结束选择；
选择要修剪的对象，逐一拾取图中标记"×"的圆和直线，拾取一条，修剪一条，最后按 Enter 键结束。

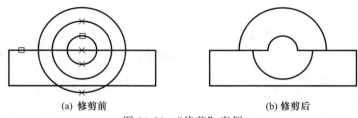

(a) 修剪前　　　　　　　　　(b) 修剪后

图 10-21 "修剪" 实例

（三）移动（Move/M）

1. 功能

用于把所选的一个或多个对象移动到新的位置，移动后原位置的对象被删除。

2. 操作方法

① 鼠标左键点击 "移动" ✦移动 ；

② 选择移动对象，可连续选择，直至按 Enter 键；

③ 指定移动的基点；

④ 指定位移的第二点，完成移动。

（四）复制（Copy/Co）

1. 功能

将选择的一个或多个对象复制到一个新的位置，复制后原位置的对象仍然保留。

2. 操作方法

① 鼠标左键点击 "复制" 复制 ；

② 选择复制对象，可连续选择，直至按 Enter 键；

③ 指定基点；

④ 指定复制的第二点，可连续复制，直至按 Enter 或 Esc 键。

3. 实例

如图 10-22，在图 10-22（a）的基础上完成图 10-22（b）所示的平面图形。

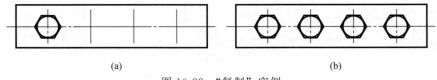

(a)　　　　　　　　　　　　　(b)

图 10-22 "复制" 实例

输入 "复制" 命令；

选择对象，点击或框选六边形和圆，按 Enter 键结束选择；

指定基点，点击圆心；

指定第二点，依次捕捉后面三个中心线交点，拾取一点，复制一次，最后按 Enter 或 Esc 键结束。

（五）镜像（Mirror/Mi）

1. 功能

以给定镜像线为对称轴画出所选对象的对称图形。

2. 操作方法

① 鼠标左键点击"镜像" ；

② 选择镜像对象；

③ 指定镜像线的第一点与第二点；

④ 选择是否删除源对象。

3. 实例

如图 10-23，在图 10-23（a）基础上完成图 10-23（b）所示的平面图形。

输入"镜像"命令；

选择对象，按 Enter 键结束选择；

点击 1 点确定镜像线的第一点，点击 2 点确定镜像线的第二点；

选择不删除源对象，按 Enter 键完成作图。

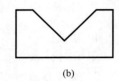

图 10-23　"镜像"实例

（六）圆角（Fillet/Fi）

1. 功能

将所选的两条线以指定的半径实现圆弧连接。

2. 操作方法

① 鼠标左键点击"圆角" ；

② 输入"R"，系统进入圆角半径设置状态，按提示输入半径值，按 Enter 键确认；

③ 选择第一个对象；

④ 选择第二个对象，画出圆角。

输入圆角命令后，通常先设置圆弧半径，下次操作默认为上次操作的参数。还可以输入"T"，进行"修剪"或"不修剪"方式设置。如图 10-24，在图 10-24（a）二直线间进行圆弧连接，图 10-24（b）为修剪模式，图 10-24（c）为不修剪模式。

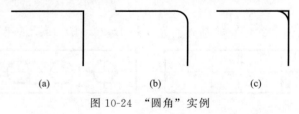

图 10-24　"圆角"实例

（七）拉伸（Stretch/S）

1. 功能

用于拉伸与选择窗口或多边形相叉的对象。

2. 操作方法

① 鼠标左键点击"拉伸" ；

② 选择拉伸对象（使用右→左框选的交叉窗口的选择方法，然后按 Enter 键）；

③ 指定拉伸的基点；

④ 指定位移的第二点（点击左键确定）或用第一个点作位移（选好拉伸方向后输入距

离，按 Enter 键）。

3. 实例

如图 10-25，将图 10-25（a）修改为图 10-25（b）。

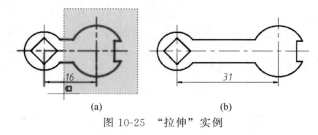

（a）　　　　　　　　（b）

图 10-25　"拉伸"实例

输入"拉伸"命令；

选择拉伸对象，用右→左交叉窗口框选，按 Enter 键确认；

指定一点作为拉伸基点；

定好水平向右的方向后输入 15，按 Enter 键完成作图。

（八）其余常用修改命令（表 10-3）

表 10-3　其余常用修改命令

命令	键入命令	按钮	功　能
旋转	Rotate/R	旋转	将所选对象按指定基点和旋转角度实现旋转
缩放	Scale/Sc	缩放	将所选对象按指定比例缩小或放大
阵列	Array/Ar	阵列	将所选对象按照矩形、环形或指定路径进行多重复制
延伸	Extend/Ex	延伸	将所选对象延伸至指定边界
倒角	Chamfer/Cha	倒角	在两条相交直线间按指定距离和角度绘制倒角
光顺曲线	Blend	光顺曲线	在两条开放曲线的端点之间创建相切或平滑的样条曲线
分解	Explode		将多段线、多边形、标注、图案填充、图块、三维网格、面域等合成对象分解为独立对象
偏移	Offset/O		将指定的直线、多段线、圆弧、或圆等对象进行偏移复制，绘出与原对象相距一定距离的新对象
对齐	Align/Al		将对象和其他对象进行对齐
打断	Break/Br		在两点之间打断选定对象
反转	Reverse		反转选定直线、多段线、样条曲线和螺旋线的顶点顺序
合并	Join/J		合并相似的对象以形成一个完整的对象

三、其他常用编辑方法

（一）夹点编辑

以上介绍的修改命令都是先输入命令，再选择对象进行相应编辑。AutoCAD 还提供了夹点编辑功能，快速对图形进行拉伸、移动、旋转、比例缩放、镜像操作。即在不执行任何命令，命令行提示为"输入命令"的状态下，先选择一个或多个图形对象，图形对象上的特征点以蓝色小方框显示，即夹点；单击其中某夹点后变为红色，进入拉伸命令状态；按 Enter 键则在拉伸、移动、旋转、比例缩放、镜像等修改命令中切换（也可以利用右键快捷菜单选择修改命令）。图 10-26 所示为夹点编辑的一个实例。

（二）利用剪贴板剪切、复制和粘贴

图 10-27 为剪贴板命令面板，包括粘贴、剪切和复制。

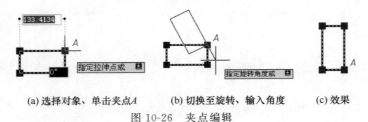

(a) 选择对象、单击夹点A   (b) 切换至旋转、输入角度   (c) 效果

图 10-26 夹点编辑

图 10-27 剪贴板

"剪切"、"复制"操作将所选对象保存在系统剪贴板上，二者的区别是"剪切"将对象删除，而"复制"不改变所选对象。

执行"粘贴"则将最近剪切或复制的对象粘贴到指定的位置。

"剪切"、"复制"和"粘贴"也可以分别通过"Ctrl＋X"、"Ctrl＋C"、"Ctrl＋V"组合键实现。

（三）特性匹配（Matchprop/Ma）

"特性匹配"将选定的某个对象的特性应用到其他对象。这里的"特性"包括颜色、图层、线型、线型比例、线宽等。操作时点击"特性匹配"按钮，先选择源对象，再选择要修改特性的目标对象，直至 按 Enter 键退出。

第四节　图样注释

图 10-28 所示为 AutoCAD2016 的"注释"面板，可以实现注写文字、标注尺寸以及设置文字式样和标注式样等。

一、文字注写

点击图标 **A** 即开始注写文字。首先提示指定两点确定注写位置与区域，之后功能区出现"文字编辑器"面板可以设置文字及段落格式，如图 10-29 所示。这时输入文字即在绘图区指定位置和区域显示出来，点击"文字编辑器"面板右端"关闭"按钮退出文字注写。

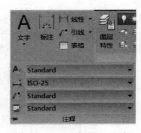

图 10-28 "注释"面板

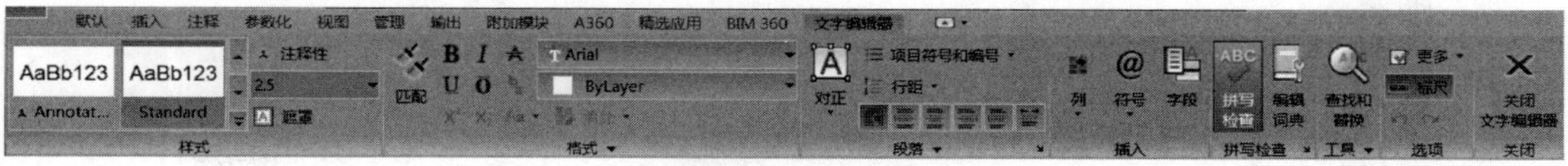

图 10-29　文字注写

AutoCAD 提供了"多行文字（Mtext/Mt）"和"单行文字（Text）"两种方式，从"文字"下拉菜单进行切换选择。上面所述为"多行文字"，如执行"单行文字"，按提示先后指定文字的起点、文字高度和旋转角度后进入注写文字状态。这时按一次 Enter 键换行，但连续按两次 Enter 键退出文字注写❶。

二、尺寸标注

AutoCAD 提供了不同类型尺寸的标注命令，可在下拉菜单中选择，如图 10-30 所示，下面介绍其中最常用的几种。

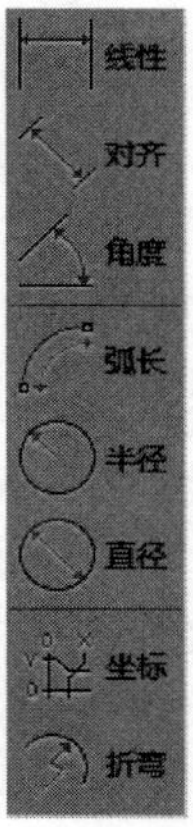

（一）线性标注

1. 功能
用来标注指定两点间的水平尺寸、垂直尺寸或指定旋转方向的距离尺寸。

2. 操作方法

① 鼠标左键点击"线性" ； 
② 指定第一条尺寸界线原点或＜选择对象＞，拾取一点；
③ 指定第二条尺寸界线原点，拾取一点；
④ 指定尺寸线位置或［多行文字（M）/文字（T）/角度（A）/水平（H）/垂直（V）/旋转（R）］：指定尺寸线的位置后完成标注。

图 10-30　标注类型

3. 命令选择项
在执行步骤②时如果直接按 Enter，则转到"选择对象"，选择后直接转到步骤④。

在执行步骤④时，输入 M 并按 Enter 键，转入"多行文字"状态，可以修改尺寸文本或设置文本格式；输入 T 并按 Enter 键，修改尺寸文本；输入 A 并按 Enter 键，指定标注文本的角度；输入 H 并按 Enter 键，标注水平尺寸；输入 V 并按 Enter 键，标注垂直尺寸；输入 R 并按 Enter 键，指定尺寸线的角度。

（二）对齐标注

用来标注所选两点之间的距离，或所选轮廓线二端点之间的距离，常用于标注倾斜方向上的尺寸。

点击  执行对齐标注，操作方法与线性标注相同。

（三）直径标注

1. 功能
用来标注圆或圆弧的直径，自动在尺寸数字前加上"φ"。

---

❶　输入文本状态下，Enter 键不能用空格键替代。

2. 操作方法

① 鼠标左键点击"直径" ![直径图标]；

② 选择圆弧或圆；

③ 指定尺寸线位置或［多行文字（M)/文字（T)/角度（A)］，指定尺寸线位置后完成标注。

（四）半径标注

用来标注圆或圆弧的半径，自动在尺寸数字前加上"*R*"。

点击 ![半径图标] 执行半径标注，操作方法与直径标注相同。

（五）角度标注

1. 功能

用来标注角度尺寸。

2. 操作方法

① 鼠标左键点击"角度" ![角度图标]；

② 选择圆弧、圆、直线或＜指定顶点＞；

③ 指定标注弧线位置或［多行文字（M)/文字（T)/角度（A)/象限点（Q)］：

3. 命令选择项

执行步骤②时，选择一段圆弧，自动把该圆弧的两端点设置为角度尺寸的两条尺寸界线的起始点；选择一个圆，自动把选择点作为角度尺寸的第一条尺寸界线的起始点，然后提示用户从圆上指定另一点作为第二条尺寸界线起点；选择一条直线，自动把该直线作为角度尺寸的第一条尺寸界线，然后提示用户选择第二条直线作为第二条尺寸界线；直接按 Enter 键，指定三点标注角度尺寸，即一个顶点和两个端点。

执行步骤③时，键入"M"、"T"或"A"并按 Enter 键，设置尺寸文本或尺寸文本的倾斜角度；键入"Q"并按 Enter 键，单击鼠标确定被标注角度所在的象限。

（六）标注示例（图 10-31）

① 点击 ![线性图标] 线性▾ 标注"12"、"50"、"10"、"40"；

② 点击 ![对齐图标]，拾取二圆心，标注"20"；

③ 点击"直径" ![直径图标]，分别拾取二圆，标注"*ϕ*14"、"*ϕ*10"；

④ 点击 ![半径图标]，拾取圆弧，标注"*R*20"；

图 10-31　标注示例

⑤ 点击 ![角度图标]，拾取左圆水平中心线和二圆连心线（或拾取顶点和两个端点）标注"45°"。

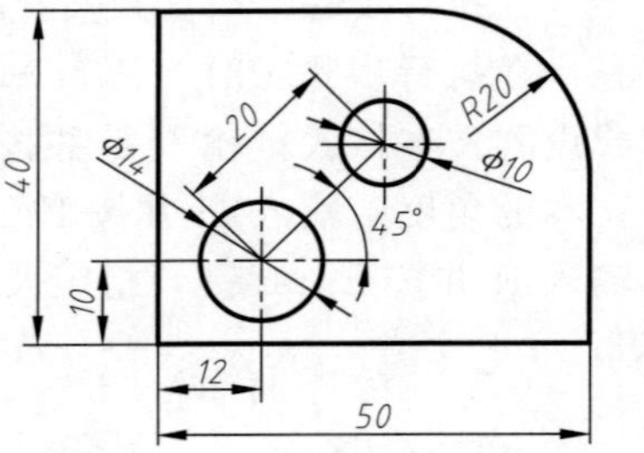

三、文字样式和标注样式设置

从"注释"面板下拉选项中选择 ![A图标]，打开图 10-32 所示"文字样式"对话框，可进行文字样式设置。

从"注释"面板下拉选项中选择 ，打开图 10-33 所示"标注样式管理器"对话框，可进行标注样式设置。

图 10-32　文字样式

图 10-33　标注样式管理器

在"标注样式管理器"对话框中，点击 置为当前(U) 将所选样式设置当前标注样式；新建(N)... 创建新的标注样式；修改(M)... 修改已有样式中的某些尺寸变量；替代(O)... 创建临时的替代标注样式；比较(C)... 列表比较两种标注样式的尺寸变量的区别。

"新建"、"修改"和"替代"都打开一个新的对话框，如图 10-34 所示。其上有多个选项卡，可对诸多尺寸变量进行设置。例如图 10-34（a）"文字"选项卡中可对文字外观、位置、对齐方式等进行设置，图 10-34（b）"主单位"选项卡中可设置标注主单位的格式和精度等。

(a)

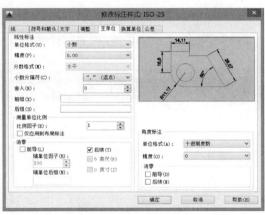

(b)

图 10-34　尺寸变量设置

第五节　综　合　实　例

这里以图 1-19 所示平面图形为例，说明用 AutoCAD 绘图的操作方法。

1. 创建图层，设置线型

新建"粗实线"、"中心线"、"尺寸"图层，设置粗实线线宽为 0.5，中心线线型为

"Center"，线型比例为 0.3。

2．画基准线

调用"直线"命令，分别在中心线层和粗实线层画出两条基准线，如图 10-35（a）。

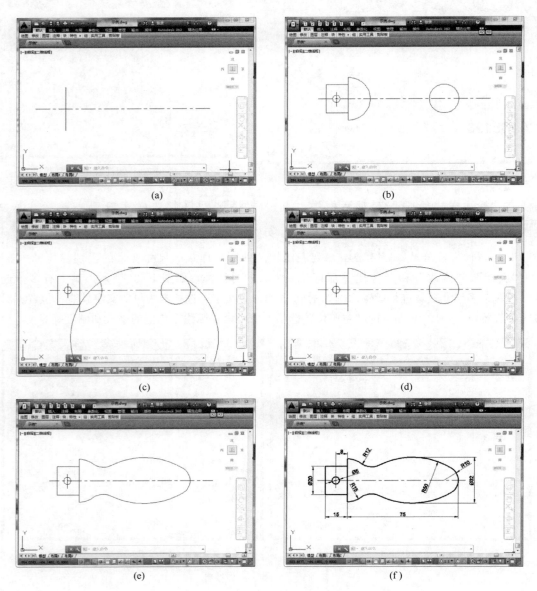

图 10-35　绘制平面图形实例

3．画已知线段

用直线命令画左边矩形，用画圆命令捕捉相应点作为圆心画出 $\phi 5$、$R15$、$R10$ 三个圆，用修剪命令将 $R15$ 圆的多余部分删除，如图 10-35（b）。

4．画中间线段（$R50$ 圆弧）

先根据 $\phi 32$ 作水平中心线的平行线作为辅助线，然后用"相切-相切-半径"方式，分别与 $R10$ 圆和辅助直线相切画 $R50$ 圆，如图 10-35（c）。

5. 画连接线段（$R12$ 圆弧）

用"圆角"命令，设置半径为 12，在 $R15$ 和 $R50$ 二圆弧之间画出连接弧 $R12$。并删除作图辅助线，修剪多余图线，如图 10-35（d）。

6. 编辑修改

对 $R15$、$R12$ 和 $R50$ 圆弧作"镜向复制"，修剪多余图线。必要时平移图形位置，调整点画线长度等，如图 10-35（e）。

7. 标注尺寸

分别用"线性"、"半径"、"直径"标注命令，逐一标注出尺寸。注意"$\phi20$"和"$\phi32$"虽是直径尺寸，但由于标注在非圆视图上，须用"线性"命令标注。这时须修改尺寸文本，在尺寸数字前加"ϕ"（规定用"％％c"输入）。完成后并显示线宽的图形如图 10-35（f）。

附录

一、螺纹

附表 1 普通螺纹（摘自 GB/T 193 、196—2003）

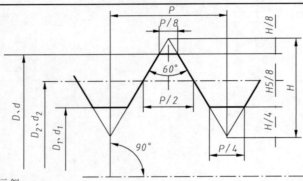

d—外螺纹大径
D—内螺纹大径
d_1—外螺纹小径
D_1—内螺纹小径
d_2—外螺纹中径
D_2—内螺纹中径
P—螺距
H—原始三角形高度

标记示例：

M12-5g（粗牙普通外螺纹，公称直径 $d=12$ 、右旋，中径及大径公差带均为 5g、中等旋合长度）

M12×1.5LH−6H（普通细牙内螺纹，公称直径 $D=12$、螺距 $P=1$、左旋 、中径及小径公差带均为 6H、中等放心旋合长度）

/mm

公称直径 D、d			螺距 P		粗牙螺纹
第一系列	第二系列	第三系列	粗牙	细　牙	小径 D_1、d_1
4			0.7	0.5	3.242
5			0.8		4.134
6			1	0.75、(0.5)	4.917
		7			5.917
8			1.25	1、0.75、(0.5)	6.647
10			1.5	1.25、1、0.75、(0.5)	8.376
12			1.75	1.5、1.25、1、(0.75)、(0.5)	10.106
	14		2		11.835
		15		1.5、(1)	13.376
16			2	1.5、1、(0.75)、(0.5)	13.835
	18				15.294
20			2.5	2 1.5、1、(0.75)、(0.5)	17.294
	22				19.294
24			3	2、1.5、1、(0.75)	20.752
		25		2、1.5、(1)	22.835
	27		3	2、1.5、(1)、(0.75)	23.752
30			3.5	(3)、2、1.5、(1)、(0.75)	26.211
	33				29.211
		35		1.5	33.376
36			4	3、2、1.5、(1)	31.670
	39				34.670
		40		(3)、(2)、1.5	36.752
42			4.5	(4)、3、2、1.5、(1)	37.129
	45				40.129
48			5		42.587

注：1. 优先选用第一系列，其次是第二系列，第三系列尽可能不选用。

2. M14×1.25 仅用于火花塞；M35×1.5 仅用于滚动轴承锁紧螺钉。

3. 括号内尺寸尽可能不选用。

二、常用标准件

六角头螺栓—C 级(摘自 GB/T 5780—2016)

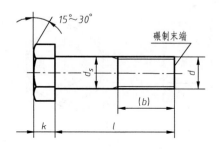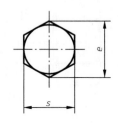

标记示例：
螺栓 GB/T 5780—2016 M16×90(螺纹规格 $d=16$、公称长度 $l=90$、性能等级为 4.8 级、不经表面处理、杆身半螺纹、C 级的六角头螺栓)

六角头螺栓—全螺纹—C 级(摘自 GB/T 5781—2016)

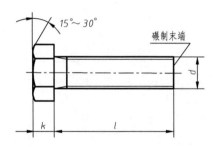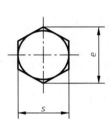

标记示例：
螺栓 GB/T 5781—2016 M20×100
(螺纹规格 $d=20$、公称长度 $l=100$、性能等级为 4.8 级、不经表面处理、全螺纹、C 级的六角头螺栓)

/mm

螺纹规格 d		M5	M6	M8	M10	M12	M16	M20	M24	M30	M36	M42	M48
b 参考	$l \leqslant 125$	16	18	22	26	30	38	40	54	66	78	—	—
	$125 < l \leqslant 200$	—	—	28	32	36	44	52	60	72	84	96	108
	$l > 200$	—	—	—	—	—	57	65	73	85	97	109	121
k		3.5	4	5.3	6.4	7.5	10	12.5	15	18.7	22.5	26	30
s_{max}		8	10	13	16	18	24	30	36	46	55	65	75
e_{min}		8.63	10.89	14.20	17.59	19.85	26.17	32.95	30.55	50.85	60.79	72.02	82.6
d_{smax}		5.84	6.48	8.58	10.58	12.7	16.7	20.8	24.84	30.84	37	43	49
l 范围	GB/T 5780	25~50	30~60	35~80	40~100	45~120	55~160	65~200	80~240	90~300	110~300	160~420	180~480
	GB/T 5781	10~40	12~50	16~65	20~80	25~100	35~100	40~100	50~100	60~100	70~100	80~420	90~480
l 系列		10、12、16、18、20~50(5 进位)、(55)、60、(65)、70~160(10 进位)、180、220~500(20 进位)											

注：1. 括号内的规格尽可能不用，末端按 GB/T 2—2016 的规定。

2. 螺纹公差为 8g (GB/T 5780—2016)；6g (GB/T 5781—2016)；机械性能等级：4.6、4.8。

附表 3　螺母

I 型六角螺母—A 级和 B 级(摘自 GB/T 6170—2015)
I 型六角螺母—细牙—A 级和 B 级(摘自 GB/T 6171—2016)
I 型六角螺母—C 级(摘自 GB/T 41—2016)

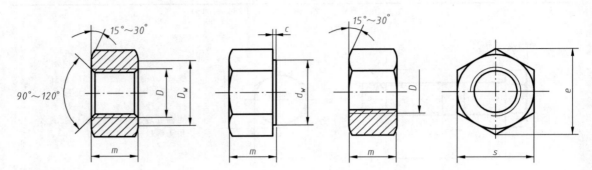

标记示例:

螺母　GB/T 6171—2016　M20×2

(螺纹规格 D=24、螺距 P=2、性能等级为 10 级、不经表面处理的 B 级 I 型细牙六角螺母)

螺母　GB/T 41—2016　M16

(螺纹规格 D=16、性能等级为 5 级、不经表面处理的 C 级 I 型六角螺母)

/mm

螺纹规格	D	M4	M5	M6	M8	M10	M12	M16	M20	M24	M30	M36	M42	M48
	$D×P$	—	—	—	M8×1	M10×1	M12×1.5	M16×1.5	M20×2	M24×2	M30×2	M36×3	M42×3	M48×3
	c	0.4	0.5		0.6			0.8				1		
	s_{max}	7	8	10	13	16	18	24	30	36	46	55	65	75
e_{max}	A、B	7.66	8.79	11.05	14.38	17.77	20.03	26.75	32.95	39.55	50.85	60.79	72.02	82.6
	C	—	8.63	10.89	14.2	17.59	19.85	26.17	32.95	39.55	50.85	60.79	72.07	82.6
m_{max}	A、B	3.2	4.7	5.2	6.8	8.4	10.8	14.8	18	21.5	25.6	31	34	38
	C	—	5.6	6.1	7.9	9.5	12.2	15.9	18.7	22.3	26.4	31.5	34.9	38.9
d_{wmin}	A、B	5.9	6.9	8.9	11.6	14.6	16.6	22.5	27.7	33.2	42.7	51.1	60.6	69.4
	C	—	6.9	8.9	11.6	14.6	16.6	22.5	27.7	33.2	42.7	51.1	60.6	69.4

注:1. A 级用于 D≤16 的螺母;B 级用于 D>16 的螺母;C 级用于 D≥5 的螺母。

2. 螺纹公差:A、B 级为 6H,C 级为 7H;机械性能等级:A、B 级为 6、8、10 级,C 级为 4、5 级。

附表 4　垫圈

平垫圈—A 级（摘自 GB/T 97.1—2002）　平垫圈倒角型—A 级（摘自 GB/T 97.2—2002）

小垫圈—A 级（摘自 GB/T 848—2002）　平垫圈—C 级（摘自 GB/T 95—2002）　大垫圈—A 级和 C 级（摘自 GB/T 96—2002）

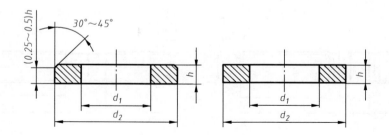

标记示例：

垫圈　GB/T 95—2002　10—100HV

（标准系列、公称尺寸 $d=10$、性能等级为 100HV 级、不经表面处理的平垫圈）

垫圈　GB/T 97.2—2002　10—A140

（标准系列、公称尺寸 $d=10$、性能等级为 A140HV 级、倒角型、不经表面处理的平垫圈）

/mm

公称直径 d（螺纹规格）		4	5	6	8	10	12	14	16	20	24	30	36	42	48
GB/T 848—2002（A 级）	d_1	4.3	5.3	6.4	8.4	10.5	13	15	17	21	25	31	37	—	—
	d_2	8	9	11	15	18	20	24	28	34	39	50	60	—	—
	h	0.5	1	1.6	1.6	1.6	2	2.5	2.5	3	4	4	5	—	—
GB/T 97.1—2002（A 级）	d_1	4.3	5.3	6.4	8.4	10.5	13	15	17	21	25	31	37	—	—
	d_2	9	10	12	16	20	24	28	30	37	44	56	66	—	—
	h	0.8	1	1.6	1.6	2	2.5	2.5	3	3	4	4	5	—	—
GB/T 97.2—2002（A 级）	d_1	—	5.3	6.4	8.4	10.5	13	15	17	21	25	31	37	—	—
	d_2	—	10	12	16	20	24	28	30	37	44	56	66	—	—
	h	—	1	1.6	1.6	2	2.5	2.5	3	3	4	4	5	—	—
GB/T 95—2002（C 级）	d_1	—	5.5	6.6	9	11	13.5	15.5	17.5	22	26	33	39	45	52
	d_2	—	10	12	16	20	24	28	30	37	44	56	66	78	92
	h	—	1	1.6	1.6	2	2.5	2.5	3	3	4	4	5	8	8
GB/T 96—2002（A 级和 C 级）	d_1	4.3	5.6	6.4	8.4	10.5	13	15	17	22	26	33	39	45	52
	d_2	12	15	18	24	30	37	44	50	60	72	92	110	125	145
	h	1	1.2	1.6	2	2.5	3	3	3	4	5	6	8	10	10

注：1. A 级适用于精装配系列，C 级适用于中等装配系列。

2. C 级垫圈没有 $Ra\,3.2$ 和去毛刺的要求。

附表 5　双头螺柱（摘自 GB/T 897～900—1988）

$b_m = d$（GB/T 897—1988）　$b_m = 1.25d$（GB/T 898—1988）　$b_m = 1.5d$（GB/T 899—1988）　$b_m = 2d$（GB/T 900—1988）

A 型　　　　　　　　　　　　B 型

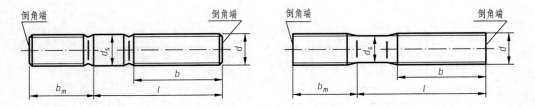

标记示例：

螺柱　GB/T 899—1988　M12×60

（两端均为粗牙普通螺丝，$d=12$，$l=60$、性能等级为 4.8 级、不经表面处理，B 型、$b_m = 1.5d$ 的双头螺柱）

螺柱　GB/T 900—1988　AM16—M16×1×70

（旋入机体一端为粗牙普通螺纹、旋螺母端为细牙普通螺丝、螺距 $P=1$、$d=16$、$l=70$、性能等级为 4.8 级、不经表面处理、A 型、$b_m = 2d$ 的双头螺柱）

/mm

螺纹规格 d	b_m				l/b
	GB/T 897	GB/T 898	GB/T 899	GB/T 900	
M4	—	—	6	8	(16～22)/8(25～40)/14
M5	5	6	8	10	(16～22)/10、(25～50)/16
M6	6	8	10	12	(20～22)/10、(25～30)/14、(32～75)/18
M8	8	10	12	16	(20～22)/12、(25～30)/16、(32～90)/22
M10	10	12	15	20	(25～28)/14、(30～38)/16、(40～120)/26、130/32
M12	12	15	18	24	(25～30)/16、(32～40)/20、(45～120)/30、(130～180)/36
M16	16	20	24	32	(30～38)/20、(40～55)/30、(60～120)/38、(130～200)/44
M20	20	25	30	40	(35～40)/25、(45～65)/35、(70～120)/46、(130～200)/52
(M24)	24	30	36	48	(45～50)/20、(55～75)/45、(80～120)/54、(132～200)/60
(M30)	30	38	45	60	(60～65)/40、(70～90)/50、(95～120)/66、(130～200)/72、(210～250)/85
M36	36	45	54	72	(65～75)/45、(80～110)/60、120/78、(130～200)/84、(210～300)/97
M42	42	52	63	84	(70～80)/50、(85～110)/70、120/90、(130～200)/96、(210～300)/109
M48	48	60	72	96	(80～90)/60、(95～110)/80、120/102、(130～200)/1080、(210～300)/121
l 系列	12、(14)、16、(18)、20、(22)、25、(28)、30、(32)、35、(38)、40、45、50、55、60、(65)、70、75、80、(85)、90、(95)、100～260(10 进位)、280、300				

注：1. 尽可能不采用括号内的规格。末端按 GB/T 2—1985 的规定。

2. b_m 的值与材料有关。$b_m = d$ 用于钢对钢，$b_m = (1.25～1.5)d$ 用于铸铁，$b_m = 1.5d$ 用于铸铁或铝合金，$b_m = 2d$ 用于铝合金。

附表 6　螺钉（摘自 GB/T 67～69—2016）

开槽盘头螺钉（GB/T 67—2016）　　开槽沉头螺钉（GB/T 68—2016）　　开槽半盘头螺钉（GB/T 69—2016）

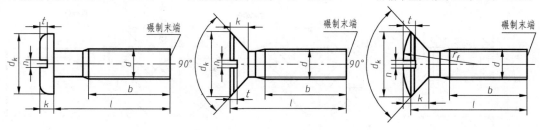

标记示例：

螺钉　GB/T 69—2016　M6×25

（螺纹规格 $d=6$、公称长度 $l=25$、性能等级为 4.8 级、不经表面处理的开槽半沉头螺钉）

/mm

螺纹规格 d	P	b_{min}	n	f GB/T 69	r_f GB/T 69	k_{max} GB/T 67	k_{max} GB/T 68 GB/T 69	$d_{k max}$ GB/T 67	$d_{k max}$ GB/T 68 GB/T 69	t_{max} GB/T 67	t_{max} GB/T 68	t_{max} GB/T 69	l 范围 GB/T 67	l 范围 GB/T 68 GB/T 69	全螺纹时最大长度 GB/T 67	全螺纹时最大长度 GB/T 68
M2	0.4	25	0.5	0.5	4	1.3	1.2	4.0	3.8	0.5	0.4	0.8	2.5～20	3～20	30	30
M3	0.5	25	0.8	0.7	6	1.8	1.65	5.6	5.5	0.7	0.6	1.2	4～30	5～30		
M4	0.7	38	1.2	1	9.5	2.4	2.7	8.0	8.4	1	1	1.6	5～40	6～40	40	45
M5	0.8	38	1.2	1.2	9.5	3.0	2.7	9.5	9.3	1.2	1.1	2	6～50	8～50		
M6	1	38	1.6	1.4	12	3.6	3.3	12	11.3	1.4	1.2	2.4	8～60	8～60		
M8	1.25	38	2	2	16.5	4.8	4.65	16	15.8	1.9	1.8	3.2	10～80	10～80		
M10	1.5	38	2.5	2.3	19.5	6	5	20	18.3	2.4	2	3.8	12～80	12～80		
l 系列	2、2.5、3、4、5、6、8、10、12、(14)、16、20～50(5 进位)、(55)、60、(65)、70、(75)、80															

注：螺纹公差为 6g；机械性能等级为 4.8、5.8；产品等级为 A。

附表 7　紧定螺钉（摘自 GB/T 71、73、75—1985）

开槽锥端紧定螺钉（摘自 GB/T 71—1985）开槽平端紧定螺钉（摘自 GB/T 73—1985）开槽长圆柱端端紧定螺钉（摘自 GB/T 75—1985）

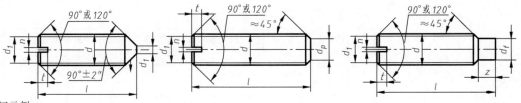

标记示例：

螺钉　GB/T 73—1985　M6×12

（螺纹规格 $d=6$、公称长度 $l=12$、性能等级为 14H 级、表面氧化的开槽平端紧定螺钉）

/mm

螺丝规格 d	P	$d_f \approx$	$d_{t max}$	$d_{p max}$	n 公称	t_{max}	z_{max}	l 范围 GB/T 71	l 范围 GB/T 73	l 范围 GB/T 75
M2	0.4		0.2	1	0.25	0.84	1.25	3～10	2～10	3～10
M3	0.5		0.3	2	0.4	1.05	1.75	4～16	3～16	5～16
M4	0.7		0.4	2.5	0.6	1.42	2.25	6～20	4～20	6～20
M5	0.8	螺纹小径	0.5	3.5	0.8	1.63	2.75	8～25	5～25	8～26
M6	1		1.5	4	1	2	3.25	8～30	6～30	8～30
M8	1.25		2	5.5	1.2	2.5	4.3	10～40	8～40	10～40
M10	1.5		2.5	7	1.6	3	5.3	12～50	10～50	12～50
M12	1.75		3	8.5	2	3.6	6.3	14～60	12～60	14～60
l 系列公称	2、2.5、3、4、5、6、8、10、12、(14)、16、20、25、30、35、40、45、50、(55)、60									

附表 8　平键及键槽各部分尺寸（GB/T 1095～1096—2003）

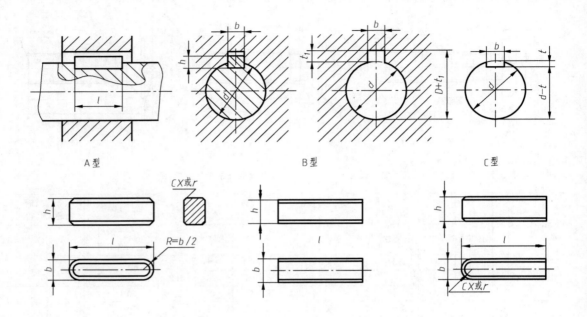

A 型　　　　　　　　　　B 型　　　　　　　　　　C 型

标记示例：

键　12×60　GB/T 1096—2003（圆头普通平键、$b=12$、$h=8$、$L=60$）

键　B12×60　GB/T 1096—2003（平头普通平键、$b=12$、$h=8$、$L=60$）

键　C12×60　GB/T 1096—2003（单圆头普通平键、$b=12$、$h=8$、$L=60$）

/ mm

轴 公称直径 d	键 公称尺寸 $b \times h$	键 长度 l	宽度 公称尺寸 b	较松键连接 轴 H9	较松键连接 毂 D10	一般键连接 轴 N9	一般键连接 毂 JS9	较紧键连接 轴和毂 P9	深度 轴 t 公称	深度 轴 t 偏差	深度 毂 t_1 公称	深度 毂 t_1 偏差	半径 r 最大	半径 r 最小
>10~12	4×4	8~45	4	+0.030 +0.000	+0.078 +0.030	−0.000 −0.030	±0.015	−0.012 −0.042	2.5	+0.1 0	1.8	+0.1 0	0.08	0.16
>12~17	5×5	10~56	5						3.0		2.3			
>17~22	6×6	14~70	6						3.5		2.8		0.16	0.25
>22~30	8×7	18~90	8	+0.036 +0.000	+0.098 +0.040	−0.000 −0.036	±0.018	−0.015 −0.051	4.0		3.3			
>30~38	10×8	22~110	10						5.0		3.3			
>38~44	12×8	28~140	12	+0.043 +0.003	+0.120 +0.050	−0.003 −0.043	±0.0215	−0.018 −0.061	5.0	+0.2 0	3.3	+0.2 0	0.25	0.40
>44~50	14×9	36~160	14						5.5		3.8			
>50~58	16×10	45~180	16						6.0		4.3			
>58~65	18×11	50~200	18						7.0		4.4			
>65~75	20×12	56~220	20	+0.052 +0.002	+0.149 +0.065	−0.052 −0.052	±0.062	−0.002 −0.074	7.5		4.9		0.40	0.60
>75~85	22×14	63~250	22						9.0		5.4			
>85~95	25×14	70~280	25						9.0		5.4			
>95~110	28×16	80~320	28						10.0		6.4			

注：1. 键 b 的极限偏差为 h9，键 h 的极限偏差为 h11，键长 l 的极限偏差 h14。

2. $(d-t)$ 和 $(d+t_1)$ 两组组合尺寸的极限偏差按相应的 t 和 t_1 的极限偏差选取，但 $(d-t)$ 极限偏差应取负号（一）。

3. l 系列：6～22（2 进位）、25、28、32、36、40、45、50、56、63、70、80、90、100、110、125、140、160、180、200、220、250、280、320、360、400、450、500。

附表 9 滚动轴承

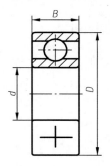

深沟球轴承
(GB/T 276—2013)

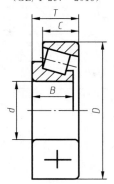

圆锥滚子轴承
(GB/T 297—2015)

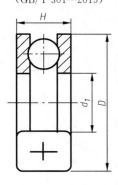

推力球轴承
(GB/T 301—2015)

标记示例:
滚动轴承 6212 GB/T 276—2013

标记示例:
滚动轴承 30213 GB/T 297—2015

标记示例:
滚动轴承 51304 GB/T 301—2015

轴承型号	尺寸/mm			轴承型号	尺寸/mm					轴承型号	尺寸/mm			
	d	D	B		d	D	B	C	T		d	D	H	d_{1min}
尺寸系列(02)				尺寸系列(02)						尺寸系列(12)				
6202	15	35	11	30203	17	40	12	11	13.25	51202	15	32	12	17
6203	17	40	12	30204	20	47	14	12	15.25	51203	17	35	12	19
6204	20	47	14	30205	25	52	15	13	16.25	51204	20	40	14	22
6205	25	52	15	30206	30	62	16	14	17.25	51205	25	47	15	27
6206	30	62	16	30207	35	72	17	15	18.25	51206	30	52	16	32
6207	35	72	17	30208	40	80	18	16	19.75	51207	35	62	18	37
6208	40	80	18	30209	45	85	19	16	20.75	51208	40	68	19	42
6209	45	85	19	30210	50	90	20	17	21.75	51209	45	73	20	47
6210	50	90	20	30211	55	100	21	18	22.75	51210	50	78	22	52
6211	55	100	21	30212	60	110	22	19	23.75	51211	55	90	25	57
6212	60	110	22	30213	65	120	23	20	24.75	51212	60	95	26	62
尺寸(03)				尺寸系列(03)						尺寸系列(13)				
6302	15	42	13	30302	15	42	13	11	14.25	51304	20	47	18	22
6303	17	47	14	30303	17	47	14	12	15.25	51305	25	52	18	27
6304	20	52	15	30304	20	52	15	13	16.25	51306	30	60	21	32
6305	25	62	17	30305	25	62	17	15	18.25	51307	35	68	24	37
6306	30	72	19	30306	30	72	19	16	20.75	51308	40	78	26	42
6307	35	80	21	70307	35	80	21	18	22.75	51309	45	85	28	47
6308	40	90	23	30308	40	90	23	20	25.25	51310	50	95	31	52
6309	45	100	25	30309	45	100	25	22	27.25	51311	55	105	35	57
6310	50	110	27	30310	50	110	27	23	29.25	51312	60	110	35	62
6311	55	120	29	30311	55	120	29	25	31.5	51313	65	115	36	67
6312	60	130	31	30312	60	130	31	26	33.5	51314	70	125	40	72

三、极限与配合

附表 10　常用孔公差带的极限偏差表（摘自 GB/T 1800.2—2009）

/μm

公称尺寸/mm 大于	至	A11	B11	C11	D9	E8	F8	G7	H6	H7	H8	H9	H10	H11	H12	JS6	JS7	K6	K7	K8	M6	M7	M8	N6	N7	P6	P7	R7	S7	T7	U7
—	3	+330/+270	+200/+140	+120/+60	+45/+20	+28/+14	+20/+6	+12/+2	+6/0	+10/0	+14/0	+25/0	+40/0	+60/0	+100/0	±3	±5	0/−6	0/−10	0/−14	−2/−8	−2/−12	−2/−16	−4/−10	−4/−14	−6/−12	−6/−16	−10/−20	−14/−24	—	−18/−28
3	6	+345/+270	+215/+140	+145/+70	+60/+30	+38/+20	+28/+10	+16/+4	+8/0	+12/0	+18/0	+30/0	+48/0	+75/0	+120/0	±4	±6	+2/−6	+3/−9	+5/−13	−1/−9	0/−12	+2/−16	−5/−13	−4/−16	−9/−17	−8/−20	−11/−23	−15/−27	—	−19/−31
6	10	+370/+280	+240/+150	+170/+80	+76/+40	+47/+25	+35/+13	+20/+5	+9/0	+15/0	+22/0	+36/0	+58/0	+90/0	+150/0	±4.5	±7	+2/−7	+5/−10	+6/−16	−3/−12	0/−15	+1/−21	−7/−16	−4/−19	−12/−21	−9/−24	−13/−28	−17/−32	—	−22/−37
10	14	+400/+290	+260/+150	+205/+95	+93/+50	+59/+32	+43/+16	+24/+6	+11/0	+18/0	+27/0	+43/0	+70/0	+110/0	+180/0	±5.5	±9	+2/−9	+6/−12	+8/−19	−4/−15	0/−18	+2/−25	−9/−20	−5/−23	−15/−26	−11/−29	−16/−34	−21/−39	—	−26/−44
14	18	+400/+290	+260/+150	+205/+95	+93/+50	+59/+32	+43/+16	+24/+6	+11/0	+18/0	+27/0	+43/0	+70/0	+110/0	+180/0	±5.5	±9	+2/−9	+6/−12	+8/−19	−4/−15	0/−18	+2/−25	−9/−20	−5/−23	−15/−26	−11/−29	−16/−34	−21/−39	—	−26/−44
18	24	+430/+300	+290/+160	+240/+110	+117/+65	+73/+40	+53/+20	+28/+7	+13/0	+21/0	+33/0	+52/0	+84/0	+130/0	+210/0	±6.5	±10	+2/−11	+6/−15	+10/−23	−4/−17	0/−21	+4/−29	−11/−24	−7/−28	−18/−31	−14/−35	−20/−41	−27/−48	—	−33/−54
24	30	+430/+300	+290/+160	+240/+110	+117/+65	+73/+40	+53/+20	+28/+7	+13/0	+21/0	+33/0	+52/0	+84/0	+130/0	+210/0	±6.5	±10	+2/−11	+6/−15	+10/−23	−4/−17	0/−21	+4/−29	−11/−24	−7/−28	−18/−31	−14/−35	−20/−41	−27/−48	−33/−54	−40/−61
30	40	+470/+310	+330/+170	+280/+120	+142/+80	+89/+50	+64/+25	+34/+9	+16/0	+25/0	+39/0	+62/0	+100/0	+160/0	+250/0	±8	±12	+3/−13	+7/−18	+12/−27	−4/−20	0/−25	+5/−34	−12/−28	−8/−33	−21/−37	−17/−42	−25/−50	−34/−59	−39/−64	−51/−76
40	50	+480/+320	+340/+180	+290/+130	+142/+80	+89/+50	+64/+25	+34/+9	+16/0	+25/0	+39/0	+62/0	+100/0	+160/0	+250/0	±8	±12	+3/−13	+7/−18	+12/−27	−4/−20	0/−25	+5/−34	−12/−28	−8/−33	−21/−37	−17/−42	−25/−50	−34/−59	−45/−70	−61/−86
50	65	+530/+340	+380/+190	+330/+140	+174/+100	+106/+60	+76/+30	+40/+10	+19/0	+30/0	+46/0	+74/0	+120/0	+190/0	+300/0	±9.5	±15	+4/−15	+9/−21	+14/−32	−5/−24	0/−30	+5/−41	−14/−33	−9/−39	−26/−45	−21/−51	−30/−60	−42/−72	−55/−85	−76/−106
65	80	+550/+360	+390/+200	+340/+150	+174/+100	+106/+60	+76/+30	+40/+10	+19/0	+30/0	+46/0	+74/0	+120/0	+190/0	+300/0	±9.5	±15	+4/−15	+9/−21	+14/−32	−5/−24	0/−30	+5/−41	−14/−33	−9/−39	−26/−45	−21/−51	−32/−62	−48/−78	−64/−94	−91/−121
80	100	+600/+380	+440/+220	+390/+170	+207/+120	+126/+72	+90/+36	+47/+12	+22/0	+35/0	+54/0	+87/0	+140/0	+220/0	+350/0	±11	±17	+4/−18	+10/−25	+16/−38	−6/−28	0/−35	+6/−48	−16/−38	−10/−45	−30/−52	−24/−59	−38/−73	−58/−93	−78/−113	−111/−146
100	120	+630/+410	+460/+240	+400/+180	+207/+120	+126/+72	+90/+36	+47/+12	+22/0	+35/0	+54/0	+87/0	+140/0	+220/0	+350/0	±11	±17	+4/−18	+10/−25	+16/−38	−6/−28	0/−35	+6/−48	−16/−38	−10/−45	−30/−52	−24/−59	−41/−76	−66/−101	−91/−126	−131/−166
120	140	+710/+460	+510/+260	+450/+200	+245/+145	+148/+85	+106/+43	+54/+14	+25/0	+40/0	+63/0	+100/0	+160/0	+250/0	+400/0	±12.5	±20	+4/−21	+12/−28	+20/−43	−8/−33	0/−40	+8/−55	−20/−45	−12/−52	−36/−61	−28/−68	−48/−88	−77/−117	−107/−147	−155/−195
140	160	+770/+520	+530/+280	+460/+210	+245/+145	+148/+85	+106/+43	+54/+14	+25/0	+40/0	+63/0	+100/0	+160/0	+250/0	+400/0	±12.5	±20	+4/−21	+12/−28	+20/−43	−8/−33	0/−40	+8/−55	−20/−45	−12/−52	−36/−61	−28/−68	−50/−90	−85/−125	−119/−159	−175/−215
160	180	+830/+580	+560/+310	+480/+230	+245/+145	+148/+85	+106/+43	+54/+14	+25/0	+40/0	+63/0	+100/0	+160/0	+250/0	+400/0	±12.5	±20	+4/−21	+12/−28	+20/−43	−8/−33	0/−40	+8/−55	−20/−45	−12/−52	−36/−61	−28/−68	−53/−93	−93/−133	−131/−171	−195/−235
180	200	+950/+660	+630/+340	+530/+240	+285/+170	+172/+100	+122/+50	+61/+15	+29/0	+46/0	+72/0	+115/0	+185/0	+290/0	+460/0	±14.5	±23	+5/−24	+13/−33	+22/−50	−8/−37	0/−46	+9/−63	−22/−51	−14/−60	−41/−70	−33/−79	−60/−106	−105/−151	−149/−195	−219/−265
200	225	+1030/+740	+670/+380	+550/+260	+285/+170	+172/+100	+122/+50	+61/+15	+29/0	+46/0	+72/0	+115/0	+185/0	+290/0	+460/0	±14.5	±23	+5/−24	+13/−33	+22/−50	−8/−37	0/−46	+9/−63	−22/−51	−14/−60	−41/−70	−33/−79	−63/−109	−113/−159	−163/−209	−241/−287
225	250	+1110/+820	+710/+420	+570/+280	+285/+170	+172/+100	+122/+50	+61/+15	+29/0	+46/0	+72/0	+115/0	+185/0	+290/0	+460/0	±14.5	±23	+5/−24	+13/−33	+22/−50	−8/−37	0/−46	+9/−63	−22/−51	−14/−60	−41/−70	−33/−79	−67/−113	−123/−169	−179/−225	−267/−313
250	280	+1240/+920	+800/+480	+620/+300	+320/+190	+191/+110	+137/+56	+69/+17	+32/0	+52/0	+81/0	+130/0	+210/0	+320/0	+520/0	±16	±26	+5/−27	+16/−36	+25/−56	−9/−41	0/−52	+9/−72	−25/−57	−14/−66	−47/−79	−36/−88	−74/−126	−138/−190	−198/−250	−295/−347
280	315	+1370/+1050	+860/+540	+650/+330	+320/+190	+191/+110	+137/+56	+69/+17	+32/0	+52/0	+81/0	+130/0	+210/0	+320/0	+520/0	±16	±26	+5/−27	+16/−36	+25/−56	−9/−41	0/−52	+9/−72	−25/−57	−14/−66	−47/−79	−36/−88	−78/−130	−150/−202	−220/−272	−330/−382
315	355	+1560/+1200	+960/+600	+720/+360	+350/+210	+214/+125	+151/+62	+75/+18	+36/0	+57/0	+89/0	+140/0	+230/0	+360/0	+570/0	±18	±28	+7/−29	+17/−40	+28/−61	−10/−46	0/−57	+11/−78	−26/−62	−16/−73	−51/−87	−41/−98	−87/−144	−169/−226	−247/−304	−369/−426
355	400	+1710/+1350	+1040/+680	+760/+400	+350/+210	+214/+125	+151/+62	+75/+18	+36/0	+57/0	+89/0	+140/0	+230/0	+360/0	+570/0	±18	±28	+7/−29	+17/−40	+28/−61	−10/−46	0/−57	+11/−78	−26/−62	−16/−73	−51/−87	−41/−98	−93/−150	−187/−244	−273/−330	−414/−471
400	450	+1900/+1500	+1160/+760	+840/+440	+385/+230	+232/+135	+165/+68	+83/+20	+40/0	+63/0	+97/0	+155/0	+250/0	+400/0	+630/0	±20	±31	+8/−32	+18/−45	+29/−68	−10/−50	0/−63	+11/−86	−27/−67	−17/−80	−55/−95	−45/−108	−103/−166	−209/−272	−307/−370	−467/−530
450	500	+2050/+1650	+1240/+840	+880/+480	+385/+230	+232/+135	+165/+68	+83/+20	+40/0	+63/0	+97/0	+155/0	+250/0	+400/0	+630/0	±20	±31	+8/−32	+18/−45	+29/−68	−10/−50	0/−63	+11/−86	−27/−67	−17/−80	−55/−95	−45/−108	−109/−172	−229/−292	−337/−400	−517/−580

附表 11　常用轴公差带的极限偏差表（摘自 GB/T 1800.2—2009）

/μm

公称尺寸/mm 大于	至	a	b	c	d	e	f	g	h	h	h	h	h	h	h	h	js	k	m	n	p	r	s	t	u	v	x	y	z
等级		11	11	11	9	8	7	6	5	6	7	8	9	10	11	12	6	6	6	6	6	6	6	6	6	6	6	6	6
—	3	-270/-330	-140/-200	-60/-120	-20/-45	-14/-28	-6/-16	-2/-8	0/-4	0/-6	0/-10	0/-14	0/-25	0/-40	0/-60	0/-100	±3	+6/0	+8/+2	+10/+4	+12/+6	+16/+10	+20/+14	—	+24/+18	—	+26/+20	—	+32/+26
3	6	-270/-345	-140/-215	-70/-145	-30/-60	-20/-38	-10/-22	-4/-12	0/-5	0/-8	0/-12	0/-18	0/-30	0/-48	0/-75	0/-120	±4	+9/+1	+12/+4	+16/+8	+20/+12	+23/+15	+27/+19	—	+31/+23	—	+36/+28	—	+43/+35
6	10	-280/-370	-150/-240	-80/-170	-40/-76	-25/-47	-13/-28	-5/-14	0/-6	0/-9	0/-15	0/-22	0/-36	0/-58	0/-90	0/-150	±4.5	+10/+1	+15/+6	+19/+10	+24/+15	+28/+19	+32/+23	—	+37/+28	—	+43/+34	—	+51/+42
10	14	-290/-400	-150/-260	-95/-205	-50/-93	-32/-59	-16/-34	-6/-17	0/-8	0/-11	0/-18	0/-27	0/-43	0/-70	0/-110	0/-180	±5.5	+12/+1	+18/+7	+23/+12	+29/+18	+34/+23	+39/+28	—	+44/+33	—	+51/+40	—	+61/+50
14	18	-290/-400	-150/-260	-95/-205	-50/-93	-32/-59	-16/-34	-6/-17	0/-8	0/-11	0/-18	0/-27	0/-43	0/-70	0/-110	0/-180	±5.5	+12/+1	+18/+7	+23/+12	+29/+18	+34/+23	+39/+28	—	+44/+33	+50/+39	+56/+45	—	+71/+60
18	24	-300/-430	-160/-290	-110/-240	-65/-117	-40/-73	-20/-41	-7/-20	0/-9	0/-13	0/-21	0/-33	0/-52	0/-84	0/-130	0/-210	±6.5	+15/+2	+21/+8	+28/+15	+35/+22	+41/+28	+48/+35	—	+54/+41	+60/+47	+67/+54	+76/+63	+86/+73
24	30	-300/-430	-160/-290	-110/-240	-65/-117	-40/-73	-20/-41	-7/-20	0/-9	0/-13	0/-21	0/-33	0/-52	0/-84	0/-130	0/-210	±6.5	+15/+2	+21/+8	+28/+15	+35/+22	+41/+28	+48/+35	+54/+41	+61/+48	+68/+55	+77/+64	+88/+75	+101/+88
30	40	-310/-470	-170/-330	-120/-280	-80/-142	-50/-89	-25/-50	-9/-25	0/-11	0/-16	0/-25	0/-39	0/-62	0/-100	0/-160	0/-250	±8	+18/+2	+25/+9	+33/+17	+42/+26	+50/+34	+59/+43	+64/+48	+76/+60	+84/+68	+96/+80	+110/+94	+128/+112
40	50	-320/-480	-180/-340	-130/-290	-80/-142	-50/-89	-25/-50	-9/-25	0/-11	0/-16	0/-25	0/-39	0/-62	0/-100	0/-160	0/-250	±8	+18/+2	+25/+9	+33/+17	+42/+26	+50/+34	+59/+43	+70/+54	+86/+70	+97/+81	+113/+97	+130/+114	+152/+136
50	65	-340/-530	-190/-380	-140/-330	-100/-174	-60/-106	-30/-60	-10/-29	0/-13	0/-19	0/-30	0/-46	0/-74	0/-120	0/-190	0/-300	±9.5	+21/+2	+30/+11	+39/+20	+51/+32	+60/+41	+72/+53	+85/+66	+106/+87	+121/+102	+141/+122	+163/+144	+191/+172
65	80	-360/-550	-200/-390	-150/-340	-100/-174	-60/-106	-30/-60	-10/-29	0/-13	0/-19	0/-30	0/-46	0/-74	0/-120	0/-190	0/-300	±9.5	+21/+2	+30/+11	+39/+20	+51/+32	+62/+43	+78/+59	+94/+75	+121/+102	+139/+120	+165/+146	+193/+174	+229/+210
80	100	-380/-600	-220/-440	-170/-390	-120/-207	-72/-126	-36/-71	-12/-34	0/-15	0/-22	0/-35	0/-54	0/-87	0/-140	0/-220	0/-350	±11	+25/+3	+35/+13	+45/+23	+59/+37	+73/+51	+93/+71	+113/+91	+146/+124	+168/+146	+200/+178	+236/+214	+280/+258
100	120	-410/-630	-240/-460	-180/-400	-120/-207	-72/-126	-36/-71	-12/-34	0/-15	0/-22	0/-35	0/-54	0/-87	0/-140	0/-220	0/-350	±11	+25/+3	+35/+13	+45/+23	+59/+37	+76/+54	+101/+79	+126/+104	+166/+144	+194/+172	+232/+210	+276/+254	+332/+310
120	140	-460/-710	-260/-510	-200/-450	-145/-245	-85/-148	-43/-83	-14/-39	0/-18	0/-25	0/-40	0/-63	0/-100	0/-160	0/-250	0/-400	±12.5	+28/+3	+40/+15	+52/+27	+68/+43	+88/+63	+117/+92	+147/+122	+195/+170	+227/+202	+273/+248	+325/+300	+390/+365
140	160	-520/-770	-280/-530	-210/-460	-145/-245	-85/-148	-43/-83	-14/-39	0/-18	0/-25	0/-40	0/-63	0/-100	0/-160	0/-250	0/-400	±12.5	+28/+3	+40/+15	+52/+27	+68/+43	+90/+65	+125/+100	+159/+134	+215/+190	+253/+228	+305/+280	+365/+340	+440/+415
160	180	-580/-830	-310/-560	-230/-480	-145/-245	-85/-148	-43/-83	-14/-39	0/-18	0/-25	0/-40	0/-63	0/-100	0/-160	0/-250	0/-400	±12.5	+28/+3	+40/+15	+52/+27	+68/+43	+93/+68	+133/+108	+171/+146	+235/+210	+277/+252	+335/+310	+405/+380	+490/+465
180	200	-660/-950	-340/-630	-240/-530	-170/-285	-100/-172	-50/-96	-15/-44	0/-20	0/-29	0/-46	0/-72	0/-115	0/-185	0/-290	0/-460	±14.5	+33/+4	+46/+17	+60/+31	+79/+50	+106/+77	+151/+122	+195/+166	+265/+236	+313/+284	+379/+350	+454/+425	+549/+520
200	225	-740/-1030	-380/-670	-260/-550	-170/-285	-100/-172	-50/-96	-15/-44	0/-20	0/-29	0/-46	0/-72	0/-115	0/-185	0/-290	0/-460	±14.5	+33/+4	+46/+17	+60/+31	+79/+50	+109/+80	+159/+130	+209/+180	+287/+258	+339/+310	+414/+385	+499/+470	+604/+575
225	250	-820/-1110	-420/-710	-280/-570	-170/-285	-100/-172	-50/-96	-15/-44	0/-20	0/-29	0/-46	0/-72	0/-115	0/-185	0/-290	0/-460	±14.5	+33/+4	+46/+17	+60/+31	+79/+50	+113/+84	+169/+140	+225/+196	+313/+284	+369/+340	+454/+425	+549/+520	+669/+640
250	280	-920/-1240	-480/-800	-300/-620	-190/-320	-110/-191	-56/-108	-17/-49	0/-23	0/-32	0/-52	0/-81	0/-130	0/-210	0/-320	0/-520	±16	+36/+4	+52/+20	+66/+34	+88/+56	+126/+94	+190/+158	+250/+218	+347/+315	+417/+385	+507/+475	+612/+580	+742/+710
280	315	-1050/-1370	-540/-860	-330/-650	-190/-320	-110/-191	-56/-108	-17/-49	0/-23	0/-32	0/-52	0/-81	0/-130	0/-210	0/-320	0/-520	±16	+36/+4	+52/+20	+66/+34	+88/+56	+130/+98	+202/+170	+272/+240	+382/+350	+457/+425	+557/+525	+682/+650	+822/+790
315	355	-1200/-1560	-600/-960	-360/-720	-210/-350	-125/-214	-62/-119	-18/-54	0/-25	0/-36	0/-57	0/-89	0/-140	0/-230	0/-360	0/-570	±18	+40/+4	+57/+21	+73/+37	+98/+62	+144/+108	+226/+190	+304/+268	+426/+390	+511/+475	+626/+590	+766/+730	+936/+900
355	400	-1350/-1710	-680/-1040	-400/-760	-210/-350	-125/-214	-62/-119	-18/-54	0/-25	0/-36	0/-57	0/-89	0/-140	0/-230	0/-360	0/-570	±18	+40/+4	+57/+21	+73/+37	+98/+62	+150/+114	+244/+208	+330/+294	+471/+435	+566/+530	+696/+660	+856/+820	+1036/+1000
400	450	-1500/-1900	-760/-1160	-440/-840	-230/-385	-135/-232	-68/-131	-20/-60	0/-27	0/-40	0/-63	0/-97	0/-155	0/-250	0/-400	0/-630	±20	+45/+5	+63/+23	+80/+40	+108/+68	+166/+126	+272/+232	+370/+330	+530/+490	+635/+595	+780/+740	+960/+920	+1140/+1100
450	500	-1650/-2050	-840/-1240	-480/-880	-230/-385	-135/-232	-68/-131	-20/-60	0/-27	0/-40	0/-63	0/-97	0/-155	0/-250	0/-400	0/-630	±20	+45/+5	+63/+23	+80/+40	+108/+68	+172/+132	+292/+252	+400/+360	+580/+540	+700/+660	+860/+820	+1040/+1000	+1290/+1250

四、常用材料及热处理

附表 12　常用的金属材料和非金属材料

名　称		牌　号	说　明	应用举例
黑色金属	灰口铸铁 (GB/T 9439)	HT150	HT—"灰铁"代号 150—抗拉强度/MPa	用于制造端盖、皮带轮、轴承座、阀壳、管子及管子附件、机床底座、工作台等
		HT200		用于较重要铸件,如气缸、齿轮、机架、飞轮、床身、阀壳、衬筒等
	球墨铸铁 (GB/T 1348)	QT450-10 QT500-7	QT—"球铁"代号 450—抗拉强度/MPa 10—延长率/%	具有较高的强度和塑性。广泛用于机械制造业中受磨损和受冲击的零件,如曲轴、气缸套、活塞环、摩擦片、中低压阀门、千斤顶座等
	铸钢 (GB/T 11352)	ZG200-400 ZG270-500	ZG—"铸钢"代号 200—屈服强度/MPa 400—抗拉强度/MPa	用于各种形状的零件,如机座、变速箱座、飞轮、重负荷机座、水压机工作缸等
	碳素结构钢 (GB/T 700)	Q215-A Q235-A	Q—"屈"字代号 215—屈服点数值/MPa	有较高的强度和硬度,易焊接,是一般机械上的主要材料。用于制造垫圈、铆钉、轻载齿轮、键、拉杆、螺栓、螺母、轮轴等
	优质碳素结构钢 (GB/T 699)	15	15—平均含碳量(万分之几)	塑性、韧性、焊接性和冷冲性能均良好,但强度较低,用于制造螺钉、螺母、法兰盘及化工储器等
		35		用于强度要求较高的零件,如汽轮机叶轮、压缩机、机床主轴、花键轴等
		15Mn 65Mn	15—平均含碳量(万分之几) Mn—含锰量较高	其性能与 15 号钢相似,但其塑性、强度比 15 号钢高强度高,适宜作大尺寸的各种扁、圆弹簧
	低合金结构钢 (GB/T 1591)	15MnV	15—平均含碳量(万分之几) Mn—含锰量较高 V—合金元素钒	用于制作高中压石油化工容器、桥梁、船舶、起重机等
		16Mn		用于制作车辆、管道、大型容器、低温压力容器、重型机械等
有色金属	普通黄铜 (GB/T 5232)	H96	H—"黄"铜的代号 96—基体元素铜的含量	用于导管、冷凝管、散热片等
		H59		用于一般机器零件、焊接件、热冲及热轧零件等
	铸造锡青铜 (GB/T 1176)	ZCuSn10Zn2	Z—"铸"造代号 Cu—基体金属铜元素符号 Sn10—锡元素符号及名义含量/%	在中等及较高载荷下工作的重要管件以及阀、旋塞、泵体、齿轮、叶轮等
	铸造铝合金 (GB/T 1173)	ZAlSi5Cu1Mg	Z—"铸"造代号 Al—基体金属铝元素符号 Si5—硅元素符号及名义含量/%	用于水冷发动机的气缸体、气缸头、气缸盖、空冷发动机头和发动机曲轴箱等
非金属	耐油橡胶板 (GB/T 5574)	3707 3807	37、38—顺序号 07—扯断强度/kPa	硬度较高,可在温度为 -30～+100℃ 的机油、变压器油、汽油等介质中工作,适于冲制各种形状的垫圈
	耐热橡胶板 (GB/T 5574)	4708 4808	47、48—顺序号 08—扯断强度/kPa	较高硬度,具有耐热性能,可在温度为 30～100℃ 且压力不大的条件下于蒸汽、热空气等介质中工作,用作冲制各种垫圈和垫板
	油浸石棉盘根 (JC68)	YS350 YS250	YS—"油石"代号 350—适用的最高温度	用于回转轴、活塞或阀门杆上作密封材料,介质为蒸汽、空气、工业用水、重质石油等
	橡胶石棉盘根 (JC67)	XS550 XS350	XS—"橡石"代号 550—适用的最高温度	用于蒸汽机、往复泵的活塞和阀门杆上作密封材料
	聚四氟乙烯 (PTFE)			主要用于耐腐蚀、耐高温的密封元件,如填料、衬垫、涨圈、阀座,也用作输送腐蚀介质的高温管路,耐腐蚀衬里、容器的密封圈等

附表 13　常用热处理及表面处理

名　称	代号	说　明	应　用
退火	Th	将钢件加热到临界温度以上，保温一段时间，然后缓慢地冷却下来(一般用炉冷)	用来消除铸、锻件的内应力和组织不均匀及晶粒粗大等现象，消除冷轧坯件的冷硬现象和内应力，降低硬度，以便切削
正火	Z	将钢件加热到临界温度以上 30～50℃，保温一段时间，然后在空气中冷却下来，冷却速度比退火快	用来处理低碳和中碳结构钢件和渗碳机件，使其组织细化，增加强度与韧性，减少内应力，改善切削性能
淬火	C	将钢件加热到临界温度以上，保温一段时间，然后在水、盐水或油中急速冷却下来(个别材料在空气中)，使其得到高硬度	用来提高钢的硬度和强度极限，但淬火时会引起内应力并使钢变脆，所以淬火后必须回火
回火		将淬硬的钢件加热到临界温度以下的某一温度，保温一段时间，然后在空气中或油中冷却下来	用来消除淬火后产生的脆性和内应力，提高钢的塑性和冲击韧性
调质	T	淬火后在 450～650℃进行高温回火称为调质	用来使钢获得高的韧性和足够的强度，很多重要零件淬火后都需要经过调质处理
表面淬火	H	用火焰或高频电流将零件表面迅速加热至临界温度以上，急速冷却	使零件表层得到高的硬度和耐磨性，而心部保持较高的强度和韧性。常用于处理齿轮，使其既耐磨又能承受冲击
高频淬火	G		
渗碳淬火	S	在渗碳剂中将钢件加热 900～950℃，停留一段时间，将碳渗入钢件表面，深度约 0.5～2mm，再淬火后回火	增加钢件的耐磨性能、表面硬度、抗拉强度和疲劳极限。适用于低碳、中碳结构钢的中小型零件
渗氮	D	在 500～600℃通入氨的炉内，向钢件表面渗入氮原子，渗氮层 0.025～0.8mm，渗氮时间需 40～50h	增加钢件的耐磨性能、表面硬度、疲劳极限和抗蚀能力。适用于合金钢、碳结和铸铁零件
氰化	Q	在 820～860℃的炉内通入碳和氮，保温 1～2h，使钢件表面同时渗入碳、氮原子，可得到 0.2～0.5mm 的氰化层	增加表面硬度、耐磨性、疲劳强度和耐蚀性。适用于要求硬度高、耐磨的中小型或薄片零件及刀具
时效处理		低温回火后，精加工之前，将机件加热到 100～180℃，保持 10～40h 铸件常在露天放一年以上，称为天然时效	使铸件或淬火后的钢件慢慢消除内应力，稳定形状和尺寸
发黑发蓝		将零件置于氧化剂中，在 135～145℃温度下进行氧化，表面形成一层呈蓝黑色的氧化层	防腐、美观
镀铬、镀镍		用电解的方法，在钢件表面镀一层铬或镍	

五、化工设备的常用标准化零部件

附表 14　椭圆形封头（摘自 JB/T 4737—2002，钢制压力容器用封头）

以内径为基准的椭圆形封头（EHA）　　　　　　　　　　以外径为基准的椭圆形封头（EHB）

/mm

以内径为基准的椭圆形封头（EHA），$D_i/2(H-h)=2$，$DN=D_i$

序号	公称直径 DN	总深度 H	名义厚度 δ_n	序号	公称直径 DN	总深度 H	名义厚度 δ_n
1	300	100	2～8	34	2900	765	10～32
2	350	113	2～8	35	3000	790	10～32
3	400	125	3～14	36	3100	815	12～32
4	450	138	3～14	37	3200	840	12～32
5	500	150	3～20	38	3300	865	16～32
6	550	163	3～20	39	3400	890	16～32
7	600	175	3～20	40	3500	915	16～32
8	650	188	3～20	41	3600	940	16～32
9	700	200	3～20	42	3700	965	16～32
10	750	213	3～20	43	3800	990	16～32
11	800	225	4～28	44	3900	1015	16～32
12	850	238	4～28	45	4000	1040	16～32
13	900	250	4～28	46	4100	1065	16～32
14	950	263	4～28	47	4200	1090	16～32
15	1000	275	4～28	48	4300	1115	16～32
16	1100	300	5～32	49	4400	1140	16～32
17	1200	325	5～32	50	4500	1165	16～32
18	1300	350	6～32	51	4600	1190	16～32
19	1400	375	6～32	52	4700	1215	16～32
20	1500	400	6～32	53	4800	1240	16～32
21	1600	425	6～32	54	4900	1265	16～32
22	1700	450	8～32	55	5000	1290	16～32
23	1800	475	8～32	56	5100	1315	16～32
24	1900	500	8～32	57	5200	1340	16～32
25	2000	525	8～32	58	5300	1365	16～32
26	2100	565	8～32	59	5400	1390	16～32
27	2200	590	8～32	60	5500	1415	16～32
28	2300	615	10～32	61	5600	1440	16～32
29	2400	640	10～32	62	5700	1465	16～32
30	2500	665	10～32	63	5800	1490	16～32
31	2600	690	10～32	64	5900	1515	16～32
32	2700	715	10～32	65	6000	1540	16～32
33	2800	740	10～32	—	—	—	—
以外径为基准的椭圆形封头（EHB），$D_o/2(H-h)=2$，$DN=D_o$							
1	159	65	4～8	4	325	106	6～12
2	219	80	5～8	5	377	119	8～14
3	273	93	6～12	6	426	132	8～14

注：名义厚度 δ_n 系列：2，3，4，5，6，8，10，12，14，16，18，20，22，24，26，28，30，32。

附表 15 管路法兰及垫片

凸面板式平焊钢制管法兰　　　　　　　管道法兰用石棉橡胶垫片
（摘自 JB/T 81—1994）　　　　　　　（摘自 JB/T 87—1994）

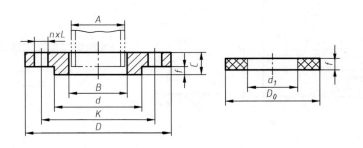

凸面板式平焊钢制管法兰/mm

PN/MPa	公称直径 DN	10	15	20	25	32	40	50	65	80	100	125	150	200	250	300
							直径										
0.25 0.6 1.0 1.6	管子外径 A	14	18	25	32	38	45	57	73	89	108	133	159	219	273	325
	法兰内径 B	15	19	26	33	39	46	59	75	91	110	135	161	222	276	328
	密封面厚度 f	2	2	2	2	2	3	3	3	3	3	3	3	3	3	4
0.25 0.6	法兰外径 D	75	80	90	100	120	130	140	160	190	210	240	265	320	375	440
	螺栓中心直径 K	50	55	65	75	90	100	110	130	150	170	200	225	280	335	395
	密封面直径 d	32	40	50	60	70	80	90	110	125	145	175	200	255	310	362
1.0 1.6	法兰外径 D	90	95	105	115	140	150	165	185	200	220	250	285	340	395	445
	螺栓中心直径 K	60	65	75	85	100	110	125	145	160	180	210	240	295	350	400
	密封面直径 d	40	45	55	65	78	85	100	120	135	155	185	210	265	320	368
							厚度										
0.25		10	10	12	12	12	12	14	12	14	14	14	16	18	22	22
0.6	法兰厚度 C	12	12	14	14	16	16	16	16	16	18	20	20	22	24	24
1.0		12	12	14	14	16	16	18	20	20	22	24	24	24	26	28
1.6		14	14	16	18	18	20	22	24	24	26	28	28	30	32	32
							螺栓										
0.25		4	4	4	4	4	4	4	4	4	4	8	8	8	12	12
1.0	螺栓数量 n	4	4	4	4	4	4	4	4	4	8	8	8	8	12	12
1.6		4	4	4	4	4	4	4	4	8	8	8	8	12	12	12
0.25 0.6	螺栓孔直径 L	12	12	12	12	14	14	14	14	18	18	18	18	18	18	23
	螺栓规格	M10	M10	M10	M10	M12	M12	M12	M12	M16	M16	M16	M16	M16	M16	M20
1.0	螺栓孔直径 L	14	14	14	14	18	18	18	18	18	18	18	23	23	23	23
	螺栓规格	M12	M12	M12	M12	M16	M16	M16	M16	M16	M16	M16	M20	M20	M20	M20
1.6	螺栓孔直径 L	14	14	14	14	18	18	18	18	18	18	18	23	23	26	26
	螺栓规格	M12	M12	M12	M12	M16	M16	M16	M16	M16	M16	M16	M20	M20	M24	M24
						管路法兰用石棉橡胶垫片											
0.25,0.6		38	43	53	63	76	86	96	116	132	152	182	207	262	317	372
1.0	垫片外径 D_0	46	51	61	71	82	92	107	127	142	162	192	217	272	327	377
1.6		46	51	61	71	82	92	107	127	142	162	192	217	272	330	385
垫片内径 d_1		14	18	25	32	38	45	57	76	89	108	133	159	219	273	325
垫片厚度 t									2							

附表 16 设备法兰及垫片

甲型平焊法兰(平密封面)　　　　　　　　　　　非金属软垫片
（摘自 JB/T 4701—2000）　　　　　　　　　　　（摘自 JB/T 4704—2000）

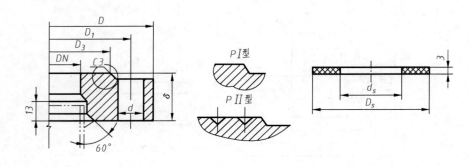

| 公称直径 | 甲型平焊法兰/mm | | | | | 螺　柱 | | 非金属软垫片/mm | |
DN/mm	D	D_1	D_3	δ	d	规格	数量	D_s	d_s
PN = 0.25MPa									
700	815	780	740	36	18	M16	28	739	703
800	915	880	840	36			32	839	803
900	1015	980	940	40			36	939	903
1000	1030	1090	1045	40			32	1044	1004
1200	1330	1290	1241	44			36	1240	1200
1400	1530	1490	1441	46	23	M20	40	1440	1400
1600	1730	1690	1641	50			48	1640	1600
1800	1930	1890	1841	56			52	1840	1800
2000	2130	2090	2041	60			60	2040	2000
PN = 0.6MPa									
500	615	540	540	30	18	M16	20	539	503
600	715	640	640	32			24	639	603
700	830	790	745	36			24	744	704
800	930	890	845	40			24	844	804
900	1030	990	945	44	23	M20	32	944	904
1000	1130	1090	1045	48			36	1044	1004
2000	1330	1290	1241	60			52	1240	1200
PN = 1.0MPa									
300	415	380	340	26	18	M16	16	339	303
400	515	480	440	30			20	439	403
500	630	590	545	34			20	544	504
600	730	690	645	40			24	644	604
700	830	790	745	46	23	M20	32	744	704
800	930	890	845	54			40	844	804
900	1030	990	945	60			48	944	904
PN = 1.6MPa									
300	430	390	345	30			16	344	304
400	530	490	445	36	23	M20	20	444	404
500	630	590	545	44			28	544	504
600	730	690	645	54			40	644	604

附表 17　人孔与手孔

常压人孔（摘自 JB/T 577—1979）　　　　　　平盖手孔（摘自 JB/T 589—1979）

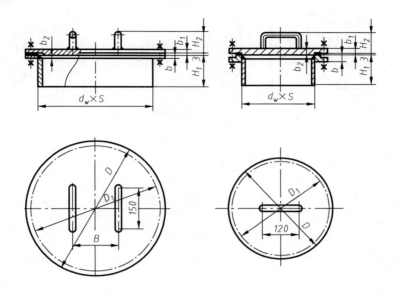

/mm

常　压　人　孔												
公称压力	公称直径	$d_w \times S$	D	D_1	b	b_1	b_2	H_1	H_2	B	螺　栓	
											数量	规格
常压	400	426×6	515	480	14	10	12	150	90	250	16	M16×50
	450	480×6	570	535	14	10	12	160	90	250	20	M16×50
	500	530×6	620	585	14	10	12	160	92	300	20	M16×50
	600	630×6	720	685	16	12	14	180	92	300	24	M16×50
平　盖　手　孔												
1.0	150	159×4.5	280	240	24	16	18	160	82	—	8	M20×65
	250	273×8	390	350	26	18	20	190	84	—	12	M20×70
1.6	150	159×6	280	240	28	18	20	170	84	—	8	M20×70
	250	273×8	405	355	32	24	26	200	90	—	12	M22×85

注：表中带括号的公称直径尽量不采用。

附表 18　耳式支座（摘自 JB/T 4712.3—2007）

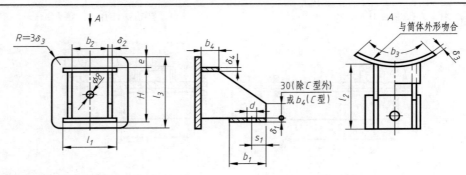

注：A、B 型，支座号 1～5，无盖板；
　　C 型，支座号 4～8，双地脚螺栓，二螺栓孔水平中心距为 c。

/mm

支座号		1	2	3	4	5	6	7	8
适用容器公称直径 DN		300～600	500～1000	700～1400	1000～2000	1300～2600	1500～3000	1700～3400	2000～4000
高度 H	A、B 型	125	160	200	250	320	400	480	600
	C 型	200	250	300	360	430	480	540	650
底板	l_1　A、B 型	100	125	160	200	250	315	375	480
	l_1　C 型	130	160	200	250	300	360	440	540
	b_1　A、B 型	60	80	105	140	180	230	280	360
	b_1　C 型	80	80	105	140	180	230	280	360
	δ_1　A、B 型	6	8	10	14	16	20	22	26
	δ_1　C 型	8	12	14	18	22	24	28	30
	s_1　A、B 型	30	40	50	70	90	115	130	145
	s_1　C 型	40	40	50	70	90	115	130	140
	e　C 型	—	—	—	90	120	160	200	280
肋板	l_2　A 型	80	100	125	160	200	250	300	380
	l_2　B 型	160	180	205	290	330	380	430	510
	l_2　C 型	250	280	300	390	430	480	530	600
	b_2　A 型	70	90	110	140	180	230	280	350
	b_2　B 型	70	90	110	140	180	230	270	350
	b_2　C 型	80	100	130	170	210	260	310	400
	δ_2　A 型	4	5	6	8	10	12	14	16
	δ_2　B 型	5	6	8	10	12	14	16	18
	δ_2　C 型	6	6	8	10	12	14	16	18
垫板	l_3　A、B 型	160	200	250	315	400	500	600	700
	l_3　C 型	260	310	370	430	510	570	630	750
	b_3　A、B 型	125	160	200	250	320	400	480	600
	b_3　C 型	170	210	260	320	380	450	540	650
	δ_3　A、B、C 型	6	6	8	8	10	12	14	16
	e　A、B 型	20	24	30	40	48	60	70	72
	e　C 型	30	30	35	35	40	45	45	50
盖板	b_4　A 型	30	30	30	30	30	50	50	50
	b_4　B、C 型	50	50	50	70	70	100	100	100
	δ_4　A 型	—	—	—	—	—	12	14	16
	δ_4　B 型	—	—	—	—	—	14	16	18
	δ_4　C 型	8	10	12	12	14	14	16	18
地脚螺栓	d　A、B 型	24	24	30	30	30	36	36	36
	d　C 型	24	30	30	30	30	36	36	36
	规格　A、B 型	M20	M20	M24	M24	M25	M30	M30	M30
	规格　C 型	M20	M24	M24	M24	M25	M30	M30	M30

附表 19   鞍式支座（摘自 JB/T 4712.1—2007）

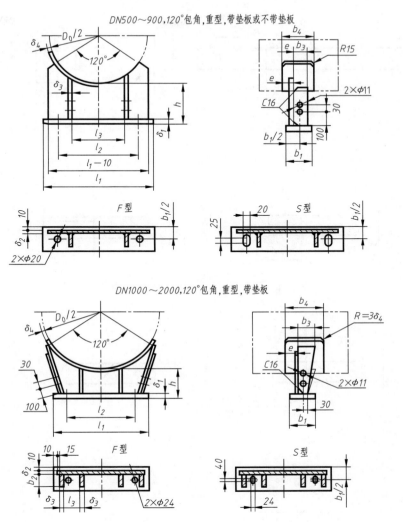

/mm

型式特征	公称直径 DN	鞍座高度 h	底板			腹板 δ_2	肋板				垫板			e	螺栓间距 l_2
			l_1	b_1	δ_1		l_3	b_2	b_3	δ_3	弧长	b_4	δ_4		
DN500～900 120°包角 重型,带垫板 或不带垫板	500	200	460	150	10	8	250	—	120	8	590	200	6	56	330
	550		510				275				650				360
	600		550				300				710				400
	650		590				325				770				430
	700		640				350				830				460
	800		720			10	400			10	940	260		65	530
	900		810				450				1060				590
DN1000～2000 120°包角 重型,带垫板 或不带垫板	1000	200	760	170	12	8	170	140	180	8	1180	350	8	70	600
	1100		820				185				1290				660
	1200		880			10	200			10	1410				720
	1300		940				215				1520				780
	1400		1000				230				1640				840
	1500	250	1060	200	16	12	240	170	240	12	1760	440	10	90	900
	1600		1120				255				1870				960
	1700		1200				275				1990				1040
	1800		1280				295				2100				1120
	1900		1360	220		14	315	190	260		2220	460			1200
	2000		1420				330				2330				1260

附表20　补强图（摘自 JB/T 4736—2002）

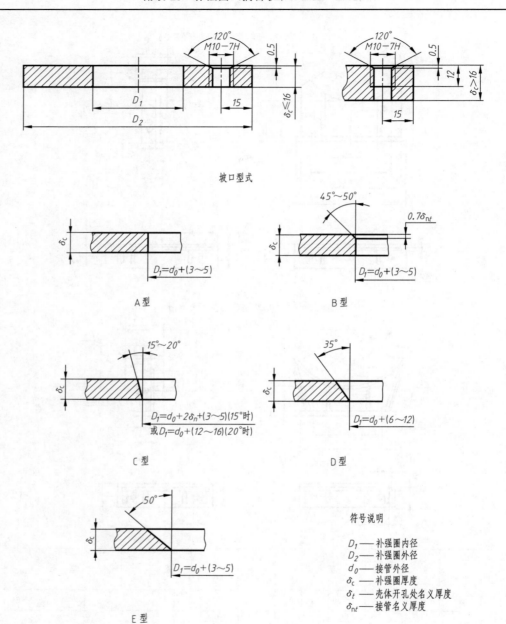

坡口型式

A 型

B 型

C 型

D 型

E 型

符号说明

D_1 —— 补强圈内径
D_2 —— 补强圈外径
d_0 —— 接管外径
δ_c —— 补强圈厚度
δ_t —— 壳体开孔处名义厚度
δ_{nt} —— 接管名义厚度

/mm

接管公称直径 DN	50	65	80	100	125	150	175	200	225	250	300	350	400	450	500	600
外径 D_2	130	160	180	200	250	300	350	400	440	480	550	620	680	760	840	980
内径 D_1	按补强圈坡口类型确定															
厚度系列 δ_c	4,6,8,10,12,14,16,18,20,22,24,26,28,30															

六、化工工艺图常用代号和图例

附表 21　化工工艺图常用代号和图例（摘自 HG 20519.31—1992）

名称	符号	图例	名称	符号	图例
容器	V	立式容器　卧式容器　球罐 锥顶罐　平顶容器　固定床过滤器	反应器	R	固定床反应器　列管式反应器 流化床反应器　反应釜（带搅拌、夹套）
塔器	T	填料塔　板式塔　喷洒塔	压缩机	C	（卧式）　（立式） 旋转式压缩机 离心式压缩机　往复式压缩机
换热器	E	固定管板列管换热器　U形管换热器 浮头式列管换热器　板式换热器	泵	P	离心泵　齿轮泵 往复泵　喷射泵
动力机		电动机　内燃机、燃气轮机　汽轮机　其他动力机 离心式膨胀机　活塞式膨胀机	火炬烟囱		火炬　烟囱

参 考 文 献

[1] 熊放明主编. 化工制图. 2版. 北京：化学工业出版社，2018.

[2] 王成华主编. 化工制图. 2版. 北京：化学工业出版社，2018.

[3] 邹修敏主编. AutoCAD 2016机械制图实用教程. 北京：化学工业出版社，2016.